普通高等教育智能飞行器系列教材

模式识别及航空航天应用

李永波　邓子辰　编著

科学出版社

北京

内 容 简 介

本书是一本探讨如何将模式识别技术应用于航空航天领域的教材。本书系统介绍了多种模式识别方法在实际航空航天应用中的原理与实践，旨在为读者提供全面、深入的理论指导和实际案例分析。全书内容涉及基于贝叶斯决策理论的分类器、判别函数分类器、聚类分析、线性回归、神经网络等基本理论和方法，同时涵盖了航空发动机转子系统故障诊断、基于深度学习的航空器寿命预测、无人机关键部件故障诊断、航空液压柱塞泵故障诊断、控制力矩陀螺的健康状态评估及异常检测、卫星电池状态监测和寿命预测等多方面的实际案例。作者通过理论分析与实际应用的结合，使读者能够更全面地了解模式识别在航空航天中的具体应用场景和实现方法。

本书可作为航空航天领域高年级本科生和研究生的教材，也可作为从事航空航天领域研究和工程应用的专业人员，以及对模式识别技术感兴趣的广大读者的参考书。

图书在版编目(CIP)数据

模式识别及航空航天应用 / 李永波, 邓子辰编著. -- 北京：科学出版社, 2024. 12. -- (普通高等教育智能飞行器系列教材). -- ISBN 978-7-03-080299-6

Ⅰ. Ⅴ

中国国家版本馆 CIP 数据核字第 2024241U5N 号

责任编辑：潘斯斯　张丽花 / 责任校对：王　瑞
责任印制：师艳茹 / 封面设计：迷底书装

科学出版社 出版
北京东黄城根北街 16 号
邮政编码：100717
http://www.sciencep.com

北京九州迅驰传媒文化有限公司印刷
科学出版社发行　各地新华书店经销

*

2024 年 12 月第 一 版　开本：787×1092　1/16
2024 年 12 月第一次印刷　印张：14 1/2
字数：344 000

定价：80.00 元

（如有印装质量问题，我社负责调换）

"普通高等教育智能飞行器系列教材"编委会

主　　任：岳晓奎

副 主 任：张艳宁　陈　勇

委　　员(按姓氏笔画排序)：

万方义　王明明　王　鹏　王靖宇　石小江

师　鹏　吕　翔　朱学平　刘存良　孙瑾秋

李永波　李亚超　李军智　杨智春　肖　洪

沈　飞　沈　勇　宋笔锋　张　弘　张　迪

张　栋　孟中杰　卿新林　郭建国　曹建峰

龚春林

序

星河瑰丽，宇宙浩瀚。从辽阔的天空到广袤的宇宙，人类对飞行、对未知的探索从未停歇。一路走来，探索的路上充满了好奇、勇气和创新。航空航天技术广泛融入了人类生活，成为了推动社会发展、提升国家竞争力的关键力量。面向"航空强国""航天强国"的战略需求，如何培养优秀的拔尖人才十分关键。

"普通高等教育智能飞行器系列教材"的编写是一项非常具有前瞻性和战略意义的工作，旨在适应新时代航空航天领域与智能技术融合发展的趋势，发挥教材在人才培养中的关键作用，牵引带动航空航天领域的核心课程、实践项目、高水平教学团队建设，与新兴智能领域接轨，革新传统航空航天专业学科，加快培养航空航天领域新时代卓越工程科技人才。

该系列教材坚持目标导向、问题导向和效果导向，按照"国防军工精神铸魂、智能飞行器领域优势高校共融、校企协同共建、高层次人才最新科研成果进教材"的思路，构建"工程单位提需求创背景、学校筑基础拔创新、协同提升质量"的教材建设新机制，联合国内航空航天领域著名高校和科研院所成体系规划和建设。系列教材建设团队成功入选了教育部"战略性新兴领域'十四五'高等教育教材体系建设团队"。

在教材建设过程中，持续深化国防军工特色文化内涵，建立了智能航空航天专业知识和课程思政育人同向同行的教材体系；以系列教材的校企共建模式为牵引，全面带动校企课程、实践实训基地建设，加大实验实践设计内容，将实际工程案例纳入教材，指导学生解决实际工程问题、增强动手能力，打通"从专业理论知识到工程实际应用问题解决方案、再到产品落地"的卓越工程师人才培养全流程，有力推动了航空航天教育体系的革新与升级。

希望该系列教材的出版，能够全面引领和促进我国智能飞行器领域的人才培养工作，为该领域的发展注入新的动力和活力，为我国国防科技和航空航天事业发展作出重要贡献！

中国工程院院士　侯晓

前　言

　　航空航天技术是现代科技的巅峰代表，其复杂性和高可靠性要求使得这一领域的研究和应用成为科学技术的前沿。党的二十大报告指出："教育、科技、人才是全面建设社会主义现代化国家的基础性、战略性支撑。"紧跟这一战略目标要求，我国要加强关键技术攻关，推动航天科技的跨越式发展，提升国际竞争力。随着航空航天系统更加复杂化以及任务环境日益苛刻，模式识别技术在这一领域的重要性愈发凸显。模式识别通过自动分析和处理海量数据，能够在早期阶段识别出潜在问题，提高系统的可靠性和安全性。因此，深入研究模式识别技术及其在航空航天中的应用，具有极其重要的现实意义和前沿价值。本书正是在这种背景下应运而生的。本书力图全面介绍模式识别技术的基础理论、核心算法及其在航空航天领域中的实际应用，并通过具体案例阐述这些技术如何在复杂的航空航天系统中发挥作用。

　　本书分为理论基础与实践应用两大部分，共 12 章。通过理论与实践应用相结合的结构，本书既满足了读者对模式识别技术基本理论的学习需求，又通过实际案例帮助读者理解如何将这些理论应用于复杂的航空航天系统中。

　　理论基础部分(第 1～6 章)详细探讨模式识别技术的主要方法，包括基于贝叶斯决策理论的分类器、判别函数分类器、聚类分析、线性回归、神经网络等。这些方法不仅在基础研究中具有重要地位，也是实际工程应用的基石。为了帮助读者更好地理解这些理论，书中通过丰富的实例和详细的数学公式推导，系统性地阐述各类方法的实现步骤和注意事项。

　　实践应用部分(第 7～12 章)重在探讨模式识别技术在具体航空航天系统中的实践。书中精选了多个典型案例，包括航空发动机转子系统故障诊断、基于深度学习的航空器寿命预测、无人机关键部件故障诊断、航空液压柱塞泵故障诊断、控制力矩陀螺的健康状态评估及异常检测、卫星电池状态监测和寿命预测等。典型案例不仅涵盖了实践应用的全流程，还深入探讨了在不同应用场景下模式识别技术的选择和优化策略。书中的案例均基于作者团队多年的研究成果和实践经验，具有较高的应用价值和参考意义。

　　在本书编写过程中，作者团队注重内容的系统性和实用性，力求以通俗易懂的语言和丰富的图表，使得即使是模式识别领域的新手，也能通过本书逐步掌握相关知识和技能。同时，本书为从事航空航天领域的研究人员和工程师提供了系统的模式识别技术应用指南，可以帮助他们在实际工作中高效地解决问题，提高系统的可靠性和安全性。

　　书中部分知识点的拓展内容配有视频讲解，读者可以扫描相关的二维码进行查看。

　　本书主要由西北工业大学李永波、邓子辰编写。中国民航大学刘西洋、山东理工大学尹建程参与了本书的编写与校订工作，西北工业大学王鑫、贾思祥、白蕊、孙丁一、王欣悦参与了本书的资料整理工作。全书由李永波统稿和定稿。

　　特别感谢在书稿编写过程中给予我们帮助和支持的各位同仁和专家学者。希望本书能够成为读者在学习和实践中的良师益友，助力航空航天领域科技创新与人材培养。

　　由于作者水平有限，书中难免存在一些不足之处，欢迎广大读者批评指正。

作　者

2024 年 6 月

目　　录

第 1 章

绪　　论

微课 1

本章导读

　　模式识别作为人工智能领域的重要技术之一，旨在从数据中提取有用的信息并进行自动化的模式发现、分类和预测。随着大数据时代的到来，模式识别技术在各个领域的应用日益广泛，从医疗诊断到金融预测，再到工业生产监控。本章旨在深入探讨模式识别的基本理论、常用方法以及应用进展。首先介绍模式识别的基本概念和分类方法，其次重点介绍模式识别的术语概念和技术分类，最后介绍模式识别在实际问题中的应用进展。

学习目标

　　了解模式识别技术的概念；掌握特征与特征向量的基本概念；了解分类器的概念与应用；掌握模式识别技术的基本组成和基础应用。

1.1　模式识别的重要性

　　模式识别技术作为人工智能的核心之一，具有重要的地位和意义。它通过从大量的数据中学习、归纳和理解模式，从而对未知数据进行分类、识别和预测。模式识别技术在人工智能领域的应用广泛，不仅可以提高机器学习和推理能力，还可以为人们提供更智能化的解决方案和服务，在人工智能领域具有重要的作用和应用前景。通过模式识别技术，计算机可以实现图像和语音识别、自然语言处理、智能推荐和医学诊断等功能。随着数据存储和计算能力的提高，模式识别技术将会在更多的领域发挥重要的作用，推动人工智能的进一步发展。

1.1.1　模式识别的概念

　　模式识别一词的英文是 pattern recognition。在中文里"模"和"式"的意思相近。根据《说文解字》，模，法也；式，法也。因此，模式就是一种规律。英文的 pattern 主要有两重含义：一是代表事物(个体或一组事物)的模板或原型；二是表征事物的特征或性状的组合。在模式识别学科中，模式可以看作对象的组成成分或影响因素间存在的规律性关系，或者是因素间存在确定性或随机性规律的对象、过程或事件的集合；因此，也有人把模式称为"模式类"，模式识别也被称为"模式分类"(pattern classification)。模式识别的研究目标是通过一系列的数学方法让机器来实现类似人的模式识别能力。在《说文解字》中，识，知也；别，分解也。识别就是把对象分门别类地认出来。在英文中，识别(recognition)一词的主要解释是对以前见过的对象的再认识(re-cognition)。因此，模式识别就是对模式的区分和认识，把对象根据其特征归到若干类别中适当的一类。

模式识别中的术语定义如下。

(1) 样本：研究对象的一个个体。

(2) 样本集：若干样本的集合。

(3) 类或类别：在所有样本中定义的一个子集，处于同一类的样本即具有相同的模式。

(4) 已知样本：事先已经知道类别标号的样本。

(5) 未知样本：类别标号未知但是特征已知的样本。

1.1.2 模式识别的发展历史

模式识别是一门涉及多个学科的交叉领域，它的发展历史可以追溯到20世纪上半叶，主要包括以下四个阶段。

(1) 早期阶段(20世纪20年代至60年代)：模式识别的早期研究主要集中在模式分类和模式识别理论的建立上。1929年，奥地利发明家Tauschek发明了光电阅读机，采用的方法被称为"模板匹配"，也是第一个被实际应用的模式识别方法；1936年，英国统计学家和遗传学家罗纳德·费希尔首次提出了完整的数学算法。基于统计分布和投影变换，将同一几何空间的样本点用线性函数分离开来。在这个阶段，研究者开始探索如何使用数学和统计方法来对模式进行分类和识别，开展了一系列基础性的工作，为后续的研究奠定了基础。

(2) 特征提取与描述(20世纪60年代至70年代)：在这个阶段，研究者开始关注如何从原始数据中提取出有效的特征来描述模式。1960年，美国实验心理学家罗森布拉特用硬件实现了由400个输入信号和8个输出信号构成的模式识别机Mark 1，可以将20×20的点阵图像识别为8种不同的图形；1974年，美籍华裔计算机专家傅京孙提出的句法模式识别开创了"结构模式识别"；1978年，世界各国模式识别方面的专家和团体正式成立了国际模式识别学会(IAPR)，使得模式识别作为一个独立的学科走上了国际学术舞台。

(3) 模式识别系统的建立(20世纪70年代至80年代)：在这个阶段，随着计算机技术的发展，研究者开始尝试构建实际的模式识别系统，并将其应用于实际问题中。1986年，美国认知神经学家Rumelhart等提出误差反向传播的BP模型，模式识别迎来了另一个发展的高潮。随后科学家进一步提出了各种模式识别算法和技术，如最邻近算法、线性判别分析、支持向量机等，并将其应用于语音识别、图像识别、生物医学等领域。

(4) 深度学习时代(20世纪90年代至今)：进入90年代以后，随着神经网络和深度学习技术的发展，模式识别取得了巨大的进步。2006年以来，Hinton等提出了深度学习的概念，深度学习技术引领着当今人工智能发展的新一轮浪潮。各种深度学习模型(如卷积神经网络、循环神经网络等)在图像识别、语音识别、自然语言处理等领域取得了突破性的成果，成为模式识别的主流方法之一。

1.1.3 模式识别技术的应用

模式识别技术在各个领域的应用日益广泛，对于解决实际问题和推动科学进步起着重要作用。

首先，模式识别技术在图像和语音识别方面具有重要的应用，通过模式识别技术，计算机可以对图像和语音进行处理和分析，从而实现自动识别、分类和理解。在图像识别方面，模式识别技术可以帮助计算机识别和分析图片中的不同特征，如物体的形状、颜色和纹理等，从而实现图像的自动分类和标记。这为人们提供了更便捷和高效的图片搜索和管理方式。如图 1-1 所示，在语音识别方面，模式识别技术可以帮助计算机理解和识别人们的语音指令和语音内容，实现语音转化为文字的功能，从而提供了更自然、便捷和快速的与计算机进行交互的方式。首先，语音通过信号采集系统进入计算机，成为数字化的时间序列信号。这种原始语音信号须经过一系列预处理，按照一定的时间窗分割成一些小的片段(帧)，例如，每帧 25ms，两帧之间间隔 10ms。这样做的目的是把连续的语音分成相对孤立的音素，以这样的音素作为识别的基本单位。每一帧语音信号经过一定的信号处理后被提取成一个特征向量，就是要进行模式识别的样本，我们要识别的是这个样本对应哪个音素。一种语言虽然内容和发音都丰富多彩，变化无穷，但其中的基本音素数目是很有限的，每一个音素就是一个类，音素识别就是把样本分到多类中的一类。

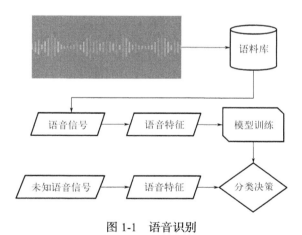

图 1-1 语音识别

其次，模式识别技术在自然语言处理领域也发挥着重要的作用。自然语言处理是研究计算机与人类自然语言交互的一门学科。如图 1-2 所示，通过模式识别技术，计算机可以学习和理解自然语言的语法、词义和语用等方面的规律，实现对自然语言的识别、理解和生成。例如，通过模式识别技术，计算机可以学习和理解人们的语义和情感，从而实现智能客服、机器翻译和情感分析等应用，为企业提供更高效和智能化的服务渠道。此外，模式识别技术在人工智能领域的智能推荐、金融风险控制和医学诊断等方面也具有重要的应用价值。通过对大量的数据进行分析和学习，模式识别技术可以发现数据之间的规律和关联，从而实现对未知数据的预测和推荐。例如，在电商领域，模式识别技术可以通过分析用户的购买记录和行为，实现个性化的商品推荐，提升用户的购物体验和销售效果。在金融领域，模式识别技术可以通过对市场数据和交易记录的分析，提前发现和预测金融风险，帮助投资者和机构进行风险控制和决策。此外，如图 1-3 所示，在医学领域，模式识别技术可以通过对患者的电子健康记录和医学影像进行分析，帮助医生进行疾病诊断和治疗方案的制定。

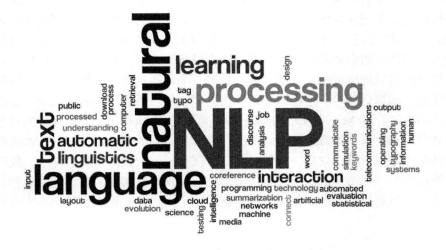

图 1-2　自然语言处理

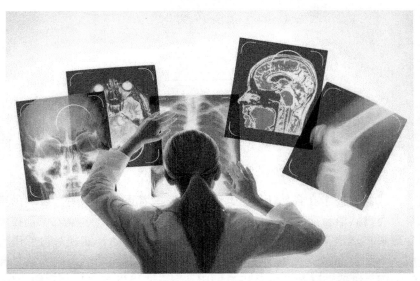

图 1-3　医学影像模式识别

模式识别技术在各个领域的应用都具有重要意义，可以帮助人们从大量复杂数据中提取有用信息、发现潜在规律、辅助决策，并推动相关领域的发展和进步。随着人工智能和大数据技术的不断发展，模式识别技术的应用前景将更加广阔。

1.2 特征、特征向量和分类器

1. 特征的概念

特征：用于表征样本的观测，通常是数值表示的某些量化特征，有时也被称作属性。多个特征，则组成了特征向量；样本的特征构成了样本的特征空间，空间的维数即特征的个数，每一个样本就是特征空间中的一个点。

2. 特征与特征向量的区别

特征和特征向量是模式识别和机器学习领域中常用的术语，它们有着不同的含义和用途。特征通常指的是从数据中提取出的具有代表性的信息，用于描述数据的某种属性或特点。在模式识别任务中，特征可以是图像的边缘、纹理、颜色等视觉特征，也可以是文本的词频、TF-IDF 值等文本特征，或者是声音的频谱特征、时域特征等。特征的选择和提取对于模式识别的性能至关重要，好的特征可以帮助算法更准确地进行分类、识别或预测。特征向量则是将多个特征按照一定的顺序排列而成的向量。通常情况下，每个特征都对应着特征向量中的一个维度，而特征向量则将这些特征组合在一起，形成一个多维空间中的点。在机器学习中，数据通常表示为特征向量的形式，这样便于算法对数据进行处理和分析。例如，对于一个图像数据，可以将其表示为一个包含像素值的特征向量，每个像素点的灰度值作为一个特征，将所有像素点的灰度值组合成一个向量，即为该图像的特征向量。

3. 分类器的概念

在模式识别中，分类器是一种用于对数据进行分类的算法或模型。其主要目的是将输入数据分配到不同的类别或标签中，以便对数据进行理解、分析或预测。分类器通常基于已知的数据样本(训练集)学习到一个分类规则或模型，然后利用该规则或模型对新的未知数据进行分类。如图 1-4 所示，主要分为统计模式识别和结构模式识别两种分类器。

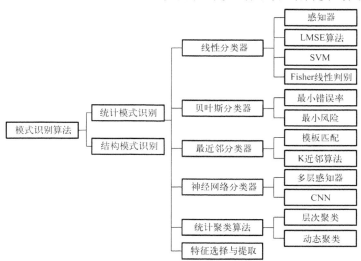

图 1-4 模式识别中的常用分类器

　　学术界对结构模式识别方法研究较少，因此本书重在研究统计模式识别方法。统计模式识别分类器的分类规则可以是简单的逻辑判决，也可以是复杂的数学模型，如决策树(图 1-5)、支持向量机(图 1-6)、神经网络(图 1-7)、贝叶斯网络(图 1-8)等，应用较为广泛。

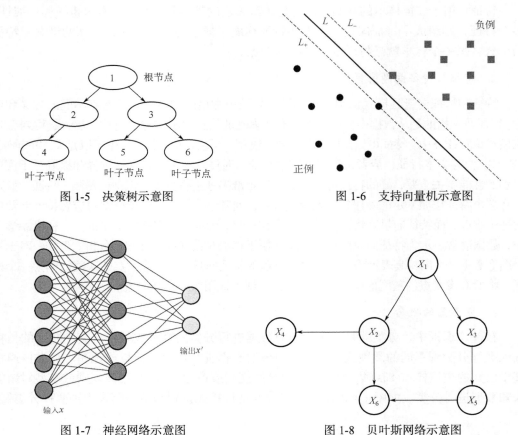

图 1-5　决策树示意图　　　　　　　　　图 1-6　支持向量机示意图

图 1-7　神经网络示意图　　　　　　　　图 1-8　贝叶斯网络示意图

　　分类器的性能通常通过准确率、召回率、精确率、F1 值等指标来评估。准确率是指分类器正确分类的样本占总样本的比例；召回率是指分类器正确识别的正例样本占所有正例样本的比例；精确率是指分类器正确分类的正例样本占所有被分类为正例样本的比例；F1 值是精确率和召回率的调和平均数。计算公式如下：

$$\text{Accuracy} = \frac{\text{TP} + \text{TN}}{\text{TP} + \text{TN} + \text{FP} + \text{FN}} \tag{1-1}$$

$$\text{Recall} = \frac{\text{TP}}{\text{TP} + \text{FN}} \tag{1-2}$$

$$\text{Precision} = \frac{\text{TP}}{\text{TP} + \text{FP}} \tag{1-3}$$

$$F1 = 2 \times \frac{\text{Precision} \times \text{Recall}}{\text{Precision} + \text{Recall}} \qquad (1\text{-}4)$$

其中，TP 表示真正样本被预测为正样本的数量；TN 表示真负样本被预测为负样本的数量；FP 表示负样本被错误预测为正样本的数量(误报)；FN 表示正样本被错误预测为负样本的数量(漏报)。

在实际应用中，选择合适的分类器取决于数据的特征和问题的性质。不同的分类器有不同的优缺点，适用于不同类型的数据和任务。因此，在进行模式识别时，选择合适的分类器是至关重要的。

1.3　有监督、无监督和半监督学习

模式识别中基本的学习方法有有监督学习(supervised learning，SL)、半监督学习(semi-supervised learning，SSL)和无监督学习(unsupervised learning，UL)。如图 1-9 所示，三者之间最大的区别就是模型在训练时是否需要人工标注的标签信息，有监督学习利用大量的标注数据来训练模型，使模型最终学习到输入和输出标签之间的相关性。半监督学习利用少量有标签的数据和大量无标签的数据来训练网络；而无监督学习不依赖任何标签值，通过对数据内在特征的挖掘，找到样本间的关系，如聚类。

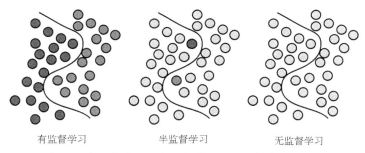

有监督学习　　　　　　半监督学习　　　　　　无监督学习

图 1-9　有监督学习、半监督学习和无监督学习的对比

1. 有监督学习

在有监督学习中，算法从有标签的训练数据中学习到输入和输出之间的映射关系。这意味着数据集中的每个样本都有一个已知的标签或类别，算法通过学习这些标签与相应输入数据之间的关系来进行训练。处理有监督模式识别问题的一般步骤如下。

(1) 分析问题：深入研究应用领域的问题，分析是否属于模式识别问题，把所研究的目标表示为一定的类别，分析给定数据或者可观测数据中哪些因素可能与分类有关。

(2) 原始特征提取：设计实验，得到已知样本，对样本实施观测和预处理，获取可能与样本分类有关的观测向量(原始特征)。

(3) 特征提取与选择：为了更好地进行分类，可能需要采用一定的算法对特征进行再次提取和选择。

(4) 分类器设计：选择一定的分类器方法，用已知样本进行分类器训练。

(5) 分类决策：利用一定的算法对分类器性能进行评价；对未知的样本实施同样的观测、预处理和特征提取与选择，用所设计的分类器进行分类，必要时根据领域知识进行进一步的后处理。

2. 无监督学习

在无监督学习中，算法从未标记的训练数据中学习数据之间的结构和模式，而不是预先定义的输出。这意味着数据集中的样本没有任何标签或类别信息，算法尝试发现数据之间的潜在关系和结构。处理无监督模式识别问题的一般步骤如下。

(1) 分析问题：深入研究应用领域的问题，分析研究目标能否通过寻找适当的聚类来达到；如果可能，猜测可能的或希望的类别数目；分析给定数据或者可以观测的数据中哪些因素可能与聚类有关。

(2) 原始特征提取：设计实验，得到待分析的样本，对样本实施观测和预处理，获取可能与样本聚类有关的观测向量。

(3) 特征提取与选择：为了更好地进行聚类，可能需要采用一定的算法对特征进行再次提取和选择。

(4) 聚类分析：选择一定的无监督模式识别方法，用样本进行聚类分析。

(5) 结果解释：考察聚类结果的性能，分析得到聚类与研究目标之间的关系，根据领域知识分析结果的合理性，对聚类的含义给出解释；如果有新样本，把聚类结果用于新样本分类。

3. 半监督学习

使用有监督学习时需要足够的标记数据，为了获得这些信息，需要手工标记数据(图像/文本)，这是一个既耗时又昂贵的过程。还有一些领域，如医疗领域，获取足够的数据本身就是一个挑战。而在使用无监督学习的时候，如自编码器，仅仅是做了维度的降低而已，并没有包含更多的语义特征，对下游任务并没有很大的帮助。因此想要在不需要手工标记数据或者手工标记数据有限的情况下，训练过程还能对任务本身有很大的帮助，可以包含更多的语义特征，半监督学习被提出。半监督学习介于有监督学习和无监督学习之间，它利用同时具有标记和未标记数据的情况进行模型训练。虽然有标记数据用于指导学习过程，但未标记数据也被用来提供额外的信息，以帮助提高模型的性能。下面是半监督学习的一般步骤。

(1) 收集数据：需要收集包含有标记数据和未标记数据的数据集。有标记数据是已经被人工或者其他方法标记了类别或者标签的数据，而未标记数据则是没有类别或标签信息的数据。

(2) 划分数据集：将数据集划分为有标记数据集和未标记数据集。通常情况下，有标记数据集只占总数据集的一小部分，而未标记数据集则占据了大部分。

(3) 训练模型：使用有标记数据集训练初始模型。可以选择有监督学习算法，如支持向量机、神经网络等，在有标记数据集上进行训练，得到一个初始模型。

(4) 利用未标记数据：使用未标记数据进行模型改进。这是半监督学习的关键步骤。一种常见的方法是使用无监督学习算法，如自编码器、标签传播等，将未标记数据的信息融入模型中，提升模型性能。

(5) 验证和调优：使用验证集或交叉验证等方法对模型进行验证和调优。可以通过评估模型在验证集上的性能来选择合适的超参数，进一步提升模型的泛化能力。

(6) 测试模型：使用测试集评估训练好的模型的性能。测试集是一个独立于训练集和验证集的数据集，用于评估模型在未见过的数据上的泛化能力。

1.4　模式识别算法在航空工程领域的应用

在航空工程领域，模式识别技术的应用发展迅速，已经成为提高航空安全性、优化飞行操作和提升飞行效率的重要手段。模式识别技术在航空工程领域应用的发展与现状如下。

(1) 飞行安全管理：模式识别技术可以应用于飞行数据分析和飞行安全管理系统，通过分析飞行数据中的异常模式和风险特征，帮助航空公司和监管部门发现潜在的飞行安全问题，预防事故的发生。例如，利用机器学习算法可以分析飞行数据中的异常飞行行为和飞行状态，及时发现并解决飞行操作中存在的安全隐患。

(2) 飞行故障诊断：模式识别技术可以应用于飞行系统故障诊断和健康管理系统，通过分析飞行数据和机载传感器数据中的特征模式，识别飞行系统的故障类型和位置，并提供相应的故障诊断和处理建议。例如，利用数据驱动的方法和深度学习算法可以实现对飞行系统的实时监测和故障诊断，提高飞行系统的可靠性和安全性。

(3) 飞行姿态控制：模式识别技术可以应用于飞行姿态控制系统和飞行自动驾驶系统，通过分析飞行器姿态和飞行状态的特征模式，实现飞行器的自动控制和导航。例如，利用图像识别和目标跟踪技术可以实现对空中目标的识别和跟踪，帮助飞行器实现自主飞行和避障操作。

(4) 飞行数据分析：模式识别技术可以应用于飞行数据分析和性能优化系统，通过分析飞行数据中的特征模式和趋势，发现飞行操作中存在的潜在问题和改进空间，提高飞行操作效率和经济性。例如，利用数据挖掘和机器学习算法可以对大量的飞行数据进行分析和挖掘，发现飞行操作中的优化策略和性能提升点。

随着模式识别技术的不断发展和应用，航空工程领域的飞行安全管理、飞行故障诊断、飞行姿态控制和飞行数据分析等方面都取得了显著的进展，为提升航空安全和飞行效率提供了重要支撑。未来随着人工智能和大数据技术的进一步发展，模式识别技术在航空工程领域的应用前景将更加广阔。

小　　结

本章介绍了模式识别的基本概念和分类方法，详细总结了模式识别中常用的术语概念，并对模式识别技术在不同应用领域中的应用进行了介绍。通过本章内容的学习，读者能够全面了解模式识别的基本原理、常用方法和应用进展，为未来在相关领域的研究和应用提供参考和指导。

习　　题

1. 模式识别的概念是什么？
2. 特征与特征向量的区别是什么？
3. 无监督学习与有监督学习的区别是什么？

第 2 章

基于贝叶斯决策理论的分类器

微课 2

本章导读

　　本章着重介绍基于贝叶斯决策理论的分类器，它是机器学习领域中的一种重要方法，其核心思想在于利用概率和统计模型进行决策。首先，深入探讨贝叶斯学习的概念及其在机器学习中的重要性和应用。贝叶斯学习强调了通过先验知识和观测数据来更新参数或模型，从而提高决策的准确性和可靠性。接着，详细介绍贝叶斯分类器的工作原理，通过计算后验概率来进行分类决策，能够灵活地处理各种类型的数据和特征，并提供对分类结果的可信度评估。在此基础上，进一步探讨如何将贝叶斯分类器应用于解决实际的分类问题，包括朴素贝叶斯分类器、贝叶斯网络等不同类型的分类器，并介绍它们的优缺点和适用场景。最后，介绍错误率的概念、估计和分析方法，以帮助评估分类器的性能并提出改进策略。通过本章的学习，读者将深入了解贝叶斯决策理论分类器的原理和应用，从而为解决实际问题提供新的思路和方法。

学习目标

　　掌握贝叶斯方法在分类问题中的理论基础和实践应用，以提高分类问题的准确性和可靠性，为应对各种挑战提供有效解决方案。

2.1　贝叶斯决策理论

　　贝叶斯决策理论(Bayesian decision theory，BDT) 是一种基于贝叶斯统计学的决策框架，用于在不确定性条件下做出决策。该框架结合了概率论和决策理论，最常用的决策准则包括期望效用最大化、最小风险和最大后验概率等。贝叶斯决策理论是一种基于概率和统计的决策框架，通过考虑不确定性和先验知识，帮助人们在不同决策和可能的状态下做出最优的决策。

　　贝叶斯决策理论为各种决策问题提供了一种强大而灵活的解决方案。贝叶斯决策理论在许多领域都有广泛的应用，包括医学诊断、金融投资、机器学习和人工智能等。在医学诊断中，医生可以使用贝叶斯决策理论来确定最优的治疗方案。在金融投资中，投资者可以使用贝叶斯决策理论来制定投资组合，以最大化收益并降低风险。在机器学习和人工智能领域，贝叶斯决策理论被广泛用于模式识别、分类和预测等任务中。

1) 贝叶斯决策的基本元素

决策空间：包含所有可能的决策的集合。决策可以是离散的或连续的，选择哪种决策取决于具体问题。

状态空间：包含所有可能的状态的集合。状态是指与决策结果相关的外部环境或条件，并通过概率反映其不确定性，可能是可观察的，也可能是隐含的。

观测或信息：是在决策时已知的关于当前状态的信息，它可以帮助我们更新对状态的认知。

损失函数：用于衡量每个可能决策在不同状态下的损失。损失函数可以是针对每个状态和决策组合定义的，反映了决策的风险和代价。

2) 贝叶斯决策过程

先验概率：在考虑观测信息之前，有一个关于可能状态的先验概率分布，表示对状态的初始认知。

似然函数：描述在不同状态下观测到某一信息的可能性。这反映了观测数据对不同状态的支持程度。

后验概率：利用贝叶斯定理，结合先验概率和似然函数，更新关于状态的概率分布。后验概率是在考虑观测信息后对状态的更新认知。

期望损失：对每个可能的决策，计算其在不同状态下的期望损失。期望损失是通过将后验概率和损失函数相乘并对所有状态求和得到的。

决策规则：选择具有最小期望损失的决策作为最优决策。

3) 举例说明

假设有一个医学诊断问题，决策是选择治疗方案，状态是患者的健康状况，观测是各种医学检测结果。先验概率反映了不同治疗方案在整个患者群体中的分布。似然函数表示在不同健康状况下观测到特定检测结果的可能性。通过贝叶斯更新，得到后验概率，计算期望损失，最终选择最优的治疗方案。

2.2 贝叶斯学习

贝叶斯学习是一种机器学习方法，通过引入概率分布对模型参数和不确定性进行建模。它利用先验信息、观测数据和贝叶斯更新，以概率形式表示模型的参数，实现对不确定性的有效处理，并能灵活适应不同的任务和数据。贝叶斯学习主要分为以下几步。

(1) 先验分布：在开始学习之前，对模型的参数引入一个先验分布，表示对参数的初始认知。

(2) 似然函数：似然函数表示给定参数下观测数据的可能性。

(3) 贝叶斯更新：利用贝叶斯定理，将先验分布和似然函数结合，得到参数的后验分布。

(4) 预测：利用后验分布进行预测。后验分布包含了参数的不确定性信息，因此预测也反映了这种不确定性。

上述过程用数学表达式描述为：已知数据集 D，将参数 θ 看作一个随机变量，则 θ 的先验分布为 $P(\theta)$。贝叶斯估计原理上就是根据先验分布 $P(\theta)$ 和似然函数 $L(\theta|D)$，推算出后验分布 $P(\theta|D)$，然后利用后验分布来估计。有贝叶斯公式：

$$P(\theta|D) = \frac{P(\theta)P(D|\theta)}{P(D)} = \frac{P(\theta)L(\theta|D)}{P(D)} \qquad (2\text{-}1)$$

式中，$P(D)$ 可以看作常量，所以有

$$P(\theta|D) \propto P(\theta)L(\theta|D) \qquad (2\text{-}2)$$

利用贝叶斯估计获得参数的后验分布 $P(\theta|D)$，利用其进行估计，如果有式(2-3)：

$$\hat{\theta} = \int \theta P(\theta|D)\mathrm{d}\theta \qquad (2\text{-}3)$$

则将 $P(\theta|D)$ 叫做完全贝叶斯估计。但式(2-3)涉及积分，运算量巨大，所以可用式(2-4)：

$$\hat{\theta} = \theta^* = \arg\max_{\theta} P(\theta|D) \qquad (2\text{-}4)$$

因为式(2-4)将后验概率最大值处视为估计结果，故此被叫做最大后验估计。

贝叶斯学习特别适用于小样本情境，可以更好地利用先验信息进行学习。此外，贝叶斯学习可以进行在线学习，不断地更新模型以适应新的观测数据。在各种领域，如自然语言处理、计算机视觉、医学等，贝叶斯学习都有广泛的应用。

2.2.1　先验分布与后验分布

贝叶斯学习的先验分布和后验分布是该方法的核心概念，它们在模型参数的推断和更新过程中起着关键作用。

1) 先验分布

定义：先验分布 $P(\theta)$ 是在观测到任何数据之前对模型参数的概率分布的表达。先验分布反映了我们对参数的初始认知或先验知识。

目的：先验分布用于引入关于参数的额外信息，以影响模型对参数值的估计。这对于处理小样本问题或缺乏观测数据的情况非常重要。

形式：先验分布可以采取多种形式，包括均匀分布、正态分布等。选择先验分布时通常基于领域知识或问题的先验信息。

贝叶斯学习中的角色：在贝叶斯学习中，基于参数的先验分布与似然函数，通过贝叶斯定理来计算其后验分布。

2) 后验分布

定义：后验分布是在考虑了观测数据后，对模型参数的概率分布的表达。它是先验信息与观测数据相结合的结果，反映了对参数的更新认知。

计算方法：后验分布通过将先验分布与似然函数结合并使用贝叶斯定理而计算得到。它形式上表示为 $P(\theta|D)$。

后验分布的重要性：后验分布包含了关于参数的不确定性的信息。在预测或决策时，考虑后验分布能够提供更全面的结果，考虑了观测数据对参数的影响。

用途：后验分布用于参数的点估计、区间估计以及模型预测。它提供了更全面、更灵活的对参数估计的方式。

2.2.2　极大似然估计

极大似然估计 (maximum likelihood estimation， MLE)是一种常用的参数估计方法，旨在找到使观测数据出现的可能性最大的参数值。在极大似然估计中，假设观测数据是从一个特定的概率分布中抽取的，并寻找使这个分布下观测数据概率最大的参数。

给定数据集 D，定义似然函数：

$$L(\theta \mid D) = P(D \mid \theta) \tag{2-5}$$

存在 θ 的一个取值 θ^* 使得

$$L(\theta^* \mid D) = \max_\theta P(D \mid \theta) \tag{2-6}$$

这里将 θ^* 叫做参数 θ 的极大似然估计。

极大似然估计可以总结为以下步骤。

(1) 假设数据分布：假设观测数据是从一个特定的概率分布中独立地抽取得到的，这个分布由一些未知的参数组成。

(2) 似然函数：构建似然函数，表示在参数 θ 下观测数据出现的概率。似然函数是参数 θ 的函数，记作 $L(\theta \mid D)$。

(3) 对数似然函数：为了方便计算，通常考虑对数似然函数，即取似然函数的对数。对数似然函数形式更简单，而且在计算上更稳定。

(4) 最大化对数似然函数：寻找能够最大化对数似然函数的参数值。这通常通过对对数似然函数关于参数的导数为零求解，或者使用数值优化方法求解。

(5) 参数估计：最终得到的参数值即为极大似然估计值。

2.2.3　最大后验估计

极大似然估计不考虑先验信息，只基于观测数据进行参数估计；而最大后验估计 (maximum posteriori estimation， MAP) 考虑了先验概率分布，结合了观测数据和先验信息。简单说来，最大后验估计通过联合考虑观测数据的似然和参数的先验概率分布，来得到参数的估计值。

假设 0-1 函数作为损失函数，其表达式为

$$L(Y, f(X)) = \begin{cases} 1, & Y \neq f(X) \\ 0, & Y = f(X) \end{cases} \tag{2-7}$$

式中，$f(X)$ 是决策函数，那么期望风险函数可以写成如下的形式，即

$$R_{\exp}(f) = E[L(Y, f(X))] = E_X \sum_{k=1}^{K} [L(c_k, f(X))]P(c_k \mid X) \tag{2-8}$$

$$f(x) = \arg\min_{y \in Y} \sum_{k=1}^{K} L(c_k, y) P(c_k \mid X = x)$$

$$= \arg\min_{y \in Y} \sum_{k=1}^{K} P(y \neq c_k \mid X = x) \qquad (2\text{-}9)$$

$$= \arg\min_{y \in Y} (1 - P(y = c_k \mid X = x))$$

$$= \arg\max_{y \in Y} P(y = c_k \mid X = x)$$

算法的目标就是最小化期望风险，因此，只需对 $X = x$ 逐个极小化，$f(x)$ 可以写成式(2-9)的形式。相对应地，就可以得到后验概率最大化准则：

$$f(x) = \arg\max_{c_k} P(c_k \mid X = x) \qquad (2\text{-}10)$$

其中，先验概率分布的形状和参数值会影响最大后验估计的结果。在先验概率分布的影响下，最大后验估计相对于极大似然估计可以提供更稳健和更合理的参数估计。值得说明的是，当样本量趋向无穷大时，最大后验估计通常具有一致性。此外，当先验分布是均匀分布时，最大后验估计等同于极大似然估计。

2.2.4　期望最大化算法

期望最大化(expectation-maximization，EM)算法是一种迭代优化算法，用于求解包含隐变量的概率模型参数的估计。EM 算法被广泛应用于机器学习、统计学和信号处理等领域，特别在混合模型、聚类分析等问题中表现出色。

期望最大化算法通常应用于包含隐变量 Z 的概率模型，其中观测数据包括两部分：可观测变量 X 和隐变量 Z。期望最大化算法的目标是通过迭代优化，找到模型参数的极大似然估计或最大后验估计。

期望最大化算法的步骤如下。

(1) Expectation Step (E 步)：在 E 步，根据当前模型参数 θ^t 推断隐变量分布 $P(Z \mid X, \theta^t)$，并计算对数似然 $\mathrm{LL}(\theta \mid X, Z)$ 关于 Z 的期望：

$$Q(\theta \mid \theta^t) = E_{Z \mid X, \theta^t} \mathrm{LL}(\theta \mid X, Z) \qquad (2\text{-}11)$$

(2) Maximization Step (M 步)：在 M 步，利用 E 步得到的隐变量的条件期望，最大化对数似然函数，更新模型参数。这一步通常涉及数学优化方法，如梯度上升法。

$$\theta^{t+1} = \arg\max_{\theta} Q(\theta \mid \theta^t) \qquad (2\text{-}12)$$

(3) 迭代：重复执行 E 步和 M 步，直至模型参数收敛到最优值或满足停止条件。

期望最大化算法在使用时应该注意以下三点。

局部最优：期望最大化算法可能收敛到局部最优解，因此需要多次运行以减小这种可能性。

收敛性：在某些情况下，EM 算法的收敛速度较慢，需要谨慎选择停止条件和初始值。

模型选择：EM 算法对模型的假设敏感，选择合适的模型结构至关重要。

2.3　贝叶斯分类器

贝叶斯分类器是一类基于贝叶斯定理的统计分类方法。其核心思想是通过观察先验概率和样本的似然度，利用贝叶斯定理计算后验概率，从而进行分类。按照特征之间在给定类别下是否服从条件独立性假设分为朴素贝叶斯分类器和非朴素贝叶斯分类器。朴素贝叶斯分类器是贝叶斯分类器的一种特殊形式，它对特征之间的条件独立性作了朴素的假设。这意味着在给定类别的情况下，样本的特征之间是相互独立的。尽管这个假设在现实中往往不成立，但朴素贝叶斯分类器的简单性和高效性使其在实际应用中表现良好。

贝叶斯分类器的优点在于简单、易于理解，并且在处理小规模数据集或者特征之间条件独立性较强的情况下表现良好。

2.3.1　朴素贝叶斯分类器

朴素贝叶斯分类器是一种基于贝叶斯定理的统计分类方法，通过计算给定输入数据点的各个类别的后验概率来进行分类决策。它假设特征之间条件独立，并利用先验概率和似然函数来估计后验概率，最终选择具有最大后验概率的类别作为分类结果。

基于 0-1 损失和最大后验估计，朴素贝叶斯算法可以表示为下列计算过程。设输入 $X \subseteq R^n$ 由 n 维向量组成，输出为 $Y = \{c_1, c_2, \cdots, c_k\}$，模型的输入和输出分别表示为 $x \in X$、$y \in Y$，输入 X 和输出 Y 的概率分布是 $P(X,Y)$。假设服从条件独立性假设，因此，训练数据之间是独立同分布的，记为

$$T = \{(x_1, y_1), (x_2, y_2), \cdots, (x_n, y_n)\} \tag{2-13}$$

根据训练数据集，得到联合概率分布 $P(X,Y)$，接着学习先验概率分布：

$$P(Y = c_k), \quad k = 1, 2, \cdots, K \tag{2-14}$$

根据条件独立性假设原则：条件概率分布就可以写成各个独立属性分布的乘积，即

$$P(X = x \mid Y = c_k) = \prod_{i=1}^{n} P(x^{(i)} \mid Y = c_k), \quad k = 1, 2, \cdots, K \tag{2-15}$$

由此，就可以得到联合概率分布 $P(X,Y)$。

对于输入数据 x，根据贝叶斯定理，后验概率为

$$P(Y = c_k \mid X = x) = \frac{P(X = x \mid Y = c_k) P(Y = c_k)}{\sum_k P(X = x \mid Y = c_k) P(Y = c_k)} \tag{2-16}$$

将式(2-15)代入式(2-16)得到贝叶斯算法分类的基本公式：

$$P(Y = c_k \mid X = x) = \frac{P(Y = c_k) \prod_{i=1}^{n} P(x^{(i)} \mid Y = c_k)}{\sum_k P(Y = c_k) \prod_{i=1}^{n} P(x^{(i)} \mid Y = c_k)}, \quad k = 1, 2, \cdots, K \tag{2-17}$$

则朴素贝叶斯分类器可以记为

$$y = f(x) = \arg\max_{c_k} \frac{P(Y = c_k)\prod_{i=1}^{n} P(x^{(i)} \mid Y = c_k)}{\sum_{k} P(Y = c_k)\prod_{i=1}^{n} P(x^{(i)} \mid Y = c_k)} \tag{2-18}$$

在式(2-18)中，分母对所有 c_k 都是相同的，所以式(2-18)可以进一步简化为

$$y = \arg\max_{c_k} P(Y = c_k)\prod_{i} P(X = x^{(i)} \mid Y = c_k) \tag{2-19}$$

朴素贝叶斯分类器具有以下优点。

(1) 简单高效：朴素贝叶斯分类器的实现简单，计算效率高。它基于概率统计原理，利用贝叶斯定理和条件独立性假设进行分类，不需要复杂的模型训练过程。

(2) 适用于高维数据：朴素贝叶斯分类器在处理高维数据集时表现良好。由于它假设特征之间是条件独立的，因此即使在特征空间较大的情况下，也能保持较好的性能。

(3) 对小规模数据集有效：朴素贝叶斯分类器通常在小规模数据集上表现良好，尤其是当类别之间的分布不平衡或者数据缺乏时。它能够快速地进行训练和分类，并且对噪声数据具有一定的鲁棒性。

(4) 可以处理二分类和多分类问题：朴素贝叶斯分类器可以处理二分类和多分类问题，并且在文本分类、垃圾邮件过滤、情感分析等领域有广泛的应用。

(5) 对于部分特征缺失的情况具有鲁棒性：朴素贝叶斯分类器对于部分特征缺失的情况具有一定的鲁棒性，因为它在计算条件概率时可以忽略缺失的特征。

尽管朴素贝叶斯分类器具有上述优点，但它也有一些限制，例如，对条件独立性假设过于严格，可能导致模型在处理相关特征时性能下降。此外，它对输入特征的分布假设较为简单，可能无法很好地适应复杂的数据分布。

2.3.2 贝叶斯网络

非朴素贝叶斯分类器并不依赖于朴素贝叶斯假设，即特征之间不再假设独立。这样的分类器通常更复杂，考虑了特征之间的相互关系，但也因此需要更多的计算资源和更大的数据量。非朴素贝叶斯分类器又称为贝叶斯网络。贝叶斯网络是一种概率图模型，用于表示变量之间的依赖关系，并通过贝叶斯定理来推断未知变量。它由节点和有向边组成，节点表示随机变量，有向边表示变量之间的依赖关系。贝叶斯网络的结构可以用于推断变量之间的概率关系，从而进行概率推断和决策分析。

贝叶斯网络中随机变量的联合分布可以定义成某个随机变量将其他随机变量概率值作为条件的条件分布乘积，即

$$P(X_1, X_2, \cdots, X_n) = \prod_{i=1}^{n} P(X_i \mid \mathrm{Pa}(X_i)) \tag{2-20}$$

式中，$\mathrm{Pa}(X_i)$ 为随机变量 X_i 的父节点；X_i 为 $\mathrm{Pa}(X_i)$ 的子节点。在贝叶斯网络中，定义有向边的方向是父节点指向子节点。

若有两个随机变量 X 和 Y 由随机变量 Z 相连，基于边的有向性，可能出现 3 种结构：顺连、分连和汇连。

顺连结构中，如果 Z 未知，Y 的信度受 X 的影响，这时的 X 和 Y 相关；如果 Z 已知，Y 的信度不受 X 影响，此时 X 和 Y 被 Z 间隔开，则 X 和 Y 是相互独立的。

分连结构类似顺连结构，如果 Z 未知，Y 的信度受 X 的影响，这时的 X 和 Y 相关；如果 Z 已知，Y 的信度不受 X 影响，此时 X 和 Y 被 Z 间隔开，则 X 和 Y 是相互独立的。

汇连结构和前面两种结构不同，如果 Z 未知，Y 的信度不受 X 影响，此时 X 和 Y 被 Z 间隔开，则 X 和 Y 是相互独立的；如果 Z 已知，Y 的信度受 X 的影响，这时的 X 和 Y 相关。

贝叶斯网络具有以下几个显著特点。

(1) 概率表示：贝叶斯网络通过概率分布来描述变量之间的依赖关系，这使得贝叶斯网络能够直观地表示不确定性和概率关系。

(2) 推理能力：贝叶斯网络提供了一种基于概率推断的框架，可以根据已知信息推断未知变量的概率分布。利用贝叶斯网络进行推理，可以进行概率计算、概率预测和概率决策等任务，使得系统能够在不确定性环境下做出理性的决策。

(3) 模型紧凑性：相较于其他概率图模型，如马尔可夫随机场，贝叶斯网络的模型结构更为紧凑，因为它通过有向边来表示变量之间的依赖关系，避免了大量的参数空间，使得模型更易于理解和解释。

(4) 数据不足情况下性能强大：贝叶斯网络在数据稀缺或不完整的情况下仍然能够提供强大的推断能力。通过利用已知信息和领域专家的知识来构建网络结构和参数估计，贝叶斯网络能够有效地处理数据不完整或噪声较大的情况。

(5) 灵活性：贝叶斯网络具有较强的灵活性，可以适用于各种不同的问题领域和场景。它可以包括离散型变量、连续型变量以及混合型变量，同时还能够处理动态系统、时间序列等复杂情况。

(6) 领域知识整合：构建贝叶斯网络需要深入理解问题领域，因此可以很好地整合领域专家的知识。通过与领域专家合作，可以构建出符合实际情况的网络结构和参数估计，提高了模型的准确性和可信度。

按照推理类别的不同，贝叶斯网络的学习方式分为参数学习和结构学习。其参数学习方式有极大似然估计、最大后验估计和期望最大化估计三种。此处详细介绍贝叶斯网络的结构学习。

贝叶斯网络结构学习的目的就是依据现有的数据集，评选与现有数据集最匹配的网络结构。贝叶斯网络结构学习的关键问题有两个：①贝叶斯网络结构与数据集之间的匹配程度是基于哪种评分函数来评测的；②使得评分函数达到最大的参数是基于哪种搜索算法来搜索的。

1. 评分函数

最常用的评测匹配程度的函数是似然函数。设网络结构为 η，网络参数为 θ_η，则似然函数可以定义为

$$\mathrm{LL}(\eta, \theta_\eta \mid D) = \log P(D \mid \eta, \theta_\eta) \tag{2-21}$$

最匹配的贝叶斯网络是说存在网络结构 η 和网络参数 θ_η，能够让似然函数 $\mathrm{LL}(\eta, \theta_\eta \mid D)$ 达到最大，即

$$\mathrm{LL}(\eta^*, \theta_{\eta}^* \mid D) = \max_\eta \max_{\theta_\eta} \mathrm{LL}(\eta, \theta_\eta \mid D) \tag{2-22}$$

搜寻最优贝叶斯网络可分为以下两步：①寻找最优结构 η^*；②寻找最优结构对应的参数 θ_η^*。但是只使用似然函数也有缺陷，即在一个贝叶斯网络结构中，若存在任意两节点之间都有边的情况，则认为该网络是完全的，使得似然函数达到最大的贝叶斯网络结构一定是完全的。也就是说，如果单独使用似然函数作为评分函数，最终得到的贝叶斯网络结构一定是任意两节点之间都存在边的网络结构。所以，常用的是利用正则化项约束模型复杂度，即

$$S(\eta, \theta_\eta \mid D) = \mathrm{LL}(\eta, \theta_\eta \mid D) + R(\eta, \theta_\eta) \tag{2-23}$$

式中，$R(\eta, \theta_\eta)$ 是正则化项，用来限制模型复杂度。如果将贝叶斯网络参数的数目 $|\theta_\eta|$ 当作正则化项，则有

$$\mathrm{AIC}(\eta, \theta_\eta \mid D) = \mathrm{LL}(\eta, \theta_\eta \mid D) + |\theta_\eta| \tag{2-24}$$

此时该评分函数叫做 AIC(Akaike information criterion)评分函数。若利用样本量 m 和 $|\theta_\eta|$ 一起作为正则化项 $\dfrac{\log m}{2} |\theta_\eta|$，则有

$$\mathrm{BIC}(\eta, \theta_\eta \mid D) = \mathrm{LL}(\eta, \theta_\eta \mid D) + \frac{\log m}{2} |\theta_\eta| \tag{2-25}$$

此时该评分函数叫做 BIC(Bayesian information criterion)评分函数。

2. 搜索算法

贝叶斯网络结构学习的另一个关键是确定搜索算法。最简单的搜索算法就是穷举法，但当节点数目增加时，候选的贝叶斯网络结构成指数增加。因此穷举法不便在实际中应用，故可以考虑使用启发式搜索算法。

1) K2 算法

Cooper 在 1992 年提出了 K2 算法，用于贝叶斯网络的结构学习。K2 算法的搜索空间有一定的限制，其搜索空间需要符合以下两个条件：①结构 η 中任意变量的父节点个数不超过 u；②ρ 是结构 η 的一个拓扑排序。

K2 算法旨在找到最可能的贝叶斯网络结构，使得该结构下的数据生成概率最大化。以下是 K2 算法的主要思想和步骤。

(1) 初始化网络结构：K2 算法开始于一个初始网络结构，通常是一个空的网络，其中没有边连接任何节点。或者也可以从一个完全图开始，然后逐步删除边直到达到最优结构。

(2) 逐节点搜索：对于每个节点，K2 算法通过搜索逐个节点的方式来探索可能的父节点集合，并评估每个父节点集合的概率分布模型。算法在每一步都试图添加一个新的

父节点，直到找到一个局部最优的父节点集合。

(3) 评估父节点集合：在每一步中，K2 算法使用贝叶斯分数来评估当前节点的每个可能的父节点集合。这个分数基于给定数据的极大似然估计和贝叶斯信息准则(BIC)或其他模型选择准则来计算，以确定最佳的父节点集合。

(4) 迭代搜索：K2 算法通过迭代的方式，对每个节点进行父节点集合的搜索和评估，直到整个网络结构的贝叶斯分数不再增加或达到预设的迭代次数。

(5) 输出最优网络结构：最终，K2 算法输出的是具有最高贝叶斯分数的网络结构，该结构被认为是在给定数据下最可能的贝叶斯网络结构。

在搜索时，K2 算法以一个只有节点、无边的图为起点。按照 ρ 的排序依次遍历各个节点，找出每个节点的父节点。就每一个节点来说，若其父节点的总数目比 u 小，则从该节点之前的节点里，选出一个节点，使得评分函数达到最大。判断新评分是否比原评分大。若是，将选出的节点添加为该节点的父节点，重复上面的步骤；否则，结束为该节点寻找父节点，直接转到下一个节点。

K2 算法的优点在于其简单、易实现，并且在许多情况下能够有效地找到合理的贝叶斯网络结构。然而，K2 算法也存在一些缺点，例如，可能会陷入局部最优解，且当节点数量较多时，搜索空间的维度会快速增加，导致计算复杂度上升。

2) 爬山法

爬山法以一个初始模型(通常为无边图)为出发点，利用搜索算子修改当前模型，由此获得多个候选模型。求这些候选模型的评分，选择评分最大的候选模型，并将其评分与当前模型的评分作对比。若候选模型的评分相对较大，就将候选模型选作当前模型，重复进行以上步骤；否则，停止搜索，将当前模型输出。

爬山法的搜索算子分为三种：加边、减边和转边。搜索算子的使用不能导致环的出现。爬山法有时会产生收敛到局部最优的问题。这时候可以通过多次运行爬山法，从中选择评分最大的模型作为最终结果。

爬山法旨在通过逐步改进当前解决方案来寻找最优的网络结构。该算法的基本思想类似于爬山过程，即从当前位置出发，沿着最陡峭的上升方向前进，直到达到山顶。

以下是贝叶斯网络结构学习中使用的爬山法的主要步骤。

(1) 初始化网络结构：开始时，随机或者根据一些启发式规则初始化一个初始网络结构。这个初始网络结构可能是一个空的网络，也可以是包含一些边的初始网络。

(2) 评估当前解决方案：对当前网络结构进行评估，通常使用贝叶斯信息准则(BIC)或其他模型选择准则来评估网络结构的质量。这些准则通常考虑了模型的拟合度和复杂度之间的权衡。

(3) 生成邻近结构：在当前网络结构的基础上，生成一些可能的邻近结构。这可以通过添加、删除或反转边来实现。邻近结构在局部结构上与当前解决方案类似，但具有一些不同的结构特征。

(4) 选择最佳邻近结构：对生成的邻近结构进行评估，并选择其中最优的一个作为下一步的候选解决方案。通常会选择能够使得模型评估准则得分提高的邻近结构。

(5) 迭代搜索：重复步骤(3)和步骤(4)，直到达到停止条件。停止条件可以是达到最大迭代次数、无法找到更优解或者解决方案的变化不大。

(6) 输出最优网络结构：最终输出的网络结构通常是在整个搜索过程中得分最高的网络结构，即具有最优模型评估准则得分的网络结构。

爬山法在贝叶斯网络结构学习中是一种简单而直观的方法，适用于中小规模的问题。然而，它也有一些局限性，例如，可能会陷入局部最优解，无法找到全局最优解；另外，由于其依赖于当前解决方案，可能会错过一些潜在的更优解。

2.4　错　误　率

"错误率" 通常用来描述分类器在对数据进行分类时出现错误的频率。它是指分类器在测试集上错误分类的样本数与总样本数之比。通常用以下公式表示：

$$错误率 = \frac{错误分类的样本数}{总样本数} \tag{2-26}$$

错误率反映了模型在整体样本上的分类准确度。较低的错误率表示模型在样本分类上的性能较好。例如，如果一个分类器在测试集上共对 100 个样本进行了分类，其中有 10 个样本被错误分类了，那么它的错误率就是 $\frac{10}{100} = 0.1$，即 10%。

错误率是评估分类器性能的常用指标之一，但它并不能完全描述分类器的优劣，因为在某些情况下，特定的错误可能比其他错误更为严重。因此，在实际应用中，可能会同时考虑其他性能指标，如准确率、召回率、F1 值等，以全面评估分类器的性能。

2.4.1　错误率的估计

错误率的估计通常包括以下几个步骤。

(1) 数据集划分：将可用数据集划分为两部分，即训练集和测试集。通常情况下，训练集占总数据集的大部分比例(如 70%)，而测试集占剩余部分(如 30%)。

更详细地，数据集划分的方法有以下 3 种。

① 留出法：将数据集分为训练集和测试集两部分，通常采用 70% 的数据作为训练集，30% 的数据作为测试集。在训练集上训练分类器，在测试集上评估分类器的性能，并计算错误率。

② 交叉验证：将数据集分为 k 个大小相似的子集，称为折叠。每次选择一个折叠作为测试集，其他折叠作为训练集，进行 k 次训练和测试，然后对 k 次结果进行平均，得到最终的错误率估计。

③ 自助法：通过有放回地抽样生成与原始数据集大小相同的新数据集，这样一部分数据在新数据集中出现多次，另一部分数据未被抽中。使用新数据集进行训练和测试，计算错误率。重复这个过程多次，得到错误率的估计。

上述训练集和测试集的划分方法在估计错误率时各有优劣，选择何种方法取决于数据集的特点、算法的要求以及计算资源的可用性。留出法简单易行，但可能会导致估计不稳定；交叉验证可以更好地利用数据，但计算成本较高；自助法可以更好地处理小样本问题，但可能引入一些偏差。因此，在实际应用中，需要根据具体情况选择合适的方法来估计错误率。

(2) 选择分类器：根据问题的性质和数据集的特点，选择合适的分类器，如朴素贝叶斯分类器、贝叶斯网络等。

(3) 训练分类器：使用训练集对选定的分类器进行训练。训练过程涉及学习数据的模式、特征和类别之间的关系，以便后续进行准确的分类。

(4) 测试分类器：使用测试集评估已训练的分类器的性能。对于测试集中的每个样本，使用训练好的分类器进行分类预测，记录分类结果。

(5) 计算错误率：对于测试集中的每个样本，比较分类器预测的类别与实际类别是否一致。如果分类器预测错误，则将错误计数加 1。使用式(2-26)计算错误率。

(6) 性能评估：错误率是一种评估分类器性能的指标，但通常需要结合其他指标来全面评估分类器的性能。

(7) 重复和平均(可选)：为了提高估计的准确性，可以多次重复上述步骤，并将每次计算得到的错误率进行平均。这样可以减少由随机性带来的误差。

(8) 结果分析：分析错误率估计的结果，理解分类器在不同类别上的性能表现。确定分类器的优势和不足之处，并考虑可能的改进策略。

通过上述描写的错误率估计的详细步骤，可以对分类器在给定数据集上的性能进行全面评估，并得到错误率的准确估计，从而为进一步的优化和改进提供参考。

2.4.2 错误率的分析

错误率的分析是对模型性能进行深入研究和理解的过程。在错误率的分析中，可以考察以下几个方面。

(1) 错误类型：将错误分为假阳性(FP)、假阴性(FN)等类型，以了解模型在不同错误情境下的表现。假阳性指的是分类器错误地将负类样本分类为正类。换句话说，假阳性是指实际上属于负类的样本被错误地预测为正类。假阴性指的是分类器错误地将正类样本分类为负类。换句话说，假阴性是指实际上属于正类的样本被错误地预测为负类。这两种错误类型在实际应用中都具有重要意义。分类器的性能评估不仅要考虑总体错误率，还要对这两种错误类型进行分析，以更全面地了解分类器的性能。

(2) 混淆矩阵：混淆矩阵是一种将模型的分类结果与真实标签进行比较的工具，用于进一步分析错误的来源。在混淆矩阵中，共有四种情况。

① True Positive (TP)：实际为正类且被预测为正类的样本数。

② True Negative (TN)：实际为负类且被预测为负类的样本数。

③ False Positive (FP)：实际为负类但被错误地预测为正类的样本数，也称为假阳性。

④ False Negative (FN)：实际为正类但被错误地预测为负类的样本数，也称为假阴性。

通过混淆矩阵和相关性能指标，可以更全面地评估分类模型的性能，了解模型在不同类别上的表现情况，并提出相应的改进策略。

(3) 误差分布：分析错误的分布情况，了解模型在不同类别上的性能表现，有助于发现模型在哪些类别上容易出现错误，进而针对性地改进模型或提出数据处理策略。以下是进行误差分布分析的一般步骤。

①计算混淆矩阵：根据模型对测试集的预测结果，计算混淆矩阵。混淆矩阵将实际类别和预测类别之间的关系以矩阵形式展现出来。

②可视化混淆矩阵：将混淆矩阵可视化，以直观地展示模型在不同类别上的预测情况。可以使用热力图或堆叠条形图等方式进行可视化。

③分析错误分布：通过混淆矩阵，分析模型在不同类别上的预测情况。特别关注那些被错误分类的样本，即 FP 和 FN 样本。观察哪些类别的样本更容易被错误分类，以及错误分类的情况偏向于哪个类别。

④确定容易出错的类别：根据分析结果，确定哪些类别是模型容易出错的。可以将错误率较高的类别标识出来，并与其他类别进行比较。

⑤原因分析：对于容易出错的类别，进一步分析可能的原因。可能的原因包括数据质量问题、类别不平衡、特征提取问题等。如果有数据标注错误的情况，需要尽快修正数据标注错误，以提高模型的性能。

⑥改进策略：根据错误分布分析的结果，制定相应的改进策略。这些策略可能包括增加样本数量、调整分类器参数、改进特征提取方法等。通过以上步骤，可以全面了解模型在不同类别上的性能表现，发现容易出错的类别，并针对性地改进模型，以提高分类器的性能。

⑦性能评估指标：除了错误率外，还可以使用其他性能评估指标，如准确率、精确率、召回率、F1 值等，以更全面地评估模型性能。这些性能评估指标各有侧重，可以帮助我们全面了解模型的性能表现。准确率可以告诉我们整体的预测准确性，精确率和召回率则更注重于模型对特定类别的预测效果，而 F1 值则综合考虑了精确率和召回率的平衡性。选择合适的性能评估指标取决于问题的特点和应用场景的需求。

小　结

本章以贝叶斯决策理论为主题，以贝叶斯学习的几种方式为线索，探讨了如何通过设定先验分布推断后验分布，进而实现模型参数的估计。首先介绍了极大似然估计，它是一种常用的参数估计方法，通过最大化观测数据的似然函数来估计参数。接着介绍了最大后验估计，它在极大似然估计的基础上加入了先验分布，通过最大化后验概率来估计参数，在数据量较少或者需要考虑先验知识的情况下更具优势。最后介绍了期望最大化算法，它是一种迭代优化算法，用于对存在隐变量的模型进行参数估计，通过交替进行"期望"步骤和"最大化"步骤来更新参数，直至收敛到局部最优解。

在贝叶斯分类器方面，根据是否服从条件独立性假设，将其分为朴素贝叶斯分类器和贝叶斯网络。朴素贝叶斯分类器假设特征之间相互独立，简化了模型的复杂度，推断学习过程通过计算后验概率来实现。而贝叶斯网络则允许特征之间存在依赖关系，通过有向边表示特征之间的依赖关系，并利用贝叶斯网络结构来推断后验概率分布。

最后，对于评估分类器的性能，强调了除了错误率之外，还有许多其他性能评估指标可以使用，如准确率、精确率、召回率和F1值等。这些指标可以帮助我们更全面地评估模型的性能，并在实际应用中做出准确的评估和决策。

习　　题

1. 简述贝叶斯决策所讨论的问题。
2. 简述先验概率、后验概率两者的关系。
3. 用极大似然估计法推断出朴素贝叶斯分类器中的概率估计公式。
4. 用期望最大化算法推断出朴素贝叶斯分类器中的概率估计公式。
5. 简述基于最小错误率的贝叶斯分类原则。

第 3 章

判别函数分类器

本章导读

本章主要讲解基于判别函数的分类器设计与实现。首先从判别函数的基础理论出发，介绍用于分类器设计的主流判别函数。进一步以两种最典型的线性分类器与非线性分类器为案例，讲解分类器设计的基础理论与实现方式。最后，讲解故障诊断领域最常用的支持向量机的原理与实现方式。

学习目标

掌握基于判别函数的分类器的实现方式，熟悉支持向量机等常用分类器的原理、特点与应用方法。

3.1　判　别　函　数

在前述章节中讨论了基于贝叶斯决策理论的分类器设计原理与实现方法。具体以错误率最小或风险最小作为目标来设计分类规则和决策面，给出了如何得到最优分类器的一般方法。然而，基于贝叶斯决策理论的分类器设计通常需要已知有关样本总体分布的先验知识，如各类先验概率、类条件概率密度函数，结合计算出的样本的后验概率继而设计出相应的判别函数与决策面。但是，在具体的应用中预知准确的统计分布是困难的。因此，本章将介绍基于判别函数的分类器设计，根据不同的分类任务和属性，依托不同的准则函数，从样本直接设计出满足性能要求的分类器，这种分类器属于非参数方法的分类器范畴。在此基础上，本节将介绍线性判别函数和非线性判别函数，并介绍它们的实现方法。

3.1.1　判别函数的概念

基于贝叶斯决策理论进行分类必须已知目标样本的总体分布，具体包括先验概率 $P(\omega_1)$ 和类条件概率密度函数，再得到样本的后验概率 $P(\omega_1|X)$，继而得到生成判别函数的有效信息，并设计出对应的判别函数，这种方法根据其特性通常被称为参数判别方法。这种参数判别方法要求对特征空间中所有样本的分布清晰明确，如果需要分类的样本 T

确定，那就可以获得对它的后验概率，并可以根据具体的方法进行分类。因此，这种参数判别方法通常仅适用于对样本的统计知识完备的场景，或者是能通过训练样本进行估测的场景。

而判别函数法则不依赖于对于目标样本总体分布的先验，具体对于一个需要分类的样本，将它通过某种变换映射为一个特征向量，从整体的视角而言，这个特征向量是特征空间中的一个点，具体是属于一个类的点集，它与属于另一个类的点集相分离，同时各个类之间可分离。所以，只要能够确定一个分离函数，在特征空间中把各个不同的点集划分开，那么就能将样本准确地划分到所述类。换一种角度，这种方法也可以理解为通过几何变换的方法，把特征空间划分为对应于不同类别的子空间，再将需要分类的样本归类到对应的子空间中。

具体来说，需要分类的样本 S 有两个特征，即 $S=(s_1, s_2)$，每一个样本都对应特征空间中的一个点。所有的样本可以分为 n 类：$\omega_1, \omega_2, \omega_3, \cdots, \omega_n$。要确定样本 S 属于哪一类，就是判定它在特征空间中更接近于哪一类。例如，S 最靠近 ω_1，那么 S 就属于 ω_1 类，最靠近 ω_n，那么 S 就属于 ω_n 类。在 n 个类之间分别都有一个边界，如果能够在特征空间中明确各个类之间的边界参数，那么就能完成对于样本的分类任务。因此，有必要研究如何确定这个界限，这种找分界线的方法就是判别函数法。判别函数法的目的就是提供一个确定的分界线方程，这个分界线方程就叫做判别函数，它定义了特征空间中各类之间的分界线形式。

3.1.2 常见的判别函数

判别函数按照其性能通常可以划分为线性判别函数和非线性判别函数两大类。基于线性判别函数的分类器称为线性分类器，它们的结构通常较为简单，数学计算难度低，易于编程实现，因此广泛应用于模式识别领域。然而，每种方法在发挥优势的同时必然也存在一定的局限性，对于线性分类器而言，并不是能够胜任所有的分类任务，在更普遍的线性不可分的情况下，简单的线性分类器难以获得准确的分类能力。因此，需要进一步引入非线性分类器，解决线性不可分的情况下的识别问题。

现阶段，基于线性判别函数实现分类的方法主要有感知器算法、增量校正算法、LMSE 算法和 Fisher 分类，基于非线性判别函数以完成分类任务的方法主要有分段线性函数法、势函数法、基于核的 Fisher 分类等。在基于判别函数的分类器的设计中，需要预先根据分类任务选择合适的判别函数，再利用训练样本确定判别函数中的参数。也就是说基于判别函数的分类器设计具体包括判别函数类型选择与确定参数的两个过程，下面就从简单的线性分类器开始进行讨论学习。

3.2 线性分类器

3.2.1 线性判别函数的概念

以最简单的二分类问题为案例来说明，有维度是 d 的待分类向量 X，那么在二分类

问题中线性判别函数的一般形式可表示为

$$d(\boldsymbol{X}) = w_1 x_1 + w_2 x_2 + \cdots + w_d x_d + b = \boldsymbol{W}^{\mathrm{T}} \cdot \boldsymbol{X} + b \tag{3-1}$$

式中，$\boldsymbol{X} = [x_1, x_2, \cdots, x_d]^{\mathrm{T}}$ 是输入要分类的 d 维特征向量；$\boldsymbol{W} = [w_1, w_2, \cdots, w_d]^{\mathrm{T}}$ 是权重向量；b 是常数，称为偏置值。为了更直接地表述线性判别函数，式(3-1)也可表达为

$$d(\boldsymbol{X}) = w_1 x_1 + w_2 x_2 + \cdots + w_d x_d + b \cdot 1 = [w_1 \quad w_2 \quad \ldots \quad w_d \quad b] \begin{bmatrix} x_1 \\ x_2 \\ \vdots \\ x_d \\ 1 \end{bmatrix} = \boldsymbol{W}_E^{\mathrm{T}} \boldsymbol{X}_E \tag{3-2}$$

式中，$\boldsymbol{W}_E = [w_1, w_2, \cdots, w_d, b]^{\mathrm{T}}$ 是增广权重向量；$\boldsymbol{X}_E = [x_1, x_2, \cdots, x_d, 1]^{\mathrm{T}}$ 则被称为增广特征向量。

　　在给定线性判别函数后，需要进一步明确如何划分所述类型，具体将通过式(3-3)判定：

$$\begin{cases} d(\boldsymbol{X}) > 0, & \boldsymbol{X} \in \omega_1 \\ d(\boldsymbol{X}) < 0, & \boldsymbol{X} \in \omega_2 \end{cases} \tag{3-3}$$

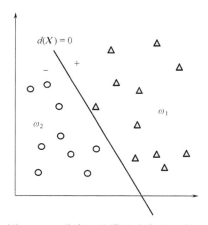

　　如果有 $d(\boldsymbol{X}) > 0$，那么 $\boldsymbol{X}$ 就属于 ω_1 类；反之若 $d(\boldsymbol{X}) < 0$，$\boldsymbol{X}$ 就属于 ω_2 类。如图 3-1 所示，此时，$d(\boldsymbol{X}) = 0$ 就是这种情况下的决策面方程，在基于线性判别函数的分类器中，它对应 d 维空间的一个超平面。对于二分类问题，如果向量 $\boldsymbol{X}$ 的维度 $d = 2$，那么在这个二维平面中的所有样本都可以用一条直线来划分开，这条直线就可以作为模式识别和分类的依据，具体可以表示为

图 3-1　二分类二维模式分布的示意图

$$d(\boldsymbol{X}) = w_1 x_1 + w_2 x_2 + b = 0 \tag{3-4}$$

式中，x_1、x_2 是要分类向量 $\boldsymbol{X}$ 的值；w_1、w_2、b 为控制参数。

　　式(3-4)中的控制参数是通过在训练数据上进行学习所产生的，对于前述的二分类问题，训练的方法是输入已知类别的训练样本 $\boldsymbol{X}$，当 $\boldsymbol{X}$ 属于 ω_1 类时，定义 $d(\boldsymbol{X})$ 大于零；当 $\boldsymbol{X}$ 属于 ω_2 类时，定义 $d(\boldsymbol{X})$ 小于零。当样本的维度 d 不同时，决策面方程 $d(\boldsymbol{X}) = 0$ 的几何形式也随之改变。在一维空间里，决策面方程 $d(\boldsymbol{X}) = 0$ 为点；在二维空间里，$d(\boldsymbol{X}) = 0$ 是一条线；而在三维空间里，$d(\boldsymbol{X}) = 0$ 是分界面；当空间维度 d 大于 3 时，决策面方程 $d(\boldsymbol{X}) = 0$ 为超平面。

3.2.2　线性分类器的实现

　　前述介绍说明了对于判别函数来说，除了 3.2.1 节定义的方程形式之外，需要确定方程中所包含的系数。对于线性判别函数而言，其方程的形式如式(3-1)所示，其中维数 d 与特征向量 $\boldsymbol{X}$ 的维数一致，方程组的数量由需要识别对象的类别数目确定。因此，当判别

函数的形式和要分类的数据是确定的时候，线性分类器的实现中还需要确定的就是判别函数的各个权重系数。对于式(3-1)，下面将具体讨论这些系数是如何确定的。

首先，根据分类需求和数据特性选择判别函数 K，如感知器算法、增量校正算法、LMSE 算法。接下来需要确定判别函数 K 达到最优时 W^* 及 W_E^* 的具体数值，以完成基于判别函数的分类器设计流程。对于线性分类器的设计而言，即能够在输入训练样本下，生成用于线性判别函数构造的权重系数。

线性分类器实现的主要流程可以概括为如下几步。

(1) 根据需求和特点选择一个线性判别函数 K，如感知器算法、增量校正算法、LMSE 算法等。感知器算法和增量校正算法的实现方式相近似，具体是通过加权系数来优化权矢量，而 LMSE 算法的优化准则为最小均方误差。

(2) 确定判别函数 K 达到极值时 W^* 及 W_E^* 的具体数值，进而完善判别函数所有参数的选取，确定分类器的实现。这些参数是通过在训练数据上进行学习的方法来产生的，具体是通过一组具有标签的样本，将这些样本输入到判别函数中，通过计算机自动进行多次迭代，得到判别函数 K 的最优解。

本节以最常见的感知器算法作为案例说明线性分类器的实现流程。感知器算法是分类学习模型的一种，具体属于机器学习中的仿生学领域。

如果需要分类的样本 X 有三个特征，即 $X = (x_1, x_2, x_3)$，在模式特征级数为三维时，对应的线性判别函数为

$$d(X) = w_1 x_1 + w_2 x_2 + w_3 x_3 + b = W^T X \tag{3-5}$$

式中，$X = [x_1, x_2, x_3, 1]^T$ 为增广特征向量；$W = [w_1, w_2, w_3, b]^T$ 为增广权重向量。

对于线性分类器，在其他参数一致的情况下，只要通过训练样本学习到权重向量 W，就能够完成基于感知器算法的分类器设计。

接下来，将介绍如何基于已知类别的模式样本学习出权重向量 W。基于感知器算法的判别函数设计的总体路线是：随机生成一个初始权重向量 W_0，然后将样本输入判别函数中得到判别结果，接下来将判别结果与已知的所述分类进行校对，若分类结果不一致，则需要将 W_0 修正为 W_1，进一步基于修正后的 W_1 对已知类别的样本进行分类结果的校对，若不符合，则继续修正到 W_n，直到对已知类别样本的识别结果达到预期要求。

假设线性分类器用于二分类问题，具体的任务是分为 ω_1 和 ω_2 两类，其判别函数可以表示为

$$d(X) = W^T X \tag{3-6}$$

式中，$W = [w_1, w_2, \cdots, w_m, b]^T$。为了能够实现分类功能，$d(X)$ 应满足如式(3-3)所示的特性。

由于式(3-3)规定 $d(X)$ 的值可取正值或负值，为了便于处理，需要对样本进行规范化处理，具体是将类别为 ω_2 的所有样本都乘以(-1)，基于这样的操作能够统一对于 ω_1 和 ω_2 两类样本的鉴别要求，此时判别函数的性质可以表示为

$$d(X) = W^T X > 0 \tag{3-7}$$

感知器算法就是通过对已知类别的训练样本集 X_D 的学习，寻找一个满足式(3-6)和式(3-7)的权重向量。设训练样本集 $X_D = \{X_1, X_2, \cdots, X_n\}$，$X_i$ 代表了第 i 个训练样本，其中 $i = 1, 2, \cdots, n$。对于每一个 X_i，它们的类型是已知的，也就是属于 ω_1 或 ω_2 已知。

如前所述，分类器的实现需要确定权重向量 W，权值修正的方法一般采用梯度下降法。具体的计算流程如下所示：

(1) 随机化初始值：随机初始化权重向量 W_0 中的每一个元素；设置学习率为 l，一般情况下 $0 < l \leqslant 1$，过大的 l 值会导致模型不稳定，过小则可能导致收敛过慢。

(2) 计算判别函数值：从所有已知类别的训练样本集 $X_D = \{X_1, X_2, \cdots, X_n\}$ 中抽取一个训练样本 X_i，并对该样本计算判别函数值 $d(X_i) = W_i^{\mathrm{T}} X_i$。

(3) 修正权重向量 W_i：如前所述，将类别为 ω_2 的所有训练样本 X_i 的各分量均乘以 (-1)，此时判别函数的性质如式(3-7)所示，为了确保样本的类别能被辨识，若 $d(X_i) \leqslant 0$，则需要修正权重向量 $W_{i+1} = W_i + l \cdot X_i$；否则保持原状 $W_{i+1} = W_i$。

(4) 性能验证：若 W 对所有训练样本均稳定不变，就算流程结束；否则令 $i = i + 1$，返回步骤(3)继续优化权重向量。

显而易见，感知器算法是根据判别结果进行的"奖励-惩罚"的过程，如果输入的 X_i 的类别为 ω_1 但是计算的判别函数值 $d(X_i) \leqslant 0$，这是与设定相违背的结果，意味着 X_i 被现在的判别函数进行了错误的分类，因此对于权重向量需要施加"惩罚"，即 $W_{i+1} = W_i + l \cdot X_i$；相似地，对于类别为 ω_2 且已经乘以 (-1) 的训练样本 X_i，如果判别函数值 $d(X_i) \leqslant 0$，表明它与式(3-7)的定义相反，同样需要对权重向量进行修正，修正方法与类别为 ω_1 的 X_i 相同。综上所述，通过对错误分类时的权重向量进行修正，使其向正确分类的方向优化，同时对正确分类的判别函数施加"奖励"，保留正确分类的权重向量。

在对分类器进行多次迭代后，能够得出在训练样本集 X_D 上准确判定每个原本所述分类的判别函数，这个函数的权重向量为 W。对于感知器算法，只要模式类别是线性可分的，就可以在有限的迭代步数里求出权重向量的解。

对于线性分类器的实现，只要根据要分类任务的具体类别，结合需要分类信息的特性，计算权重量就能得到具备鉴别能力的分类器。

3.3 非线性分类器

3.3.1 非线性判别函数的概念

虽然线性分类器的思路简洁、实现容易，能够在简单的模式识别任务中获得比较满意的性能。但是，实际的模式识别任务通常更为复杂，并不一定是线性可分的。一个简单的二分类任务如图 3-2 所示，两种类别的样本的相对位置更加复杂，简单的线性分类方法难以满足需求。但是，理论上认为只要各个类别的特征值是不同的，那么判别函数的边界是始终存在的。这种判别边界通常不是线性的，但是可以通过某种映射将非线性空间转换为线性空间。

例如，非线性判别函数为

$$d(X) = w_1 x_1^2 + w_2 x_2 + b \tag{3-8}$$

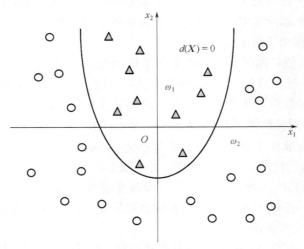

图 3-2　二维模式空间的判别边界

如果令 $\lambda_1 = x_1^2$，$\lambda_2 = x_2$，那么判别函数 $d(X)$ 就能成为下述表示：

$$d(X) = w_1 \lambda_1 + w_1 \lambda_2 + b \tag{3-9}$$

这样修改后的判别函数就呈现为线性的形式。与式(3-9)类似，非线性判别函数可以表示为

$$d(X) = w_1 f_1(X) + w_2 f_2(X) + \cdots + w_m f_m(X) + b \tag{3-10}$$

式中，函数 $f_i(X) = f_i(x_1, x_2, \cdots, x_n)$ 是由 $X = [x_1, x_2, \cdots, x_n, 1]^T$ 定义的，所有的 $f_i(X)$ 共同组成一个函数系。

令 $W = [w_1, w_2, \cdots, w_m, b]^T$，同时把所有的 $f_i(X)$ 视为 $f(X)$ 的分量，为了统一表示，令 $f_{m+1}(X) = 1$，那么式(3-10)可以表示为

$$d(X) = W^T f(X) \tag{3-11}$$

式中，$f = (f_1, f_2, \cdots, f_{m+1})^T$。

经过这样的变换，非线性判别函数就变得与线性判别函数类似。组成式(3-11)的两个部分是需要确定的内容，首先是函数 $f_i(X)$ 的形式，其次是对于各个函数的权重向量 W。只需要将这两部分的内容确定，就能组成一个可以进行模式识别的判别函数。

但是，对于任意给定的训练样本集 $X_D = \{X_1, X_2, \cdots, X_n\}$，能够实现分类的 $f_i(X)$ 都是一个无穷的组合，在这些无穷的组合中如何选定一个合适的解来设计非线性分类器是需要关注的重要内容。在函数 $f_i(X)$ 的确定中，只有确保 $f_i(X)$ 能够反映 X 的某些本征特性，才能构造一个具有辨别能力的分类系统。这种具有表示能力的函数 $f_i(X)$ 被统称为特征向量 X 的特征函数，在一个分类系统中，这些特征函数是由特征滤波器构造的。

如图 3-3 所示，非线性分类器主要由非线性部分和线性部分组成，非线性部分指的是特征滤波器，而线性部分与前述线性分类器中的结构设计类似。因此，可以将线性判别函数视为非线性判别函数的特殊形式，而非线性判别形式是一般表述。为了满足模式识别任务的需求，函数 $f_i(\boldsymbol{X})$ 通常符合

$$\int_x f_i(\boldsymbol{X})f_j(\boldsymbol{X}) = \begin{cases} 1, & i = j \\ 0, & i \neq j \end{cases} \tag{3-12}$$

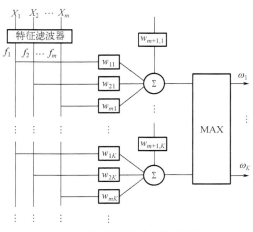

图 3-3　非线性判别函数示意图

在获得 $f = (f_1, f_2, \cdots, f_{m+1})^{\mathrm{T}}$ 后，式(3-11)所示的判别函数仅剩权重向量 $\boldsymbol{W}$ 需要确定。由于此时的判别函数已经转换为线性的形式，权重向量的求解在给定训练样本集 $\boldsymbol{X}_D = \{\boldsymbol{X}_1, \boldsymbol{X}_2, \cdots, \boldsymbol{X}_n\}$ 时是可以获得的，具体流程可参考前述章节。

3.3.2　非线性分类器的实现

本节将基于势函数法讨论非线性分类器的实现流程。势函数法启发于电场的概念，它是非线性分类器在模式识别领域中最常用到的方法之一。具体而言，在势函数法中，把属于一类(ω_1)的样本视为正电荷，而属于另一类(ω_2)的样本视为负电荷。把分类任务视为正负电荷的转移，电位为 0 的等位线即为判别边界。

对于基于势函数法的非线性分类器设计，首先需要选取合适的势函数。通常需要同时满足以下三个条件：① $K(\boldsymbol{X}_k, \boldsymbol{X}) = K(\boldsymbol{X}, \boldsymbol{X}_k)$，当且仅当 $\boldsymbol{X} = \boldsymbol{X}_k$ 时，达到最大值；② 当向量 $\boldsymbol{X}$ 与 $\boldsymbol{X}_k$ 的距离趋于无穷时，$K(\boldsymbol{X}, \boldsymbol{X}_k)$ 趋于 0；③ $K(\boldsymbol{X}_k, \boldsymbol{X})$ 是光滑函数，且是 $\boldsymbol{X}_k$ 与 $\boldsymbol{X}$ 之间距离的单调减小函数。通常选择的函数有 $K(\boldsymbol{X}, \boldsymbol{X}_k) = \exp(-\alpha|\boldsymbol{X} - \boldsymbol{X}_k|^2)$，$K(\boldsymbol{X}, \boldsymbol{X}_k) = \left| \dfrac{\sin\alpha|\boldsymbol{X} - \boldsymbol{X}_k|^2}{\alpha|\boldsymbol{X} - \boldsymbol{X}_k|^2} \right|$ 等。

在确定合适的势函数后，需要根据训练样本集 $\boldsymbol{X}_D = \{\boldsymbol{X}_1, \boldsymbol{X}_2, \cdots, \boldsymbol{X}_n\}$ 获得各个系数。在基于势函数法的训练中，是在逐个样本输入时利用势函数逐步积累电位的过程。对于二分类问题而言，根据势积累方程计算结果的正负就能区分两类样本，也就是说 0 电位

就是判别边界。基于势函数法的非线性分类器的具体构造过程如下所示。

(1) 模型初始化：设定初始电位为 $K_0(X) = 0$。

(2) 参数迭代优化：首先从所有已知类别的训练样本集 $X_D = \{X_1, X_2, \cdots, X_n\}$ 中抽取一个训练样本 X_1，输入样本 X_1 并计算其积累电位 $K_1(X)$：

$$K_1(X) = \begin{cases} K_0(X) + K(X, X_1), & X_1 \in \omega_1 \\ K_0(X) - K(X, X_1), & X_2 \in \omega_2 \end{cases} \tag{3-13}$$

式中，$K_1(X)$ 描述了加入第一个样本后的边界划分，样本属于 ω_1 则势函数为正；样本属于 ω_2 则势函数为负。

接下来，输入第二个样本 X_2，具体可能有三种情况：①若 $X_2 \in \omega_1$，且 $K_1(X_2) > 0$ 或 $X_2 \in \omega_2$，且 $K_1(X_2) < 0$，代表样本被正确分类，则势函数不变，即 $K_2(X) = K_1(X)$；② 若 $X_2 \in \omega_1$，但 $K_1(X_2) \leqslant 0$，则需要修改势函数，令 $K_2(X) = K_1(X) + K(X, X_2)$；③若 $X_2 \in \omega_2$，但 $K_1(X_2) \geqslant 0$，则需要修改势函数，令 $K_2(X) = K_1(X) - K(X, X_2)$。

以上三种情况中，显然②、③两种情况代表分类错误，也就是说 X_2 处于 $K_1(X)$ 所定义边界的错误的一边，则当 $X_2 \in \omega_1$ 时，积累势函数 $K_2(X)$ 要加上 $K(X, X_2)$。反之，当 $X_2 \in \omega_2$ 时，积累势函数要减去 $K(X, X_2)$。能够注意到，这种过程与前述线性分类器实现中的"奖励-惩罚"策略相类似，都是通过对分类器的判别结果和已知类别的对比，优化迭代判别函数，只是在非线性分类器中的实现流程更为复杂。

反复地从训练样本集中抽取样本用于迭代训练，当已输入 i 个训练样本 $X_1, X_2, \cdots, X_i$ 时，$K_{i+1}(X)$ 将根据判别结果优化 $K_i(X)$ 得到。如果从所给的训练样本集 $\{X_1, X_2, \cdots, X_i, \cdots\}$ 中省略那些并不使积累势函数发生变化的样本，则可得到一个简化的样本序列 $|X_1, X_2, \cdots, X_j, \cdots|$，它们完全是校正错误的模式样本，即

$$K_{i+1}(X) = \sum_{X_j} \alpha_j K(X, X_j) \tag{3-14}$$

式中

$$\alpha_j = \begin{cases} 1, & X_j \in \omega_1 \\ -1, & X_j \in \omega_2 \end{cases} \tag{3-15}$$

即由 $i+1$ 个样本产生的积累势函数，等于 ω_1 类和 ω_2 类两者中的校正错误样本的总位势之差。

由此算法可以看出，积累势函数不必做任何修改就可用作判别函数。设有一个二分类问题，取 $d(X) = K(X)$，则可得

$$d_{i+1}(X) = d_i(X) + \kappa_{i+1} K(X, X_{i+1}) \tag{3-16}$$

式中，系数取值由表 3-1 决定。

表 3-1　势函数法系数 κ_{i+1} 的取值

参数	X_{i+1} 的类别			
	ω_1	ω_2	ω_1	ω_2
$K_i(X_{i+1})$	> 0	< 0	$\leqslant 0$	$\geqslant 0$
κ_{i+1}	0	0	1	-1

3.4　支持向量机

期望风险最小化是传统的贝叶斯决策模型的学习目标，在实际应用中经验风险最小化通常被用来代替期望风险最小化。然而，理论上认为只有当训练样本无穷大时，使用经验风险代替期望风险才是符合理论预期的。但是，在真实的模式识别任务中，训练样本必然不能是无穷大的，有限的样本量导致基于经验风险最小化的分类模型的性能不佳。尤其是在工业条件中常见的小样本情况下，即使在训练数据上能够得到很小的分类误差，但是在测试集上的泛化性差，难以得到满意的识别效果。这种情况通常被称为过拟合，这不仅是由于训练数据有限难以学习到具有泛化性的规律，也是因为模型的设计规则限制。有效的机器学习模型应当能在有限样本的条件下，取得学习精度和推广能力的平衡，而建立在结构风险最小化基础上的统计学习理论，为解决小样本问题提供了新的思路。支持向量机(support vector machine，SVM)就是在这一理论基础上发展起来的一种新的机器学习方法。

3.4.1　支持向量机的基础理论

支持向量机是一种监督式学习的方法，可广泛地应用于统计分类以及回归分析。Vapnik 及其合作者于 1995 年首先提出支持向量机这一概念，它在解决小样本、非线性及高维模式识别中表现出许多特有的优势，并能够推广应用到函数拟合等其他机器学习问题中。这种分类器的特点是，能够同时最小化经验误差与最大化几何边缘区，因此支持向量机也被称为最大边缘区分类器。

SVM 的思路是：由于两类别训练样本线性可分，因此在两个类别的样本集之间存在一个隔离带。对一个二维空间的问题用图 3-4 表示。其中用圈和三角符号分别表示第一类和第二类训练样本，H 是将两类分开的分界线，而 H_1 与 H_2 与 H 平行，H 是其平分线，H_1 上的样本是第一类样本距 H 最近的点，H_2 上的样本则是第二类样本距 H 最近的点，由于这两种样本点很特殊，处在隔离带的边缘上，称之为支持向量，它们决定了隔离带的宽度。

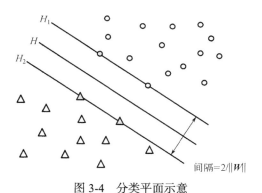

间隔=$2/\|W\|$

图 3-4　分类平面示意

从图 3-4 中可以看出，能把两类分开的分界线并不止 H 这一个，如果改变 H 的方向，则根据 H_1、H_2 与 H 平行这一条件，H_1、H_2 的方向也随之改变，这样一来，H_1 与 H_2 之间的间隔(两条平行线的垂直距离)会发生改变。显然，使 H_1 与 H_2 之间间隔最大的分界线 H 是最合理的选择，因此最大间隔准则就是支持向量机的学习准则。

3.4.2　支持向量机的实现

将训练样本集表示成 $\{X_i, Y_i\}, i = 1, 2, \cdots, N$，其中 X_i 为 d 维特征向量，$Y_i \in \{-1, +1\}$ 表

示样本所属的类别。为了将最大间隔准则具体化，需要用数学式子表达，将分界线 H 表示为

$$\boldsymbol{W}^{\mathrm{T}}\boldsymbol{X}_i + w_0 = 0 \tag{3-17}$$

并且令

$$\begin{cases} \boldsymbol{W}^{\mathrm{T}}\boldsymbol{X}_i + w_0 \geqslant +1, & Y_i = +1 \\ \boldsymbol{W}^{\mathrm{T}}\boldsymbol{X}_i + w_0 \leqslant -1, & Y_i = -1 \end{cases} \tag{3-18}$$

对在 H_1 与 H_2 线上的点，负样本乘以(-1)，可合并成

$$\forall i, \quad Y_i(\boldsymbol{W}^{\mathrm{T}}\boldsymbol{X}_i + w_0) \geqslant +1 \tag{3-19}$$

显然，H_1 线到坐标原点的距离为 $(-w_0+1)/\|\boldsymbol{W}\|$，而 H_2 则为 $(-w_0-1)/\|\boldsymbol{W}\|$，故 H_1 到 H_2 的间隔为 $2/\|\boldsymbol{W}\|$，即与 $\|\boldsymbol{W}\|$ 成反比。因此欲使分界线的间隔最大，则应使 $\|\boldsymbol{W}\|$ 最小，式(3-19)可改写成大于零的不等式，求最优分界线的问题转化为如下优化问题：

$$\begin{cases} \min \varPsi(\boldsymbol{W}) = \dfrac{1}{2}\|\boldsymbol{W}\|^2 = \dfrac{1}{2}(\boldsymbol{W}^{\mathrm{T}} \cdot \boldsymbol{W}) \\ \text{s.t.}\, Y_i(\boldsymbol{W}^{\mathrm{T}}\boldsymbol{X}_i + w_0) - 1 \geqslant 0 \end{cases} \tag{3-20}$$

基于在训练样本集上的反复迭代，并结合有效的最优化求解方法，就能得到用于模式识别任务的支持向量机。

小　结

本章依据不同的判别函数，由样本直接设计出满足准则要求的分类器。在此基础上，本章简要介绍了线性判别函数和非线性判别函数及其实现方法。具体从判别函数的基础理论出发，介绍了用于分类器设计的主流判别函数。进一步以两种最典型的线性分类器与非线性分类器为案例，讲解了分类器设计的基础理论与实现方式。最后，讲解了故障诊断领域最常用的支持向量机的原理与实现方式。总体来说，各种判别函数分类器都具有各自的属性，在不同的应用场景应选择合适的判别函数进行分类任务。

习　题

1. 什么是判别函数，常见的判别函数有哪些？
2. 简述典型线性分类器的主要实现流程。
3. 非线性分类器与线性分类器的主要异同有哪些？
4. 简述非线性判别函数的一般形式。
5. 简述支持向量机的原理以及支持向量机分类的实现方法。

第 4 章

聚 类 分 析

微课 4

本章导读

俗话说"物以类聚，人以群分"，这句话实际上就反映了聚类分析的基本思想。一般来说，数据集根据其客观属性可分为若干个自然类，每个自然类中的数据的一些属性都具有较强的相似性。聚类分析正是基于这种思想而建立的一种数据描述方法。在第 2 章中为了获取判别模型的参数，需要由带有类别标签的数据组成训练样本集，但在实际应用中，常常会遇到因条件限制无法得到训练样本集，只是要求根据已获取的大量未知类别数据的特性进行分类。在模式识别系统中，我们称这种算法为聚类算法。聚类算法把特征彼此相似的数据归入同一类，而把特征不相似的数据分到不同的类中，而且在分类中不需要用训练样本进行学习，所以也称为无监督分类。

学习目标

掌握模式相似性测度的数学原理及推导过程，掌握类间聚类、聚类准则和动态聚类的概念及实现方式。

4.1　模式相似性测度

在贝叶斯判决中，为了求得后验概率，需要已知先验概率和条件概率。由于条件概率通常也未知，就需要用训练样本去对概率密度进行估计。在实际应用中，这一过程往往非常困难。聚类分析避免了估计概率密度的困难，每个聚类中心都是局部密度极大值位置，越靠近聚类中心，密度越高；越远离聚类中心，密度越小。聚类算法把特征相似的样本聚集为一个类别，在特征空间里占据着一个局部区域。每个局部区域都形成一个聚类中心，聚类中心代表相应类别。特征选择是聚类分析的关键因素，选取不同的特征，聚类的结果可能不同。如果在聚类分析中，没能把不同类的样本区分开来，可能是因为特征选择不当，没有选取标志类别有显著差别的特征，这时应当重新选择特征。特征选择不当不仅可能会使聚类性能下降，甚至会使聚类完全无效。特征较少可能会使特征向量包含的分类信息太少，特征太多又会使特征之间产生信息冗余，都会直接影响到聚类的结果。因此，特征选择也成为聚类分析中最困难的环节之一。

4.1.1 距离测度

若一个样本模式被表示成特征向量，则对应于特征空间中的一个点。当样本特征选择恰当，即同类样本特征相似，不同类样本的特征显著不同时，同类样本就会聚集在一个区域，不同类样本相对远离。显然，样本点在特征空间距的远近直接反映了相应样本的所属类别，可以作为样本相似性度量。距离越近，相似性越大，属于同一类的可能性就越大；距离越远，相似性越小，属于同一类的可能性就越小。聚类分析中，最常用的就是距离相似性测度。实际应用中，有各种各样距离的定义，下面给出距离定义应满足的条件。

设已知 3 个样本，它们分别为 $\boldsymbol{X}_i = (x_{i1}, x_{i2}, \cdots, x_{id})^{\mathrm{T}}$、$\boldsymbol{X}_j = (x_{j1}, x_{j2}, \cdots, x_{jd})^{\mathrm{T}}$ 和 $\boldsymbol{X}_k = (x_{k1}, x_{k2}, \cdots, x_{kd})^{\mathrm{T}}$，其中，$d$ 为特征空间的维数，矢量 $\boldsymbol{X}_i$ 和 $\boldsymbol{X}_j$ 的距离以及 $\boldsymbol{X}_i$ 和 $\boldsymbol{X}_k$ 的距离分别记为 $D(\boldsymbol{X}_i, \boldsymbol{X}_j)$ 和 $D(\boldsymbol{X}_i, \boldsymbol{X}_k)$。对任意两矢量的距离定义应满足下面的公理：

(1) $D(\boldsymbol{X}_i, \boldsymbol{X}_j) \geqslant 0$，当且仅当 $\boldsymbol{X}_i = \boldsymbol{X}_j$ 时等号成立；

(2) $D(\boldsymbol{X}_i, \boldsymbol{X}_j) = D(\boldsymbol{X}_j, \boldsymbol{X}_i)$；

(3) $D(\boldsymbol{X}_i, \boldsymbol{X}_j) \leqslant D(\boldsymbol{X}_j, \boldsymbol{X}_k) + D(\boldsymbol{X}_i, \boldsymbol{X}_k)$。

需要指出，模式识别中定义的某些距离测度不满足第 3 个条件，只是在广义上称为距离。下面给出距离测度的几种具体算式。

1. 欧氏距离

$$D_e(\boldsymbol{X}_i, \boldsymbol{X}_j) = \boldsymbol{X}_i - \boldsymbol{X}_j = \sqrt{\sum_{k=1}^{d} \left| x_{ik} - x_{jk} \right|^2} \tag{4-1}$$

根据 $D_e(\boldsymbol{X}_1, \boldsymbol{X}_2)$ 的定义，通过选择合适的门限 d_s，可以判决 $\boldsymbol{X}_1$ 和 $\boldsymbol{X}_2$ 是否为同一类别。当 $D_e(\boldsymbol{X}_1, \boldsymbol{X}_2)$ 小于门限 d_s 时，表示 $\boldsymbol{X}_1$ 和 $\boldsymbol{X}_2$ 属于同一类别，反之，则属于不同类别。这里门限 d_s 的选取非常关键，若 d_s 选择过大，则全部样本被归为同一类别；若 d_s 选取过小，则可能造成每个样本都单独构成一个类别。必须正确选择门限值以保证正确分类。实际应用中还需注意以下两点。

(1) 模式特征向量的构成。一种物理量对应一种量纲，而一种量纲一般有不同的单位制式，每种单位制式下又有不同的单位，简单地说，就是一种物理量对应着一个具体的单位。对于各特征向量，对应的维度上应当是相同的物理量，并且要注意物理量的单位。

通常，特征向量中的每一维度所表示的物理意义不尽相同，如 x_1 表示周长，x_2 表示面积等。如果某些维度上的物理量采用的单位发生变化，就可能会导致相同样本集出现不同的聚类结果。

(2) 实际应用中，可以采用特征数据标准化方法，对原始特征进行预处理，使其与变量的单位无关。此时所描述的点是一种相对的位置关系，只要样本点间的相对位置关系不变，就不会影响聚类结果。

需要指出的是，并不是所有的标准化都是合理的。如果数据散布恰恰是由类别差异引起的，标准化反而会引起错误的聚类结果。因此，在聚类之前是否应进行标准化处理，建立在对数据各维度物理量进行充分研判的基础上。

2. 绝对值距离

$$D(\boldsymbol{X}_i, \boldsymbol{X}_j) = \sum_{k=1}^{d} |x_{ik} - x_{jk}| \qquad (4\text{-}2)$$

3. 切氏距离

$$D(\boldsymbol{X}_i, \boldsymbol{X}_j) = \max |x_{ik} - x_{jk}|, \quad k = 1, 2, \cdots, d \qquad (4\text{-}3)$$

4. 明氏距离

$$D_\lambda(\boldsymbol{X}_i, \boldsymbol{X}_j) = \left[\sum_{k=1}^{d} |x_{ik} - x_{jk}|^\lambda \right]^{\frac{1}{\lambda}}, \quad \lambda > 0, \quad k = 1, 2, \cdots, d \qquad (4\text{-}4)$$

它是若干距离函数的通式：$\lambda = 2$ 时，等于欧氏距离；$\lambda = 1$ 时，称为"街坊"(city block)距离。

5. 马氏距离

设 n 维矢量 $\boldsymbol{X}_i$ 是矢量集 $\{\boldsymbol{X}_1, \boldsymbol{X}_2, \cdots, \boldsymbol{X}_N\}$ 中的一个矢量，它的马氏距离的平方定义为

$$D^2(\boldsymbol{X}_i, \boldsymbol{\mu}) = (\boldsymbol{X}_i - \boldsymbol{\mu})^{\mathrm{T}} \sum (\boldsymbol{X}_i - \boldsymbol{\mu}) \qquad (4\text{-}5)$$

式中，$\sum = \dfrac{1}{N-1} \sum_{i=1}^{N} (\boldsymbol{X}_i - \boldsymbol{\mu})(\boldsymbol{X}_i - \boldsymbol{\mu})^{\mathrm{T}}$；$\boldsymbol{\mu} = \dfrac{1}{N} \sum_{i=1}^{N} \boldsymbol{X}_i$。

容易证明，马氏距离对一切非奇异线性变换都是不变的，即具有坐标系比例、旋转、平移不变性，并且从统计意义上尽量去掉了分量间的相关性，这说明它不受特征量纲选择的影响。另外，由于Σ的含义是这个矢量集的协方差矩阵的统计量，所以马氏距离对特征的相关性也做了考虑。当Σ为单位矩阵时，马氏距离和欧氏距离是等价的。

6. Canberra 距离(Lance 距离、Williams 距离)

$$D(\boldsymbol{X}_i, \boldsymbol{X}_j) = \sum_{k=1}^{d} \frac{|x_{ik} - x_{jk}|}{|x_{ik} + x_{jk}|}, \quad x_{ik}, x_{jk} \geqslant 0, x_{ik} + x_{jk} \neq 0 \qquad (4\text{-}6)$$

该距离能克服量纲引起的问题，但不能克服分量间的相关性。

4.1.2　相似测度

与距离测度不同，相似测度考虑两矢量的方向是否相近，矢量长度并不重要。如果两样本点在特征空间的方向越接近，则两样本点划归为同一类别的可能性越大。下面给出相似测度的几种定义。

1. 角度相似系数(夹角余弦)

样本 $\boldsymbol{X}_i$ 与 $\boldsymbol{X}_j$ 之间的角度相似性度量定义为它们之间夹角的余弦，也是单位向量之

间的点积(内积)，即

$$S(\boldsymbol{X}_i,\boldsymbol{X}_j)=\cos\theta=\frac{\boldsymbol{X}_i^{\mathrm{T}}\boldsymbol{X}_j}{\boldsymbol{X}_i\cdot\boldsymbol{X}_j}\tag{4-7}$$

$\left|S(\boldsymbol{X}_i,\boldsymbol{X}_j)\right|\leqslant 1$，$S(\boldsymbol{X}_i,\boldsymbol{X}_j)$越大，$\boldsymbol{X}_i$与$\boldsymbol{X}_j$越相似；当$\boldsymbol{X}_i=\boldsymbol{X}_j$时，$S(\boldsymbol{X}_i,\boldsymbol{X}_j)$达到最大值。因矢量长度已规格化，$S(\boldsymbol{X}_i,\boldsymbol{X}_j)$对于坐标系的旋转及放大、缩小是不变的，但对平移和一般性的线性变换不具有不变性。当$\boldsymbol{X}_i$与$\boldsymbol{X}_j$的各特征为$(0,1)$二元取值时，$S(\boldsymbol{X}_i,\boldsymbol{X}_j)$的意义如下：①若模式样本的第$i$维特征取值为1，则该样本占有第$i$维特征；②若模式样本的第$i$维特征取值为0，则该样本无此维特征。此时，$\boldsymbol{X}_i^{\mathrm{T}}\boldsymbol{X}_j$表示$\boldsymbol{X}_i$与$\boldsymbol{X}_j$两个样本中共有的特征数目。$S(\boldsymbol{X}_i,\boldsymbol{X}_j)$反映$\boldsymbol{X}_i$与$\boldsymbol{X}_j$共有的特征数目的相似性度量。$S(\boldsymbol{X}_i,\boldsymbol{X}_j)$越大，共有的特征数目越多，相似性越高。

2. 相关系数

相关系数定义为数据中心化后的矢量夹角余弦。

$$R(\boldsymbol{X},\boldsymbol{Y})=\frac{(\boldsymbol{X}-\boldsymbol{\mu}_X)^{\mathrm{T}}(\boldsymbol{Y}-\boldsymbol{\mu}_Y)}{[(\boldsymbol{X}-\boldsymbol{\mu}_X)^{\mathrm{T}}(\boldsymbol{X}-\boldsymbol{\mu}_X)(\boldsymbol{Y}-\boldsymbol{\mu}_Y)^{\mathrm{T}}(\boldsymbol{Y}-\boldsymbol{\mu}_Y)]^{1/2}}\tag{4-8}$$

式中，$\boldsymbol{X}=(x_1,x_2,\cdots,x_d)$，$\boldsymbol{Y}=(y_1,y_2,\cdots,y_d)$分别为两个数据集的样本；$\boldsymbol{\mu}_X$和$\boldsymbol{\mu}_Y$分别为这两个数据集的平均矢量。相关系数对于坐标系的平移、旋转和尺度缩放具有不变性。

3. 指数相似系数

已知样本$\boldsymbol{X}_i=(x_{i1},x_{i2},\cdots,x_{id})$，$\boldsymbol{X}_j=(x_{j1},x_{j2},\cdots,x_{jd})$，其指数相似系数定义为

$$E(\boldsymbol{X}_i,\boldsymbol{X}_j)=\frac{1}{d}\sum_{k=1}^{d}\exp\left[-\frac{3(x_{ik}-x_{jk})^2}{4\sigma_k}\right]\tag{4-9}$$

式中，σ_k为相应分量的协方差；d为矢量维数。

4. 其他相似测度

当样本$\boldsymbol{X}_i=(x_{i1},x_{i2},\cdots,x_{id})$、$\boldsymbol{X}_j=(x_{j1},x_{j2},\cdots,x_{jd})$的特征值非负时，还可定义下列相似系数：

$$S_1(\boldsymbol{X}_i,\boldsymbol{X}_j)=\frac{\displaystyle\sum_{k=1}^{d}\min(x_{ik},x_{jk})}{\displaystyle\sum_{k=1}^{d}\max(x_{ik},x_{jk})}\tag{4-10}$$

$$S_2(\boldsymbol{X}_i,\boldsymbol{X}_j)=\frac{\displaystyle\sum_{k=1}^{d}\min(x_{ik},x_{jk})}{\dfrac{1}{2}\displaystyle\sum_{k=1}^{d}(x_{ik}+x_{jk})}\tag{4-11}$$

$$S_3(\boldsymbol{X}_i, \boldsymbol{X}_j) = \frac{\sum\limits_{k=1}^{d} \min(x_{ik}, x_{jk})}{\sum\limits_{k=1}^{d} \sqrt{x_{ik} x_{jk}}} \tag{4-12}$$

上述相似性系数均可作为样本的相似测度。

4.1.3　匹配测度

当 $\boldsymbol{X}_i$ 与 $\boldsymbol{X}_j$ 的各特征为(0,1)二元取值时，称为二值特征。对于给定的二值特征矢量 $\boldsymbol{X}_i = (x_{i1}, x_{i2}, \cdots, x_{id})$ 和 $\boldsymbol{X}_j = (x_{j1}, x_{j2}, \cdots, x_{jd})$，根据它们两个的相应分量 x_{ik} 与 x_{jk} 的取值，可定义如下四种匹配关系：若 $x_{ik} = 1$ 和 $x_{jk} = 1$，则称 x_{ik} 与 x_{jk} 是(1-1)匹配；若 $x_{ik} = 1$ 和 $x_{jk} = 0$，则称 x_{ik} 与 x_{jk} 是(1-0)匹配；若 $x_{ik} = 0$ 和 $x_{jk} = 1$，则称 x_{ik} 与 x_{jk} 是(0-1)匹配；若 $x_{ik} = 0$ 和 $x_{jk} = 0$，则称 x_{ik} 与 x_{jk} 是(0-0)匹配。令

$$a = \sum_{i=1}^{} x_i y_i, \quad b = \sum_{i=1}^{} y_i(1 - x_i), \quad c = \sum_{i=1}^{} x_i(1 - y_i), \quad e = \sum_{i=1}^{} (1 - x_i)(1 - y_i)$$

则 a、b、c、e 分别表示 x_{ik} 与 x_{jk} 的(1-1)、(0-1)、(1-0)和(0-0)的匹配特征数目。对于二值 d 维特征矢量可定义如下匹配测度。

1.　Tanimoto 测度

$$S_t(\boldsymbol{X}_i, \boldsymbol{X}_j) = \frac{a}{a+b+c} = \frac{\boldsymbol{X}_i^{\mathrm{T}} \boldsymbol{X}_j}{\boldsymbol{X}_i^{\mathrm{T}} \boldsymbol{X}_i + \boldsymbol{X}_j^{\mathrm{T}} \boldsymbol{X}_j - \boldsymbol{X}_i^{\mathrm{T}} \boldsymbol{X}_j} \tag{4-13}$$

可以看出 $S_t(\boldsymbol{X}_i, \boldsymbol{Y}_i)$ 等于 $\boldsymbol{X}_i$ 和 $\boldsymbol{Y}_i$ 共同具有的特征数目与 $\boldsymbol{X}_i$ 和 $\boldsymbol{Y}_i$ 分别具有的特征种类总数之比。这里只考虑(1-1)匹配而不考虑(0-0)匹配。

2.　Rao 测度

$$S_r(\boldsymbol{X}_i, \boldsymbol{X}_j) = \frac{a}{a+b+c+e} = \frac{\boldsymbol{X}_i^{\mathrm{T}} \boldsymbol{X}_j}{d} \tag{4-14}$$

式(4-14)等于(1-1)匹配特征数目和所选用的特征数目之比。

3.　简单匹配系数

$$M(\boldsymbol{X}_i, \boldsymbol{X}_j) = \frac{a+e}{d} \tag{4-15}$$

这时，匹配系数的分子为匹配特征数目之和；分母为所考虑的特征数目。

4.　Dice 系数

$$M_D(\boldsymbol{X}_i, \boldsymbol{X}_j) = \frac{a}{2a+b+c} = \frac{\boldsymbol{X}_i^{\mathrm{T}} \boldsymbol{X}_j}{\boldsymbol{X}_i^{\mathrm{T}} \boldsymbol{X}_i + \boldsymbol{X}_j^{\mathrm{T}} \boldsymbol{X}_j} \tag{4-16}$$

5. Kulzinsky 系数

$$M_K(\pmb{X}_i, \pmb{X}_j) = \frac{a}{b+c} = \frac{\pmb{X}_i^{\mathrm{T}} \pmb{X}_j}{\pmb{X}_i^{\mathrm{T}} \pmb{X}_i + \pmb{X}_j^{\mathrm{T}} \pmb{X}_j - 2\pmb{X}_i^{\mathrm{T}} \pmb{X}_j} \tag{4-17}$$

4.2 类间距离测度方法

在有些聚类算法中要用到类间距离，下面给出一些类间距离的定义方式。

4.2.1 最短距离法

若 H、K 是两个聚类，则两类间的最短距离定义为

$$D_{HK} = \min\{D(\pmb{X}_H, \pmb{X}_K)\}, \quad \pmb{X}_H \in H, \pmb{X}_K \in K$$

式中，$D = \min\{D(\pmb{X}_H, \pmb{X}_K)\}$ 表示 H 类中的某个样本 $\pmb{X}_H$ 和 K 类中的某个样本 $\pmb{X}_K$ 之间的欧氏距离；D_{HK} 表示 H 类中所有样本与 K 类中所有样本之间的最小距离。

如果 K 类由 I 和 J 两类合并而成，则得到递推公式：

$$D_{HK} = \min\{D_{HI}, D_{HJ}\} \tag{4-18}$$

4.2.2 最长距离法

与最短距离法类似，两个聚类 H 和 K 之间的最长距离定义为

$$D_{HK} = \max\{D(\pmb{X}_H, \pmb{X}_K)\}, \quad \pmb{X}_H \in H, \pmb{X}_K \in K \tag{4-19}$$

若 K 类由 I 和 J 两类合并而成，则得到递推公式：

$$D_{HK} = \max\{D_{HI}, D_{HJ}\} \tag{4-20}$$

4.2.3 中间距离法

中间距离法介于最长与最短的距离之间。若 K 类由 I 和 J 两类合并而成，则 H 和 K 类之间的距离为

$$D_{HK} = \sqrt{\frac{1}{2}D_{HI}^2 + \frac{1}{2}D_{HJ}^2 - \frac{1}{4}D_{IJ}^2} \tag{4-21}$$

4.2.4 重心法

以上定义的类间距离中并未考虑每一类所包含的样本数目，重心法在这一方面有所改进。从物理的观点看，一个类的空间位置若要用一个点表示，那么用它的重心代表较合理。将每类中包含的样本数目考虑进去。若 I 类中有 N_I 个样本，J 类中有 N_J 个样本，则 H 类与 K 类之间的距离递推公式为

$$D_{HK} = \sqrt{\frac{N_I}{N_I + N_J}D_{HI}^2 + \frac{N_J}{N_I + N_J}D_{HJ}^2 - \frac{N_I N_J}{(N_I + N_J)^2}D_{IJ}^2} \tag{4-22}$$

4.2.5　平均距离法(类平均距离法)

设 H 和 K 是两个聚类，则 H 类和 K 类间的平均距离定义为

$$D_{HK} = \sqrt{\frac{1}{N_H N_K} \sum_{\substack{i \in H \\ j \in K}} D_{ij}^2} \tag{4-23}$$

式中，D_{ij}^2 是 H 类任一样本 $\boldsymbol{X}_H$ 和 K 类任一样本 $\boldsymbol{X}_K$ 之间的欧氏距离平方；N_H 和 N_K 分别表示 H 和 K 类中的样本数目。如果 K 类由 I 类和 J 类合并产生，则可以得到 H 和 K 类之间的距离递推公式：

$$D_{HK} = \sqrt{\frac{N_I}{N_I + N_J} D_{HI}^2 + \frac{N_J}{N_I + N_J} D_{HJ}^2} \tag{4-24}$$

定义类间距离的方法不同，会使分类结果不太一致。针对实际问题中常用的几种不同的方法，比较其分类结果，从而选择一个比较切合实际的分类方法。

4.3　聚类准则函数

样本相似性度量是聚类分析的基础，针对具体问题，选择适当的相似性度量是保证聚类效果的基础。但有了相似性度量还不够，还必须有适当的聚类准则函数，才能把真正属于同一类的样本聚合成一个类别的子集，而把不同类的样本分离开来。因此，聚类准则函数对聚类质量也有重要影响。相似性度量用于解决集合与集合的相似性问题；聚类准则函数用于来评价分类效果的好坏。如果聚类准则函数选得好，聚类质量就会高。同时，聚类准则函数还可以用来评价一种聚类结果的质量，如果聚类质量不满足要求，就要重复执行聚类过程，以优化结果。在重复优化中，可以改变相似性度量的方法，也可以选用新的聚类准则。

4.3.1　误差平方和准则

给定样本集 $\{\boldsymbol{X}_1, \boldsymbol{X}_2, \cdots, \boldsymbol{X}_N\}$，依据某种相似性测度划分为 c 类 $\{\omega_1, \omega_2, \cdots, \omega_c\}$，定义误差平方和准则函数为

$$J = \sum_{i=1}^{c} \sum_{\boldsymbol{X}_i \in \omega_i} (\boldsymbol{X}_i - \boldsymbol{M}_i)^2$$

式中，$\boldsymbol{M}_i = \dfrac{1}{N_i} \sum_{\boldsymbol{X}_i \in \omega_i} \boldsymbol{X}_i$ 为属于 ω_i 类的样本的均值向量，N_i 为 ω_i 中的样本数目。

J 代表了分属于 c 个聚类类别的全部模式样本与其相应类别模式均值之间的误差平方和。在此准则函数下，聚类的目标转化为 J 取最小值，即聚类的结果应使全部样本与其相应模式均值之间的误差平方和最小。该准则函数适用于各类样本密集且数目相差不多，而不同类间的样本又明显分开的情况；当类别样本数相差较大，且类间距离又不足够大时，并不适宜采用该准则函数。因为可能会由于样本数目较多而造成类中的边缘处样本距离另一类型更近，从而产生错误的划分。

4.3.2 加权平均平方距离和准则

误差平方和准则只是考虑了各样本到判定中心的距离，并没有考虑样本周围空间其他样本对聚类的影响，当综合考虑这些因素时，误差平方和准则可改进为加权平均平方距离和准则。加权平均平方距离和准则函数定义为

$$J = \sum_{i=1}^{c} \frac{N_i}{N} \bar{D}_i^2 \tag{4-25}$$

$$\bar{D}_i^2 = \frac{2}{N_i(N_i-1)} \sum_{x_{ik}, x_{ij} \in \omega_i} \|x_{ik} - x_{ij}\|^2 \tag{4-26}$$

式中，$\sum \|x_{ik} - x_{ij}\|^2$ 表示 ω_i 类中任意两个不同样本的距离平方和，由于 ω_i 中包含样本的个数为 N_i，共有 $\frac{N_i(N_i-1)}{2}$ 个组合，由此可见，$\bar{D}_i^2$ 的含义是类内任意两样本的平均平方距离；N 为样本总数；$\frac{N_i}{N}$ 为 ω_i 类的先验概率，因此 J 称为加权平均平方距离和准则。

4.3.3 类间距离和准则

给定待分样本 $\{X_1, X_2, \cdots, X_N\}$，将它们分成 c 类 $\{\omega_1, \omega_2, \cdots, \omega_c\}$，定义 ω_i 类的样本均值向量 M_i 和总体样本均值向量 M 为

$$M_i = \frac{1}{N_i} \sum_{X_i \in \omega_i} X_i \tag{4-27}$$

$$M = \frac{1}{N} \sum_{i=1}^{N} M_i \tag{4-28}$$

则类间距离和准则函数定义为

$$J = \sum_{i=1}^{c} (M_i - M)^{\mathrm{T}} (M_i - M) \tag{4-29}$$

聚类的目标是最大化式(4-29)，J 越大表示各类之间的可分离性越好，聚类效果越好。对于二分类问题，常用式(4-30)表示类间距离：

$$J = (M_1 - M_2)^{\mathrm{T}} (M_1 - M_2) \tag{4-30}$$

4.3.4 离散度矩阵

给定待分样本 $\{X_1, X_2, \cdots, X_N\}$，将它们分成 c 类 $\{\omega_1, \omega_2, \cdots, \omega_c\}$，定义 ω_i 类的离散度矩阵为

$$S_i = \sum_{X_i \in \omega_i} (X_i - M_i)(X_i - M_i)^{\mathrm{T}} \tag{4-31}$$

定义类内离散度矩阵为

$$S_w = \sum S_i \tag{4-32}$$

定义类间离散度矩阵为

$$S_b = \sum_{i=1}^{c} N_i (M_i - M)(M_i - M)^{\mathrm{T}} \tag{4-33}$$

定义总体离散度矩阵为

$$S_t = \sum_{i=1}^{N} (X_i - M)(X_i - M)^{\mathrm{T}} \tag{4-34}$$

可以证明 $S_t = S_w + S_b$，聚类的目标是极大化 S_b 和极小化 S_w，即使不同类的样本尽可能分开，而同一类的样本尽可能聚集，由此可定义如下基于离散度矩阵的 4 个聚类准则函数：

$$J_1 = t_r [S_w^{-1} S_b] \tag{4-35}$$

$$J_2 = t_r [S_w^{-1} S_t] \tag{4-36}$$

$$J_3 = t_r [S_b^{-1} S_t] \tag{4-37}$$

$$J_4 = \left| S_w^{-1} S_t \right| \tag{4-38}$$

式中，t_r 为矩阵的迹，即方阵主对角线上各元素之和，也就是矩阵的特征值的总和。

聚类的目标是极大化 $J_i (i = 1, 2, 3, 4)$，J_i 越大表示各类之间的可分离性越好，聚类质量越好。当待分样本特征向量的维数为 d 时，$S_w^{-1} S_b$ 则为 $d \times d$ 的对称矩阵，其对应的特征值为 $\lambda_i (i = 1, 2, \cdots, d)$，易知

$$J_1 = \sum_{i=1}^{d} \lambda_i \tag{4-39}$$

$$J_2 = \prod_{i=1}^{d} \lambda_i \tag{4-40}$$

$$J_3 = \sum_{i=1}^{d} (1 + \lambda_i) \tag{4-41}$$

$$J_4 = \prod_{i=1}^{d} (1 + \lambda_i) \tag{4-42}$$

因此，在实际运算中，只要求出 $S_w^{-1} S_b$ 的特征值，即可求得 $J_i (i = 1, 2, 3, 4)$。

4.4　基于距离阈值的聚类算法

当确定了相似性测度和准则函数后，聚类的过程是依靠聚类算法来实现的。因此，聚类算法是一个试图识别数据集合聚类的特殊性质的学习过程。本节介绍两种简单的聚类分析方法，它们是对某些关键性的元素进行试探性的选取，使某种聚类准则达到最优，又称为基于试探的聚类算法。

4.4.1 最近邻规则聚类算法

最近邻规则聚类分析问题描述为：假设已有混合样本集 $X^{(N)} = \{X_1, X_2, \cdots, X_N\}$，给定类内距离门限阈值 T，将 $X^{(N)} = \{X_1, X_2, \cdots, X_N\}$ 划分为 $\omega_1, \omega_2, \cdots, \omega_c$ 个类别。

最近邻规则聚类算法的基本思想是：计算样本的特征向量到聚类中心的距离，将该距离与门限阈值 T 比较，确定该样本属于哪一类别或作为新一类别的中心。

按照最近邻原则进行聚类，算法步骤如下。

(1) 选取距离门限阈值 T，并且任取一个样本作为第一个聚类中心 Z_1，如 $Z_1 = X_1$。

(2) 计算样本 X_2 到 Z_1 的距离 D_{21}。

若 $D_{21} \leqslant T$，则 $X_2 \in Z_1$，否则令 X_2 为第二个聚类中心，即 $Z_2 = X_2$。

设 $Z_2 = X_2$，计算 X_3 到 Z_1 和 Z_2 的距离 D_{31} 和 D_{32}，若 $D_{31} > T$ 和 $D_{32} > T$，则建立第三个聚类中心 Z_3。否则把 X_3 归于最近邻的聚类中心。依次类推，直到把所有的 N 个样本都进行了分类。

(3) 按照某种聚类准则考察聚类结果，若不满意，则重新选取距离门限阈值 T 和第一个聚类中心 Z_1，返回步骤(2)，直到满意，算法结束。

该算法的优点是简单，如果有样本分布的先验知识用于指导阈值和起始点的选取，则可较快得到合理结果。其缺点是聚类过程中类别的中心一经选定，在聚类过程中将不再改变。同样，样本一经判定类别归属后也不再改变。因此，在样本分布一定时，该算法的结果在很大程度上取决于第一个聚类中心的选取和距离门限阈值的大小的确定。对于高维的样本集来说，只有经过多次试探，并对聚类结果进行检验，才能得出最优的聚类结果。

4.4.2 最大最小距离聚类算法

最大最小距离聚类算法的问题描述为：假设已有混合样本集 $X^{(N)} = \{X_1, X_2, \cdots, X_N\}$，给定比例系数 θ，将 $X^{(N)} = \{X_1, X_2, \cdots, X_N\}$ 划分为 $\omega_1, \omega_2, \cdots, \omega_c$ 个类别。该算法的基本思想是：样本的特征向量以最大距离原则选取新的聚类中心，以最小距离原则进行类别归属。如果使用欧氏距离，除首先辨识最远的聚类中心外，其余步骤与最近邻规则聚类算法相似。

4.5 动态聚类算法

最近邻规则和最大最小距离聚类算法的共同缺点是：一个样本的归属一旦判定后，在后继的迭代过程中就不会改变，因此，这类算法在实际应用中有较大的局限性。与上述算法相对，动态聚类算法是聚类分析中较普遍采用的方法。该算法首先选择某种样本相似性度量和适当的聚类准则函数，在对样本进行初始划分的基础上，使用迭代算法逐步优化聚类结果，当准则函数达到极值时，取得在该准则函数下的最优聚类结果。

该算法有两个关键问题。

(1) 选择有代表性的点作为起始聚类中心。若类别数目已知，则选择代表点的数目等于类别数目；若类别数目未知，那么如何在聚类过程中形成类别数目是一个值得研究的问题。

(2) 代表点选择好之后，如何形成初始划分是算法的另一个关键问题。

4.5.1 K-均值聚类算法

聚类是一种无监督的学习，它将相似的对象归到同一个簇中。它有点像全自动分类。聚类方法几乎可以应用于所有对象，簇内的对象越相似，聚类的效果越好。本章要学习一种称为 K-均值聚类的算法。之所以称为 K-均值是因为它可以发现 k 个不同的簇，且每个簇的中心采用簇中所含值的均值计算而成。

K-均值聚类算法是发现给定数据集的 k 个簇的算法。簇个数 k 是用户给定的，每一个簇通过其质心，即簇中所有点的中心来描述。

K-均值聚类算法的工作流程是这样的。首先，随机确定 k 个初始点作为质心。然后将数据集中的每个点分配到一个簇中，具体来讲，为每个点找距其最近的质心，并将其分配给该质心所对应的簇。这一步完成之后，每个簇的质心更新为该簇所有点的平均值。

K-均值聚类的一般流程如下。

(1) 收集数据：使用任意方法。

(2) 准备数据：需要数值型数据来计算距离，也可以将标称型数据映射为二值型数据再用于距离计算。

(3) 分析数据：使用任意方法。

(4) 训练算法：不适用于无监督学习，即无监督学习没有训练过程。

(5) 测试算法：应用聚类算法、观察结果。可以使用量化的误差指标如误差平方和来评价算法的结果。

(6) 使用算法：可以用于所希望的任何应用。通常情况下，可以基于簇数据的簇质心来做出决策。

4.5.2 ISODATA 聚类算法

K-均值聚类算法的一个缺点是必须事先指定聚类的个数，在实际应用中有时并不可行，而是希望这个类别的个数也可以自动改变，于是形成了迭代自组织数据分析算法 (iterative self-organizing data analysis techniques algorithm，ISODATA)。ISODATA 是在 K-均值聚类算法基础上，通过增加对聚类结果的"合并"和"分裂"两个操作，并设置了算法运行控制参数的一种聚类算法。ISODATA 可以通过类的自动合并(两类合一)与分裂(一类分为二)，得到较合理的类别数目，因此是目前应用比较广的一种聚类算法。

算法的基本思想是：通过设定初始参数，并使用合并与分裂的机制，当某两类聚类中心的距离小于某一阈值时，将它们合并为一类；当某类标准差大于某一阈值或其样本数目超过某一阈值时，将其分为两类。在某类样本数目少于某阈值时，需将其取消。如此，根据初始聚类中心和设定的类别数目等参数迭代，最终得到一个比较理想的分类结果。

具体的算法步骤如下。

(1) 给定控制参数。给定 K-均值聚类预期的聚类中心数目。

θ_n：每一聚类中最少的样本数目，如果少于此数就不能作为一个独立的聚类。

θ_s：一个聚类域中样本距离分布的标准差(阈值)。

θ_c：两个聚类中心之间的最小距离，如果小于此数，两个聚类合并。

L：每次迭代允许合并的最大聚类对数目。

I：允许的最大迭代次数。

给定 N 个混合样本 $\boldsymbol{X}^{(N)} = \{\boldsymbol{X}_1, \boldsymbol{X}_2, \cdots, \boldsymbol{X}_N\}$，令迭代次数 $J = 1$，任选 c 个样本作为初始聚类中心 $\boldsymbol{Z}_j(1), j = 1, 2, \cdots, c$。

(2) 计算每个样本与聚类中心的距离 $D(\boldsymbol{X}_k, \boldsymbol{Z}_j(1)), k = 1, 2, \cdots, N, j = 1, 2, \cdots, c$。若

$$D(\boldsymbol{X}_k, \boldsymbol{Z}_j(1)) = \min_{j=1,2,\cdots,c} \{D(\boldsymbol{X}_k, \boldsymbol{Z}_j(1)), k = 1, 2, \cdots, N\} \tag{4-43}$$

则 $\boldsymbol{X}_k \in \omega_i$。把所有样本都归属到 c 个聚类中去，N_j 表示类别 ω_j 中的样本数目。

(3) 若 $N_j < \theta_n, j = 1, 2, \cdots, c$，则舍去子集 ω_j，$c = c - 1$，返回步骤(2)。

(4) 计算修改聚类中心：

$$\boldsymbol{Z}_j(J) = \frac{1}{N_j} \sum_{k=1}^{N_j} \boldsymbol{X}_k^{(j)}, \quad j = 1, 2, \cdots, c \tag{4-44}$$

(5) 计算类内平均距离：

$$\overline{D}_j = \frac{1}{N_j} \sum_{k=1}^{N_j} D(\boldsymbol{X}_k^{(j)}, \boldsymbol{Z}_j(J)), \quad j = 1, 2, \cdots, c \tag{4-45}$$

(6) 计算类内总平均距离 $\overline{D}$ (全部样本对其相应聚类中心的总平均距离)：

$$\overline{D} = \frac{1}{N} \sum_{j=1}^{N_j} N_j \overline{D}_j \tag{4-46}$$

(7) 分裂判别、合并及迭代运算的步骤如下。

若迭代运算次数已达 I 次，即最后一次迭代，置 $\theta_c = 0$，跳到步骤(11)。

若 $c \leqslant K / 2$，即聚类中心的数目等于或不到规定值的 1/2，则转步骤(8)，将已有的聚类分裂。

若迭代运算的次数是偶数，或 $c > 2K$，则不进行分裂，跳到步骤(11)，若不符合上述两个条件，则进入步骤(8)进行分裂处理。

(8) 计算每个聚类的标准偏差向量 $\sigma_j = (\sigma_{j1}, \sigma_{j2}, \cdots, \sigma_{jd})$。每个分量为

$$\sigma_{ji} = \sqrt{\frac{1}{N_j} \sum_{x_{ji} \in \omega_j} (x_{ji} - Z_{ji}(J))^2}, \quad i = 1, 2, \cdots, d; \quad j = 1, 2, \cdots, c \tag{4-47}$$

式中，x_{ji} 表示 $\boldsymbol{X}_j$ 的第 i 个分量；Z_{ji} 表示 $\boldsymbol{Z}_j$ 的第 i 个分量；d 为样本特征向量维数。

(9) 求出每个聚类的最大分量：

$$\sigma_{j\max} = \max_{j=1,2,\cdots,c}\{\sigma_{ji}\} \tag{4-48}$$

(10) 考察 $\sigma_{j\max}(j=1,2,\cdots,c)$，若有 $\sigma_{j\max} > \theta_s$，并同时满足以下两条件之一：

$\overline{D}_j > \overline{D}$ 及 $N_i > 2(\theta_n+1)$（类内平均距离大于类内总平均距离，样本数目超过规定值一倍以上）；$c \leqslant \dfrac{K}{2}$。则把该聚类分裂成两个新的聚类，聚类中心分别为

$$\begin{cases} \mathbf{Z}_j^+(J) = \mathbf{Z}_j(J) + r_j \\ \mathbf{Z}_j^-(J) = \mathbf{Z}_j(J) - r_j \end{cases} \tag{4-49}$$

式中，$r_j = \alpha\sigma_j$ 或 $r_j = \alpha\lceil 0,0,\cdots,\sigma_{j\max},\cdots,0,0\rceil^{\mathrm{T}}$，$0 < \alpha \leqslant 1$。令 $c = c+1$，$J = J+1$，返回步骤(2)。

这里 α 的选择很重要，应使 $\mathbf{X}_i$ 中的样本到 $\mathbf{Z}_i^+(J)$ 和 $\mathbf{Z}_i^-(J)$ 的距离不同，但又要使样本全部在这两个集合中。

(11) 计算任意两聚类中心间的距离：

$$D_{ij} = D[\mathbf{Z}_i(J),\mathbf{Z}_j(J)], \quad i=1,2,\cdots,c-1; \ j=1,2,\cdots,c \tag{4-50}$$

(12) 将 D_{ij} 与 θ_c 进行比较，并把小于 θ_c 的 D_{ij} 按递增次序排列，取前 L 个：

$$D_{i_1 j_1} < D_{i_2 j_2} < \cdots < D_{i_L j_L} \tag{4-51}$$

(13) 考察式(4-51)，对每一个 D_{i_l,j_l}，相应有两个聚类中心 $\mathbf{Z}_{i_l}(J)$ 和 $\mathbf{Z}_{j_l}(J)$，则把两类合并，合并后的聚类中心为

$$\mathbf{Z}_l(J) = \frac{1}{N_{i_l}+N_{j_l}}[N_{i_l}\mathbf{Z}_{i_l}(J) + N_{j_l}\mathbf{Z}_{j_l}(J)], \quad l=1,2,\cdots,L \tag{4-52}$$

(14) 若 $J < I$，则 $J = J+1$，如果修改给定参数，则返回步骤(1)，若不修改参数则返回步骤(2)，否则 $J = I$，算法结束。

在上述算法步骤中，步骤(8)～(10)为分裂，步骤(11)～(13)为合并，算法的合并与分裂条件可归纳如下。

(1) 合并条件：(类内样本数 $< \theta_n$)$\vee$(类的数目 $> 2K$)(两类间中心距离 $< \theta_c$)。

(2) 分裂条件：(类的数目 $\leqslant \dfrac{K}{2}$)。

$$\theta_s \wedge \left[(\overline{D}_j > \overline{D}) \wedge (N_j > 2(\theta_n+1)) \vee \left(c \leqslant \frac{K}{2}\right) \right]$$

这里，$\vee$ 表示"或"的关系，$\wedge$ 表示"与"的关系。当类的数目满足 $\dfrac{K}{2} < c \leqslant 2K$ 时，迭代运算的次数是偶数时合并，迭代运算的次数是奇数时分裂。

小　结

本章介绍了两种基于试探的未知类别聚类算法，包括最近邻规则聚类算法和最大最小距离聚类算法；还介绍了五种类间聚类算法，包括最短距离法、最长距离法、中间距离法、重心法、平均距离法；介绍了两种动态聚类算法，包括 K-均值聚类算法和迭代自组织数据分析算法。

习　题

1. 证明马氏距离是平移不变的、非奇异线性变换不变的。

2. 简述有监督学习方法和无监督学习方法的异同。

3. 聚类下列数据(其中(x,y)代表坐标)，将其分为三个簇。

$$A_1(2,10), A_2(2,5), A_3(8,4), B_1(5,8), B_2(7,5), B_3(6,4), C_1(1,2), C_2(4,9)$$

其距离为欧氏(欧几里得) 距离。起初假设 A_1、B_1、C_1 为每个簇的聚类中心。用 K-均值聚类算法给出在第一次循环后的三个簇中心和最终的三个簇中心。

4. ISODATA 的优势何在？

5. (1) 设有 M 类模式 $\omega_j, j=1,2,\cdots,M$，试证明总体离散度矩阵 S_t 是类内离散度矩阵 S_w 与类间离散度矩阵 S_b 之和，即 $S_t = S_w + S_b$。

(2) 设有二维样本：$x_1 = [-1,0]^T$，$x_2 = [0,-1]^T$，$x_3 = [0,0]^T$，$x_4 = [2,0]^T$ 和 $x_5 = [0,2]^T$。试选用一种合适的方法进行一维特征提取 $y_i = W^T x_i$。要求求出变换矩阵 W，并求出变换结果 $y_i (i = 1,2,3,4,5)$。

(3) 根据(2) 特征提取后的一维特征，选用一种合适的聚类算法将这些样本分为两类，要求每类样本个数不少于两个，并写出聚类过程。

6. 证明：(1)如果 s 是类 x 上的距离相似测度，$\forall x,y > 0, s(x,y) > 0$，那么对于 $\forall a > 0, s(x,y) + 2a$ 也是类 x 上的距离相似测度。

(2) 如果 d 是类 x 上的距离差异性测度，那么对于 $\forall a > 0, d + a$ 也是类 x 上的距离差异性测度。

第 5 章

线 性 回 归

微课 5

本章导读

本章主要讲解实现线性回归分析求解的方法。线性回归的目的是实现自变量和因变量之间函数关系的建模求解，顾名思义，二者之间的函数关系通常为线性的。线性回归的求解方式主要有最小二乘法和梯度下降法。逻辑回归是一种广义的线性回归，其主要解决的问题不是回归而是分类。线性回归的思想在机器学习中有着广泛的应用，是机器学习的基础。

学习目标

掌握最小二乘法、梯度下降法的数学原理及推导过程，掌握多元线性回归、逻辑回归的概念及实现方式。

5.1 最小二乘法

5.1.1 最小二乘理论

最小二乘(least squares，LS)理论已被普遍应用于误差估计、曲线拟合、参数辨识、数值预测等领域。首先介绍一个简单的案例，以直观感受并了解最小二乘法的思想。如表 5-1 所示，其中的 20 个数据是用同一把尺子分别测量 20 次某圆柱直径获得的，由于每次的测量都存在一定误差，那么如何估计圆柱直径的真实尺寸呢？

通常计算数据的平均值 $\bar{x}$ 作为圆柱的直径：

$$\bar{x} = \frac{1}{n} \sum_{i=1}^{n} x_i \tag{5-1}$$

式中，x_i 为第 i 次测量值；n 为测量次数。利用表 5-1 的数据可求得直径的平均值为 4.9993mm。

随后使用最小二乘法的思想重新审视该问题。先将表 5-1 的数据展示为数据曲线，如图 5-1 中点所示，其中虚线为圆柱直径的估计值 $\hat{x}$。

表 5-1　圆柱直径的 20 次测量数据

测量序号	直径/mm	测量序号	直径/mm
1	4.9891	11	4.9938
2	5.0003	12	5.0074
3	5.0055	13	4.9980
4	5.0110	14	5.0088
5	5.0154	15	4.9923
6	5.0008	16	4.9859
7	4.9850	17	4.9857
8	4.9925	18	5.0048
9	4.9893	19	4.9982
10	5.0235	20	4.9980

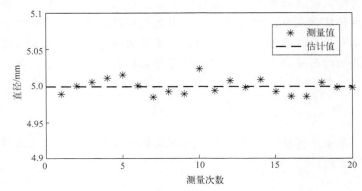

图 5-1　圆柱直径的测量值与估计值

20 次测量的残差为

$$\left| \hat{x} - x_i \right|, \quad i = 1, 2, \cdots, 20 \tag{5-2}$$

实际中通常用残差的平方替代绝对值，则总(平方)误差为

$$\varepsilon = \sum_{i=1}^{20} (\hat{x} - x_i)^2 \tag{5-3}$$

从式(5-3)可以看出，当估计值 $\hat{x}$ 变化时，总误差 ε 也会变化。最小二乘法的核心思路是：让总误差最小的估计值就是最小二乘估计。式(5-3)是一个关于 x 的二次函数，当其导数为 0 时取最小值：

$$\frac{\mathrm{d}\varepsilon}{\mathrm{d}\hat{x}} = \sum_{i=1}^{20} 2(\hat{x} - x_i) = 0 \tag{5-4}$$

可求得令总误差最小的值是 4.9993。

5.1.2　最小二乘法的数学推导

图 5-2 展示了最小二乘原理的示意图，方点是实际测量数据，圆点是每个测量数据的估计值，线的长短即代表测量数据与估计数据的误差，最小二乘的目标就是找到一条

直线(数学模型)使得所有线的累积和最短。进一步推广到多维空间,就是找到一个超平面,且这个超平面是有数学公式解的。

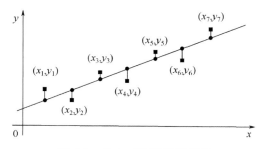

图 5-2 最小二乘原理示意图

1. 最优解的计算公式

定义线性模型:

$$f(X) = XW \tag{5-5}$$

则误差方程为

$$E(W \mid X, Y) = (XW - Y)^{\mathrm{T}}(XW - Y) \tag{5-6}$$

其最优解为

$$W = (X^{\mathrm{T}}X)^{-1}X^{\mathrm{T}}Y \tag{5-7}$$

式中,X 为 $m \times n$ 的样本输入矩阵,即自变量:

$$X = \begin{bmatrix} x_{11} & x_{12} & \cdots & x_{1n} \\ x_{21} & x_{22} & \cdots & x_{2n} \\ \vdots & \vdots & \ddots & \vdots \\ x_{m1} & x_{m2} & \cdots & x_{mn} \end{bmatrix} \tag{5-8}$$

Y 为 $m \times 1$ 的列向量,一般为标签,即因变量:

$$Y = \begin{bmatrix} y_1 \\ y_2 \\ \vdots \\ y_m \end{bmatrix} \tag{5-9}$$

W 为 $n \times 1$ 的列向量,是待求线性模型的拟合权重参数。

$$W = \begin{bmatrix} w_1 \\ w_2 \\ \vdots \\ w_n \end{bmatrix} \tag{5-10}$$

2. 最优解的推导

首先介绍一下向量求导的基本原理。假设有以向量为参数的函数 $f(\boldsymbol{v}) = \boldsymbol{k}^{\mathrm{T}}\boldsymbol{v}$，对向量求导等价于对向量的每个分量求偏导形成新的向量：

$$\frac{\partial f}{\partial \boldsymbol{v}} = \begin{bmatrix} \dfrac{\partial f}{\partial v_1} \\ \dfrac{\partial f}{\partial v_2} \\ \vdots \\ \dfrac{\partial f}{\partial v_n} \end{bmatrix} \tag{5-11}$$

把向量表达式展开：

$$f(\boldsymbol{v}) = \boldsymbol{k}^{\mathrm{T}}\boldsymbol{v} = k_1 v_1 + k_2 v_2 + \cdots + k_n v_n \tag{5-12}$$

对每一分量求偏导有

$$\begin{aligned} \frac{\partial f}{\partial v_1} &= k_1 \\ \frac{\partial f}{\partial v_2} &= k_2 \\ &\vdots \\ \frac{\partial f}{\partial v_n} &= k_n \end{aligned} \tag{5-13}$$

以下是权重参数最优解一般化的推导过程。

将误差方程展开：

$$\begin{aligned} E[\boldsymbol{W} \mid \boldsymbol{X}, \boldsymbol{Y}] &= (\boldsymbol{X}\boldsymbol{W} - \boldsymbol{Y})^{\mathrm{T}}(\boldsymbol{X}\boldsymbol{W} - \boldsymbol{Y}) \\ &= [(\boldsymbol{X}\boldsymbol{W})^{\mathrm{T}} - \boldsymbol{Y}^{\mathrm{T}}](\boldsymbol{X}\boldsymbol{W} - \boldsymbol{Y}) \\ &= \boldsymbol{W}^{\mathrm{T}}\boldsymbol{X}^{\mathrm{T}}\boldsymbol{X}\boldsymbol{W} - (\boldsymbol{X}\boldsymbol{W})^{\mathrm{T}}\boldsymbol{Y} - \boldsymbol{Y}^{\mathrm{T}}\boldsymbol{X}\boldsymbol{W} + \boldsymbol{Y}^{\mathrm{T}}\boldsymbol{Y} \\ &= \boldsymbol{W}^{\mathrm{T}}\boldsymbol{X}^{\mathrm{T}}\boldsymbol{X}\boldsymbol{W} - 2(\boldsymbol{X}\boldsymbol{W})^{\mathrm{T}}\boldsymbol{Y} + \boldsymbol{Y}^{\mathrm{T}}\boldsymbol{Y} \end{aligned} \tag{5-14}$$

它的极值(小)在对 $\boldsymbol{W}$ 求导为零处。根据求导原理，把 $\boldsymbol{W}^{\mathrm{T}}\boldsymbol{X}^{\mathrm{T}}\boldsymbol{X}\boldsymbol{W} - 2(\boldsymbol{X}\boldsymbol{W})^{\mathrm{T}}\boldsymbol{Y} + \boldsymbol{Y}^{\mathrm{T}}\boldsymbol{Y}$ 展开，分别对 $\boldsymbol{W}$ 的每个分量求偏导，其中第三项无参数 $\boldsymbol{W}$，偏导为零。

首先对第二部分求偏导，将该部分按元素展开：

$$P(\boldsymbol{W}) = 2 \times \left(\begin{bmatrix} x_{11} & x_{12} & \cdots & x_{1n} \\ x_{21} & x_{22} & \cdots & x_{2n} \\ \vdots & \vdots & \ddots & \vdots \\ x_{m1} & x_{m2} & \cdots & x_{mn} \end{bmatrix} \begin{bmatrix} w_1 \\ w_2 \\ \vdots \\ w_n \end{bmatrix} \right)^{\mathrm{T}} \begin{bmatrix} y_1 \\ y_2 \\ \vdots \\ y_m \end{bmatrix}$$

$$
\begin{aligned}
&= 2 \times \left(\begin{bmatrix} x_{11}w_1 & x_{12}w_2 & \cdots & x_{1n}w_n \\ x_{21}w_1 & x_{22}w_2 & \cdots & x_{2n}w_n \\ \vdots & \vdots & \ddots & \vdots \\ x_{m1}w_1 & x_{m2}w_2 & \cdots & x_{mn}w_n \end{bmatrix}\right)^{\mathrm{T}} \begin{bmatrix} y_1 \\ y_2 \\ \vdots \\ y_m \end{bmatrix} \\
&= 2(x_{11}w_1 + x_{12}w_2 + \cdots + x_{1n}w_n)y_1 \\
&\quad + 2(x_{21}w_1 + x_{22}w_2 + \cdots + x_{2n}w_n)y_2 \\
&\quad \vdots \\
&\quad + 2(x_{m1}w_1 + x_{m2}w_2 + \cdots + x_{mn}w_n)y_m
\end{aligned}
\tag{5-15}
$$

对每一个分量求偏导:

$$
\begin{aligned}
\frac{\partial P(\boldsymbol{W})}{\partial w_1} &= 2(x_{11}y_1 + x_{21}y_2 + \cdots + x_{m1}y_m) \\
\frac{\partial P(\boldsymbol{W})}{\partial w_2} &= 2(x_{12}y_1 + x_{22}y_2 + \cdots + x_{m2}y_m) \\
&\vdots \\
\frac{\partial P(\boldsymbol{W})}{\partial w_n} &= 2(x_{1n}y_1 + x_{2n}y_2 + \cdots + x_{mn}y_m)
\end{aligned}
\tag{5-16}
$$

合并整理后可得

$$
\frac{\partial P(\boldsymbol{W})}{\partial \boldsymbol{W}} = \frac{\partial [2(\boldsymbol{XW})^{\mathrm{T}}\boldsymbol{Y}]}{\partial \boldsymbol{W}} = 2\boldsymbol{X}^{\mathrm{T}}\boldsymbol{Y}
\tag{5-17}
$$

同理对第一部分求偏导有(利用到 $\boldsymbol{X}^{\mathrm{T}}\boldsymbol{X}$ 是对称矩阵的特点):

$$
\frac{\partial Q(\boldsymbol{W})}{\partial \boldsymbol{W}} = \frac{\partial [\boldsymbol{W}^{\mathrm{T}}\boldsymbol{X}^{\mathrm{T}}\boldsymbol{XW}]}{\partial \boldsymbol{W}} = 2\boldsymbol{X}^{\mathrm{T}}\boldsymbol{XW}
\tag{5-18}
$$

所以可得误差方程的导数, 令其为 0:

$$
2\boldsymbol{X}^{\mathrm{T}}\boldsymbol{XW} - 2\boldsymbol{X}^{\mathrm{T}}\boldsymbol{Y} = 0
\tag{5-19}
$$

整理得

$$
\boldsymbol{W} = (\boldsymbol{X}^{\mathrm{T}}\boldsymbol{X})^{-1}\boldsymbol{X}^{\mathrm{T}}\boldsymbol{Y}
\tag{5-20}
$$

5.2　梯度下降法

5.1 节通过最小二乘法获得了线性回归模型的最优参数解: $\boldsymbol{W} = (\boldsymbol{X}^{\mathrm{T}}\boldsymbol{X})^{-1}\boldsymbol{X}^{\mathrm{T}}\boldsymbol{Y}$。本节介绍在机器学习领域应用广泛的梯度下降法。为什么还需要提出梯度下降法进行参数优化呢? 原因有两个: ①从参数 $\boldsymbol{W}$ 的公式可知, 需要对矩阵进行求逆, 但实际中不是所有的矩阵都有逆矩阵, 所以这个公式对一些数据无法求解。且求逆本身是比较复杂的运算, 当模型特征多, 样本量大时, 求解速度会显著下降。②如果能按公式把参数求解出来, 说明数据对应的数学模型本身较为简单。当面对复杂的非线性模型, 无法用公式解析时,最小二乘法就不可行了。所以需要一种新的优化算法让模型自主学习并优化参数，这种算法就是梯度下降法。

5.2.1　梯度下降的定义

梯度下降是一种优化算法，用于寻找目标函数的最小值。它基于目标函数的梯度(导数)信息，通过不断地迭代来更新参数，从而逐步接近最小值。梯度下降法会从一个随机的起始点开始，沿着目标函数的梯度反方向不断地更新参数，使目标函数的值逐渐减小，直到达到一个局部最小值或全局最小值。

梯度是一个向量，对于一个多元函数 f 而言，在点 $P(x, y)$ 的梯度是在点 $P(x, y)$ 处增大最快的方向，即以 f 在 P 上的偏导数为分量的向量。以二元函数 $f(x, y)$ 为例，向量 $\left\{\dfrac{\partial f}{\partial x}, \dfrac{\partial f}{\partial y}\right\}\Big|_{(x_0, y_0)} = f_x(x_0, y_0)\boldsymbol{i} + f_y(x_0, y_0)\boldsymbol{j}$ 就是函数 $f(x, y)$ 在点 $P(x_0, y_0)$ 处的梯度，记作 $\mathrm{grad}\, f(x, y)$ 或者 $\nabla f(x, y)$。

5.2.2　梯度下降法的数学原理

梯度是一个向量，对于一元函数，梯度就是该点处的导数，表示切线的斜率。对于多元函数，梯度的方向就是函数在该点上升最快的方向。梯度下降法就是每次都寻找梯度的反方向，这样就能到达局部的最低点。

对于连续可微函数 $f(x)$，从某个随机点出发，想找到局部最低点，可以通过构造一个序列 $x_0, x_1, x_2, \cdots$ 使其满足：

$$f(x_{t+1}) < f(x_t), \quad t = 0, 1, 2, \cdots \tag{5-21}$$

不断执行该过程，即可收敛到局部最低点，可参考图 5-3。

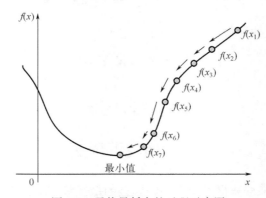

图 5-3　寻找最低点的过程示意图

那么如何找到下一个点 x_{t+1} 并保证 $f(x_{t+1}) < f(x_t)$ 呢？以一元函数为例，对于一元函数来说，x 会存在两个方向：要么是正方向 $\Delta x > 0$，要么是负方向 $\Delta x < 0$，如何选择每一步的方向，就需要用到著名的泰勒公式，先看一下泰勒展开式：

$$f(x + \Delta x) \approx f(x) + \Delta x \nabla f(x) \tag{5-22}$$

式中，$\nabla f(x)$ 表示 $f(x)$ 在 x 处的导数。

若想 $f(x+\Delta x) < f(x)$，就需要保证 $\Delta x \nabla f(x) < 0$，令

$$\Delta x = -\alpha \nabla f(x), \quad \alpha > 0 \tag{5-23}$$

步长 α 是一个较小的正数，从而有

$$\Delta x \nabla f(x) = -\alpha [\nabla f(x)]^2 < 0 \tag{5-24}$$

因此，有

$$f(x+\Delta x) = f[x - \alpha \nabla f(x)] \approx f(x) - \alpha [\nabla f(x)]^2 < f(x) \tag{5-25}$$

每一步都按照 $x_{t+1} = x_t - \alpha \nabla f(x)$ 更新 x，这就是梯度下降的原理。

α 在梯度下降法中被称为学习率或者步长，意味着可以通过 α 来控制每一步走的距离。既要保证步子不能太小，避免寻优的效率过低；也要保证步子不能跨得太大，可能会导致错过最低点。

梯度下降法的详细过程如下：

(1) 确定参数的初始值，计算损失函数的偏导数；

(2) 将参数代入偏导数计算出梯度，若梯度为 0，结束；否则转到步骤(3)；

(3) 用步长乘以梯度，并对参数进行更新；

(4) 重复步骤(2)和(3)。

5.2.2 梯度下降法实现回归分析

用最小二乘法进行回归分析求解的过程中，定义了误差方程，将此类待优化的误差目标函数称为损失函数。损失函数也叫代价函数，是用来衡量模型预测出的值 $h(\theta)$ 与真实值 y 之间差异的函数。如果有多个样本，则可以将所有代价函数的取值求均值，记做 $J(\theta)$。代价函数有下面几个性质：

(1) 对于每种算法来说，代价函数不是唯一的；

(2) 代价函数是参数 θ 的函数；

(3) 总的代价函数 $J(\theta)$ 可以用来评价模型的好坏，代价函数越小说明模型和参数越符合训练样本；

(4) $J(\theta)$ 是一个标量。

对于线性回归问题，最常见的代价函数是均方误差函数，即

$$J(\theta_0, \theta_1) = \frac{1}{2m} \sum_{i=1}^m (\hat{y}^{(i)} - y^{(i)})^2 = \frac{1}{2m} \sum_{i=1}^m [h_\Theta(x^{(i)}) - y^{(i)}]^2 \tag{5-26}$$

式中，m 为训练样本的个数；y 是原训练样本中的值；$h_\Theta(x)$ 表示模型对训练样本的估计值，表达式如下：

$$h_\Theta(x^{(i)}) = \theta_0 + \theta_1 x_1^{(i)} \tag{5-27}$$

需要做的就是找到 θ 的值，使得 $J(\theta)$ 最小。

先求代价函数的梯度：

$$\nabla J(\boldsymbol{\Theta}) = \left\langle \frac{\partial J}{\partial \theta_0}, \frac{\partial J}{\partial \theta_1} \right\rangle$$

$$\frac{\partial J}{\partial \theta_0} = \frac{1}{m} \sum_{i=1}^{m} [h_{\boldsymbol{\Theta}}(x^{(i)}) - y^{(i)}] \tag{5-28}$$

$$\frac{\partial J}{\partial \theta_1} = \frac{1}{m} \sum_{i=1}^{m} [h_{\boldsymbol{\Theta}}(x^{(i)}) - y^{(i)}]x_1^{(i)}$$

这里有两个变量 θ_0, θ_1，为了方便矩阵表示，给 x 增加一维，这一维的值都是 1，并将其乘到 θ_0 上，那么代价函数及其梯度的矩阵形式为

$$J(\boldsymbol{\Theta}) = \frac{1}{2m}(\boldsymbol{X\Theta} - \boldsymbol{Y})^{\mathrm{T}}(\boldsymbol{X\Theta} - \boldsymbol{Y})$$

$$\nabla J(\boldsymbol{\Theta}) = \frac{1}{m}\boldsymbol{X}^{\mathrm{T}}(\boldsymbol{X\Theta} - \boldsymbol{Y}) \tag{5-29}$$

矩阵 $\boldsymbol{\Theta}$ 为

$$\boldsymbol{\Theta} = \begin{bmatrix} \theta_0 \\ \theta_1 \end{bmatrix} \tag{5-30}$$

矩阵 $\boldsymbol{X}$ 为

$$\boldsymbol{X} = \begin{bmatrix} 1 & x^0 \\ 1 & x^1 \\ & \vdots \\ 1 & x^m \end{bmatrix} \tag{5-31}$$

矩阵 $\boldsymbol{Y}$ 为

$$\boldsymbol{Y} = \begin{bmatrix} y^0 \\ y^1 \\ \vdots \\ y^m \end{bmatrix} \tag{5-32}$$

5.3　多元线性回归

5.3.1　多元线性回归的定义

何为多元？当输入 x 只有一维属性时，称为一元。当 x 包含 d 个属性，由 d 个属性进行描述时，称为多元。现在有一个数据集 D：每一个样本都由 d 个属性来描述，即 $x_i = (x_i^{(1)}, x_i^{(2)}, \cdots, x_i^{(d)})$，其中 $x_i^{(d)}$ 是样本 x_i 在第 d 个属性上的取值。每个样本 x_i 最终对应的结果值为 y_i。现在有了一个新的样本 x_j，想知道它的结果值 y_j，需要根据数据集 D 来找到一个线性模型，实现以 x_j 预测 y_j，即找到 $f(x_i) = w^{\mathrm{T}}x_i + b$ 中合适的 w 和 b。

5.3.2　多元线性回归的求解

很显然，可以使用最小二乘法来求解多元线性回归的问题。

首先把 w 和 b 合成为一个向量形式 $\boldsymbol{W} = (w;b)$，大小为 $(d+1) \times 1$。然后改写数据矩阵

$\boldsymbol{X}$：$\boldsymbol{X} = \begin{bmatrix} x_1 & x_2 & \cdots & x_m \\ 1 & 1 & \cdots & 1 \end{bmatrix}$，大小为 $(d+1) \times m$。对标签 y 也写成向量形式：

$\boldsymbol{Y} = [y_1, y_2, \cdots, y_m]$。

待优化的目标函数为

$$\underset{W}{\arg\min}(\boldsymbol{Y} - \boldsymbol{W}^\mathrm{T}\boldsymbol{X})(\boldsymbol{Y} - \boldsymbol{W}^\mathrm{T}\boldsymbol{X})^\mathrm{T} \tag{5-33}$$

令

$$E = (\boldsymbol{Y} - \boldsymbol{W}^\mathrm{T}\boldsymbol{X})(\boldsymbol{Y} - \boldsymbol{W}^\mathrm{T}\boldsymbol{X})^\mathrm{T} \tag{5-34}$$

对 $\boldsymbol{W}$ 求导，并令其为 0，有

$$\frac{\partial E}{\partial \boldsymbol{W}} = 2\boldsymbol{X}(\boldsymbol{X}^\mathrm{T}\boldsymbol{W} - \boldsymbol{Y}) = 0 \tag{5-35}$$

可得

$$\boldsymbol{W} = (\boldsymbol{X}\boldsymbol{X}^\mathrm{T})^{-1}\boldsymbol{X}\boldsymbol{Y} \tag{5-36}$$

可以看到，解的形式同 5.1 节的最小二乘法一致。具体的推导证明可参考 5.1.2 节最小二乘法的数学推导，这里不再赘述。

当有新样本 x_j 后，可作如下预测：

$$f[(x_j;1)] = (x_j;1)(\boldsymbol{X}\boldsymbol{X}^\mathrm{T})^{-1}\boldsymbol{X}\boldsymbol{Y} \tag{5-37}$$

另外，同样可以使用梯度下降法求解多元线性回归问题，具体方法见 5.2 节介绍，这里不再赘述。

5.4　逻 辑 回 归

5.4.1　逻辑回归的定义

逻辑回归(logistic regression， LR)与多元线性回归有很多相同之处，二者最大的区别就在于它们的因变量不同。如果因变量是连续的，就是多元线性回归。如果因变量是二项分布，就是逻辑回归。逻辑回归虽然名字里带"回归"，但是它实际上是一种分类方法。逻辑回归的因变量可以是二分类的，也可以是多分类的，但是二分类的更为常用，也更加容易解释。所以实际中最常用的就是二分类的逻辑回归。

5.4.2　逻辑回归的数学推导

1.　构造预测函数

线性回归是用来预测连续变量的，其取值范围 $(-\infty, +\infty)$，而逻辑回归模型是用于预

测类别的。例如，用逻辑回归模型预测某物品属于 A 类还是 B 类，在本质上预测的是该物品属于 A 类或 B 类的概率，而概率的取值范围是 0～1，因此不能直接用线性回归方程来预测概率，此时就涉及 Sigmoid 函数，可将取值范围为 $(-\infty, +\infty)$ 的数转换到 $(0, 1)$ 之间，如图 5-4 所示。

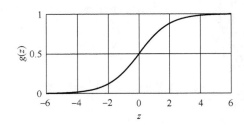

图 5-4　Sigmoid 函数的曲线

Logistic 函数(或称为 Sigmoid 函数)的形式为

$$g(z) = \frac{1}{1 + \mathrm{e}^{-z}} \tag{5-38}$$

对于二分类问题线性边界的情况，边界形式如下：

$$\theta_0 + \theta_1 x_1 + \cdots + \theta_n x_n = \sum_{i=1}^{n} \theta_i x_i = \boldsymbol{\theta}^{\mathrm{T}} \boldsymbol{x} \tag{5-39}$$

构造预测函数为

$$h_\theta(\boldsymbol{x}) = g(\boldsymbol{\theta}^{\mathrm{T}} \boldsymbol{x}) = \frac{1}{1 + \mathrm{e}^{-\boldsymbol{\theta}^{\mathrm{T}} \boldsymbol{x}}} \tag{5-40}$$

函数 $h_\theta(\boldsymbol{x})$ 的值有特殊的含义，它表示结果取 1 的概率，因此对于输入 $\boldsymbol{x}$，分类结果为类别 1 和类别 0 的概率分别为

$$\begin{aligned} P(y = 1 \mid \boldsymbol{x}; \boldsymbol{\theta}) &= h_\theta(\boldsymbol{x}) \\ P(y = 0 \mid \boldsymbol{x}; \boldsymbol{\theta}) &= 1 - h_\theta(\boldsymbol{x}) \end{aligned} \tag{5-41}$$

2. 构造损失函数

数据有 m 个样本，每个样本具有 n 个特征。

损失函数计算如下，是基于极大似然估计推导得到的：

$$\mathrm{Cost}(h_\theta(\boldsymbol{x}), y) = \begin{cases} -\log[h_\theta(\boldsymbol{x})], & y = 1 \\ -\log[1 - h_\theta(\boldsymbol{x})], & y = 0 \end{cases} \tag{5-42}$$

$$\begin{aligned} J(\boldsymbol{\theta}) &= \frac{1}{m} \sum_{i=1}^{m} \mathrm{Cost}[h_\theta(x^{(i)}), y^{(i)}] \\ &= -\frac{1}{m} \sum_{i=1}^{m} \{ y^{(i)} \log h_\theta(x^{(i)}) + (1 - y^{(i)}) \log[1 - h_\theta(x^{(i)})] \} \end{aligned} \tag{5-43}$$

下面详细说明推导的过程。

式(5-41)综合起来可以写成

$$P(y \mid \boldsymbol{x}; \boldsymbol{\theta}) = [h_\theta(\boldsymbol{x})]^y [1 - h_\theta(\boldsymbol{x})]^{1-y} \tag{5-44}$$

取似然函数为

$$L(\boldsymbol{\theta}) = \prod_{i=1}^m P(y^{(i)} \mid x^{(i)}; \boldsymbol{\theta}) = \prod_{i=1}^m [h_\theta(x^{(i)})]^{y^{(i)}} [1 - h_\theta(x^{(i)})]^{1-y^{(i)}} \tag{5-45}$$

对数似然函数为

$$l(\boldsymbol{\theta}) = \log L(\boldsymbol{\theta}) = \sum_{i=1}^m \{ y^{(i)} \log h_\theta(x^{(i)}) + (1 - y^{(i)}) \log[1 - h_\theta(x^{(i)})] \} \tag{5-46}$$

极大似然估计就是求使 $l(\boldsymbol{\theta})$ 取最大值时的 $\boldsymbol{\theta}$，其实这里可以使用梯度上升法求解，求得的 $\boldsymbol{\theta}$ 就是要求的最佳参数。通常应用梯度下降法较为普遍，因此将其做如下处理：

$$J(\boldsymbol{\theta}) = -\frac{1}{m} l(\boldsymbol{\theta}) \tag{5-47}$$

乘了一个负的系数 $-1/m$，所以取使得 $J(\boldsymbol{\theta})$ 最小值时的 $\boldsymbol{\theta}$ 即为要求的最佳参数。

3. 梯度下降法求最小值

$\boldsymbol{\theta}$ 更新过程：

$$\widehat{\theta}_j = \theta_j - \alpha \frac{\partial J(\boldsymbol{\theta})}{\partial \theta_j} \tag{5-48}$$

$$
\begin{aligned}
\frac{\partial J(\boldsymbol{\theta})}{\partial \theta_j} &= -\frac{1}{m} \sum_{i=1}^m \left[y^{(i)} \frac{1}{h_\theta(x^{(i)})} \frac{\partial h_\theta(x^{(i)})}{\partial \theta_j} - (1 - y^{(i)}) \frac{1}{1 - h_\theta(x^{(i)})} \frac{\partial h_\theta(x^{(i)})}{\partial \theta_j} \right] \\
&= -\frac{1}{m} \sum_{i=1}^m \left[y^{(i)} \frac{1}{g(\boldsymbol{\theta}^{\mathrm{T}} x^{(i)})} - (1 - y^{(i)}) \frac{1}{1 - g(\boldsymbol{\theta}^{\mathrm{T}} x^{(i)})} \right] \frac{\partial g(\boldsymbol{\theta}^{\mathrm{T}} x^{(i)})}{\partial \theta_j} \\
&= -\frac{1}{m} \sum_{i=1}^m \left[y^{(i)} \frac{1}{g(\boldsymbol{\theta}^{\mathrm{T}} x^{(i)})} - (1 - y^{(i)}) \frac{1}{1 - g(\boldsymbol{\theta}^{\mathrm{T}} x^{(i)})} \right] g(\boldsymbol{\theta}^{\mathrm{T}} x^{(i)})[1 - g(\boldsymbol{\theta}^{\mathrm{T}} x^{(i)})] \frac{\partial \boldsymbol{\theta}^{\mathrm{T}} x^{(i)}}{\partial \theta_j} \\
&= -\frac{1}{m} \sum_{i=1}^m [y^{(i)}(1 - g(\boldsymbol{\theta}^{\mathrm{T}} x^{(i)}))] - [(1 - y^{(i)}) g(\boldsymbol{\theta}^{\mathrm{T}} x^{(i)})] x_j^{(i)} \\
&= -\frac{1}{m} \sum_{i=1}^m [y^{(i)} - g(\boldsymbol{\theta}^{\mathrm{T}} x^{(i)})] x_j^{(i)} \\
&= \frac{1}{m} \sum_{i=1}^m [h_\theta(x^{(i)}) - y^{(i)}] x_j^{(i)}
\end{aligned}
\tag{5-49}
$$

$\boldsymbol{\theta}$ 更新过程可以写成

$$\widehat{\theta}_j = \theta_j - \alpha \frac{1}{m} \sum_{i=1}^m (h_\theta(x^{(i)}) - y^{(i)}) x_j^{(i)} \tag{5-50}$$

4. 多分类问题

对于多分类问题，可以将其看作二分类问题：保留其中的一类，剩下的作为另一类。对每一个类别 i 训练一个逻辑回归模型的分类器 $h_\theta^{(i)}(x)$，并且预测 $y = i$ 时的概率；对于一个新的输入变量 x，分别对每一个类进行预测，取概率最大的那个类作为分类结果：

$$\max_i h_\theta^{(i)}(x) \tag{5-51}$$

小　结

本章介绍了线性回归分析求解的数学推导过程。线性回归的思想及求解理论在机器学习中有着广泛的应用，是机器学习的基础。线性回归的目的是实现自变量和因变量之间函数关系的建模求解，二者之间的函数关系通常为线性的。

线性回归的求解方式主要有最小二乘法和梯度下降法。最小二乘法的目标是找到一条直线或超平面，即建立一个数学模型，使得该模型的生成数据与测量数据之间的误差最小，这个数学模型有具体的数学公式解。此外，由于最小二乘法不适用于大样本求解和复杂非线性模型，实际中应用更多的是梯度下降法。梯度下降法从一个随机的起始点开始，沿着目标函数的梯度反方向不断地更新参数，使目标函数的值逐渐减小，直到达到一个局部最小值或全局最小值。梯度下降法是机器学习训练过程的主要求解方法，应用广泛。

自变量的维度大于 1 时的线性回归称为多元线性回归，同样可用最小二乘法和梯度下降法求解。逻辑回归是一种广义的线性回归，其主要解决的问题不是回归而是分类，逻辑回归的求解可用梯度下降法实现。

习　题

1. 介绍最小二乘法和梯度下降法的基本数学原理。
2. 使用 Python 编写程序实现最小二乘法和梯度下降法的应用案例。
3. 更改梯度下降法中的学习率参数，体会其对训练过程的影响。
4. 介绍多元线性回归和逻辑回归的基本数学思想。
5. 使用 Python 编写程序实现多元线性回归和逻辑回归的应用案例。

第 6 章

神 经 网 络

微课 6

本章导读

本章主要讲解人工神经网络的理论基础和实际应用方法。神经元模拟人脑神经的工作方式，是人工神经网络的建模基础，并在此基础上发展出了单层神经网络、多层神经网络，可有效解决实际中的分类、回归问题。更进一步，针对图片类数据、时间序列类数据，分别发展出了卷积神经网络和循环神经网络算法。神经网络的训练通常应用误差反向传播和梯度下降法。在构建模型的过程中，通常要用到多种激活函数和损失函数。

学习目标

掌握人工神经网络的理论基础，掌握单层神经网络、多层神经网络、卷积神经网络、循环神经网络的建模及训练方法，掌握激活函数及损失函数的概念及应用。

6.1 单层神经网络

神经网络是一种模拟人脑神经网络以期能够实现类人工智能的机器学习技术。人脑的神经网络是非常复杂的组织。成人的大脑中估计有 1000 亿个神经元之多。神经元模型是一个包含输入、输出与计算功能的模型。图 6-1 是一个典型的神经元模型：包含 3 个输入、1 个输出，以及 2 个计算功能(求和、非线性函数)。神经元模型中最重要的是连接输入数据的每个连接线对应的权重，这是需要训练达到的目标。神经网络的训练算法就是让权重的值动态调整到最佳，以使得整个网络的预测效果最好。使用 x 表示输入，w 表示权重值，经过加权后的信号变成 wx，求和并输入非线性函数 $f(\ )$，获得神经元的输出 y。

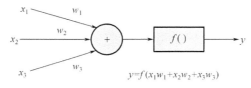

图 6-1 神经元模型

6.1.1　单层神经网络的概念

1958 年，计算科学家 Rosenblatt 提出了由两层节点组成的神经网络，并命名为感知器，也可翻译为感知机。在人工神经网络领域中，感知器作为一种线性分类器，也被称为单层的人工神经网络，以区别于较复杂的多层感知器。

感知器包含输入层和输出层，其中输入层只负责传输数据，不做计算。输出层需要对输入层的输入进行计算。把需要计算的层称为计算层，并把拥有一个计算层的网络称为单层神经网络，如图 6-2 所示。也有一些文献会按照网络拥有的实际层数来命名，例如，把感知器称为两层神经网络。

假如要预测的目标不是一个值，而是一个向量，如[x, y]，那么可以在输出层中再增加一个输出单元，如图 6-3 所示。

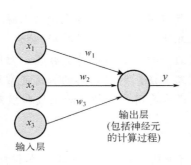

图 6-2　单层神经网络

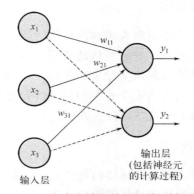

图 6-3　具有多个输出单元的单层神经网络

6.1.2　单层神经网络的计算

单层神经网络的相关数据表示如下。
输入数据向量：

$$X = [x_0 \quad x_1 \quad \cdots \quad x_n] \tag{6-1}$$

输出数据向量：

$$Y = [y_0 \quad y_1 \quad \cdots \quad y_m] \tag{6-2}$$

权重矩阵：

$$W = \begin{bmatrix} w_{00} & w_{01} & \cdots & w_{0n} \\ w_{10} & w_{11} & \cdots & w_{1n} \\ \vdots & \vdots & \ddots & \vdots \\ w_{m0} & w_{m1} & \cdots & w_{mn} \end{bmatrix} \tag{6-3}$$

式中，n 是输入特征数据长度；m 是输出特征数据长度。权重的每一行对应着一个感知器的权重，m 行就意味着 m 个感知器。

单层神经网络的训练目标是找到一组感知器的权重，使得这组感知器的输出 Y 与期

望输出 $\overline{Y}$ 之间的误差最小。训练的步骤如下。

第一步：初始化一个随机权重矩阵。

第二步：输入特征数据 X，计算每个感知器(m 个感知器)的输出 $y_i(i=1,2,\cdots,m)$，每个感知器的权重对应权重矩阵 W 中的一行，多个感知器的输出就是输出数据向量 Y。

第三步：计算感知器输出数据向量 Y 与样本期望输出 $\overline{Y}$ 之间的误差。

第四步：根据计算的误差，计算权重矩阵的更新梯度。

第五步：用更新梯度更新权重矩阵。

第六步：从第二步反复执行，直到训练结束(训练次数根据经验确定)。

单层神经网络的详细计算公式如下。

单层多感知器的计算输出公式为

$$Y^{\mathrm{T}} = WX^{\mathrm{T}} + b \tag{6-4}$$

式中，b 表示加权求和的偏置项。

单层多感知器的权重更新计算公式为

$$\hat{W} = W - \eta\nabla W \tag{6-5}$$

式中，η 表示学习率，用来控制训练速度；∇W 表示更新梯度(因为误差最小，是梯度下降，所以梯度更新是减去梯度)，梯度用损失函数的导数表示为

$$\nabla W = \frac{\partial E(W)}{\partial W} \tag{6-6}$$

损失函数定义：

$$E(W) = \frac{1}{2m}\sum_{i=1}^{m}(y_i - \overline{y}_i)^2 \tag{6-7}$$

其偏导：

$$\frac{\partial E(w_{ij})}{\partial w_{ij}} = \frac{\partial E(w_{ij})}{\partial y_i}\frac{\partial y_i}{\partial w_{ij}} = (y_i - \overline{y}_i)x_j \tag{6-8}$$

6.2 多层神经网络

6.2.1 多层神经网络的结构

在多层神经网络中，单个样本有 m 个输入，有 n 个输出，在输入层和输出层之间通常还有若干个隐含层。实际上，1989 年 Robert Hecht-Nielsen 证明了对于任何闭区间内的一个连续函数，都可以用一个包含隐含层的多层神经网络逼近，这就是万能逼近定理。所以一个三层的神经网络就可以完成任意的 m 维到 n 维的映射，这三层分别是输入层、隐含层、输出层，如图 6-4 所示。

在多层神经网络中，输入层和输出层的节点个数都是确定的，而隐含层的节点个数不确定，隐含层节点个数的多少对神经网络的性能是有影响的，那么应该怎么设置隐含

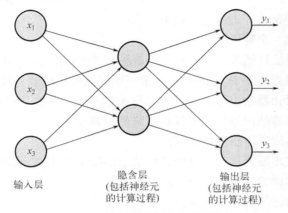

图 6-4 经典的三层神经网络

层的节点个数呢？有一个经验公式可以确定隐含层的节点个数，如下所示：

$$h = \sqrt{m+n} + a \tag{6-9}$$

其中，h 为隐含层节点个数；m 为输入层节点个数；n 为输出层节点个数；a 为 $1\sim10$ 的调节常数。

6.2.2 多层神经网络的前向计算

设节点 i 和节点 j 之间的权重值为 w_{ij}，节点 j 的偏置为 b_j，每个节点的输出值为 y_j，每个节点的输出值是根据上层所有节点的输出值、当前节点与上层所有节点的权重值和当前节点的偏置，以及激活函数来实现的(可参考神经元的工作方式)。具体计算方法如下：

$$y_j = f\left(\sum_{i=0}^{m-1} w_{ij}x_i + b_j\right) \tag{6-10}$$

式中，f 为激活函数，一般选取 S 型函数或者线性函数。在多层神经网络中，上层节点的输出和下层节点的输入之间具有一个函数关系，这个函数称为激活函数(又称激励函数)。如果不使用激活函数，每一层节点的输入就是上层输出的线性函数，无论有多少隐含层，最终输出的结果都是输入的线性组合，相当于最原始的感知器，网络的逼近能力非常有限。

常用激活函数及其特点介绍如下。

1. Sigmoid 函数

数学公式为

$$f(x) = \frac{1}{1+e^{-x}} \tag{6-11}$$

对其进行求导，通常会用到链式法则，也就是内导数乘以外导数。计算过程如下。

首先，令内部函数为

$$u = 1 + e^{-x} \tag{6-12}$$

则 Sigmoid 函数可以表示为外部函数：

$$\sigma(x) = u^{-1} \tag{6-13}$$

计算这两个函数的导数。

内导数(u 关于 x 的导数)：

$$\frac{\mathrm{d}u}{\mathrm{d}x} = -\mathrm{e}^{-x} \tag{6-14}$$

外导数(σ 关于 u 的导数)：

$$\frac{\mathrm{d}\sigma}{\mathrm{d}u} = -u^{-2} = -\frac{1}{u^2} \tag{6-15}$$

根据链式法则，获得 Sigmoid 函数关于 x 的导数：

$$\frac{\mathrm{d}\sigma}{\mathrm{d}x} = \frac{\mathrm{d}\sigma}{\mathrm{d}u}\frac{\mathrm{d}u}{\mathrm{d}x} = -\frac{1}{u^2}(-\mathrm{e}^{-x}) = \frac{\mathrm{e}^{-x}}{(1+\mathrm{e}^{-x})^2} \tag{6-16}$$

使用 Sigmoid 函数的原始定义和上面的导数结果，可以将导数简化为 Sigmoid 函数的形式：

$$\frac{\mathrm{d}\sigma}{\mathrm{d}x} = \frac{1}{1+\mathrm{e}^{-x}}\left(1 - \frac{1}{1+\mathrm{e}^{-x}}\right) = \sigma(x)(1-\sigma(x)) \tag{6-17}$$

这就是 Sigmoid 函数的导数，可以直接用于梯度计算和其他数学运算中。

Sigmoid 函数及其导数的图像如图 6-5 所示。

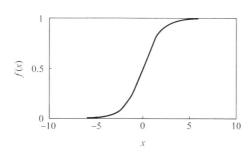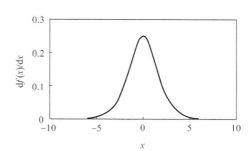

图 6-5　Sigmoid 函数及其导数的图像

该函数可将输入的连续值转变为 0～1 的输出，如果是非常小的负数输出为 0，如果是非常大的正数输出为 1。

该函数具有一定的缺点：①在深度神经网络中梯度反向传播时会导致梯度消失和梯度爆炸。梯度消失是因为反向传播过程中对梯度的求解会产生 Sigmoid 导数和参数的连乘，Sigmoid 导数的最大值为 0.25，权重一般初始都在 0～1，乘积小于 1，多层的话就会有多个小于 1 的值连乘，导致靠近输入层的梯度几乎为 0，得不到更新。梯度爆炸也是同样的原因，只是如果初始权重大于 1，或者更大一些，多个大于 1 的值连乘，将会很大或溢出，导致梯度更新过大，模型无法收敛。②Sigmoid 的输出不是 0 均值。③解析式中含有幂运算，计算求解的代价较高，对于大规模的机器学习算法和训练过程效率较低。

2. tanh 函数

tanh 函数的解析式为

$$\tanh(x) = \frac{e^x - e^{-x}}{e^x + e^{-x}} \tag{6-18}$$

tanh 函数的导数为

$$\frac{d\tanh(x)}{dx} = 1 - \tanh^2(x) \tag{6-19}$$

tanh 函数及其导数的图像如图 6-6 所示。

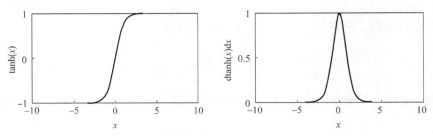

图 6-6　tanh 函数及其导数的图像

该函数解决了 Sigmoid 函数的输出不是 0 均值的问题，但是梯度消失和幂运算的问题仍然存在。

3. Relu 函数

Relu 函数的解析式为

$$\text{Relu}(x) = \max(0, x) \tag{6-20}$$

Relu 函数的导数为

$$\frac{d\text{Relu}(x)}{dx} = \begin{cases} 0, & x < 0 \\ 1, & x > 0 \end{cases} \tag{6-21}$$

Relu 函数及其导数的图像如图 6-7 所示。

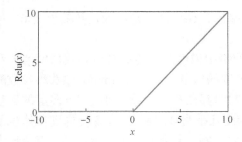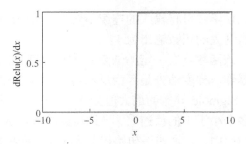

图 6-7　Relu 函数及其导数的图像

该函数是一个取最大值的函数，函数并非全区间可导的(0 处不可导)。其优点是在正区间解决了梯度消失的问题；不含有幂运算，计算速度快，收敛速度较快。缺点是 Relu 的输出不是 0 均值，且有的神经元可能永远不会被激活，导致相应的参数永远不会被更新(主要原因：初始化参数较差，发生的概率很小；学习率太高)。

6.2.3 多层神经网络的误差反向传播

误差信号反向传播(back propagation，BP)过程比较复杂，假设输出层的所有结果为 d_j，误差函数如下：

$$E(w,b) = \frac{1}{2} \sum_{j=0}^{n-1} (d_j - y_j)^2 \tag{6-22}$$

误差反向传播的主要目的是反复修正权重值和偏置值，使得误差函数值达到最小。学习规则是沿着相对误差平方和的最速下降方向，连续调整网络的权重值和偏置值，根据梯度下降法，权重值矢量的修正正比于当前位置上 $E(w,b)$ 的梯度，对于第 j 个输出节点有

$$\Delta w_{ij} = -\eta \frac{\partial E(w,b)}{\partial w_{ij}} \tag{6-23}$$

假设选择激活函数为 Sigmoid，对 w_{ij} 求偏导有

$$\begin{aligned}
\frac{\partial E(w,b)}{\partial w_{ij}} &= \frac{1}{\partial w_{ij}} \cdot \frac{1}{2} \sum_{j=0}^{n-1} (d_j - y_j)^2 = (d_j - y_j) \cdot \frac{\partial d_j}{\partial w_{ij}} \\
&= (d_j - y_j) \cdot f'(S_j) \cdot \frac{\partial S_j}{\partial w_{ij}} \\
&= (d_j - y_j) \cdot [f(S_j)(1 - f(S_j)] \cdot \frac{\partial S_j}{\partial w_{ij}} \\
&= (d_j - y_j) \cdot [f(S_j)(1 - f(S_j)] \cdot z_i \\
&= \delta_{ij} \cdot z_i
\end{aligned} \tag{6-24}$$

其中

$$\delta_{ij} = (d_j - y_j) \cdot [f(S_j)(1 - f(S_j)] \tag{6-25}$$

$$S_j = \sum_{i=0}^{m-1} w_{ij} z_i + b_j \tag{6-26}$$

z_i 是隐含层节点的值。

同样对于 b_j 有

$$\frac{\partial E(w,b)}{\partial b_j} = \delta_{ij} \tag{6-27}$$

这就是著名的 δ 学习规则，通过改变神经元之间的连接权重值来减少系统实际输出

和期望输出的误差，这个规则又叫做 Widrow-Hoff 学习规则或者纠错学习规则。

上面是对隐含层与输出层之间权重值和输出层偏置计算调整的过程，而输入层和隐含层之间的权重值、隐含层的偏置调整量的计算更为复杂。假设 w_{ki} 是输入层第 k 个节点和隐含层第 i 个节点之间的权重值，那么有

$$
\begin{aligned}
\frac{\partial E(w,b)}{\partial w_{ki}} &= \frac{1}{\partial w_{ki}} \cdot \frac{1}{2} \sum_{j=0}^{n-1} (d_j - y_j)^2 = \sum_{j=0}^{n-1} (d_j - y_j) \cdot f'(S_j) \cdot \frac{\partial S_j}{\partial w_{ki}} \\
&= \sum_{j=0}^{n-1} (d_j - y_j) \cdot f'(S_j) \frac{\partial S_j}{\partial x_i} \cdot \frac{\partial x_i}{\partial S_i} \cdot \frac{\partial S_i}{\partial w_{ki}} \\
&= \sum_{j=0}^{n-1} \delta_{ij} \cdot w_{ij} \cdot [f(S_i)(1 - f(S_i))] \cdot x_k \\
&= \delta_{ki} \cdot x_k
\end{aligned}
\tag{6-28}
$$

其中

$$
\delta_{ki} = \sum_{j=0}^{n-1} \delta_{ij} \cdot w_{ij} \cdot [f(S_i)(1 - f(S_i))]
\tag{6-29}
$$

$$
S_i = \sum_{k=0}^{q-1} w_{ki} x_k + b_i
\tag{6-30}
$$

q 是输入层节点个数。

有了上述公式，根据梯度下降法，对于隐含层和输出层之间的权重值和偏置调整如下：

$$
\widehat{w}_{ij} = w_{ij} - \eta_1 \frac{\partial E(w,b)}{\partial w_{ij}} = w_{ij} - \eta_1 \delta_{ij} z_i
\tag{6-31}
$$

$$
\widehat{b}_j = b_j - \eta_2 \frac{\partial E(w,b)}{\partial b_j} = b_j - \eta_2 \delta_{ij}
\tag{6-32}
$$

而对于输入层和隐含层之间的权重值和偏置调整同样有

$$
\widehat{w}_{ki} = w_{ki} - \eta_1 \frac{\partial E(w,b)}{\partial w_{ki}} = w_{ki} - \eta_1 \delta_{ki} x_k
\tag{6-33}
$$

$$
\widehat{b}_i = b_i - \eta_2 \frac{\partial E(w,b)}{\partial b_i} = b_i - \eta_2 \delta_{ki}
\tag{6-34}
$$

常规的采用 BP 算法的多层神经网络通常也称为 BP 神经网络，BP 神经网络一般用于分类或者函数逼近问题。如果用于分类，则激活函数一般选用 Sigmoid 函数或者硬极限函数，如果用于函数逼近，则输出层节点采用线性函数，即 $f(x) = x$。BP 神经网络在训练数据时可以采用增量学习或者批量学习。增量学习要求输入模式有足够的随机性，对输入模式的噪声比较敏感，即对于剧烈变化的输入模式，训练效果比较差，适合在线处理。批量学习不存在输入模式次序问题，稳定性好，但是只适合离线处理。

标准 BP 神经网络具有以下缺陷。

(1) 容易陷入局部极小值。BP 神经网络中极小值比较多，所以很容易陷入局部极小值，因此对初始权重值和偏置有要求，要使得初始权重值和偏置的随机性足够好，可以通过多次随机来实现。

(2) 训练次数多，使得学习效率低，收敛速度慢。

(3) 隐含层的选取缺乏理论的指导。

(4) 训练时，学习新样本有遗忘旧样本的趋势。

可以从以下几个角度对 BP 算法进行改进。

(1) 增加动量项，引入动量项是为了加速算法收敛，表示如下：

$$\hat{w}_{ij} = w_{ij} - \eta_1 \delta_{ij} z_i + \alpha \Delta w_{ij} \tag{6-35}$$

动量因子 α 一般选取 0.1～0.8。

(2) 自适应调节学习率。

(3) 引入陡度因子。

此外，通常在训练神经网络之前需要对数据进行归一化处理，即将训练数据映射到标准化的区间内，如[0,1]或[−1,1]。

6.3　Softmax 函数与交叉熵损失函数

Softmax 是一种激活函数，它可以将一个数值向量归一化为一个概率分布向量，且各个概率之和为 1。因此 Softmax 可以用来作为神经网络的最后一层，用于多分类问题的输出。Softmax 层通常和交叉熵损失函数一起使用。

6.3.1　Softmax 函数

对于二分类问题，可以使用 Sigmoid 函数(又称为 Logistic 函数)。将范围内的数值映射成为一个区间的数值，一个区间的数值恰好可以用来表示概率。对于多分类问题，通常使用 Softmax 函数，它可以预测每个类别的概率。Softmax 的公式如下，其中 z 是一个向量，z_i 和 z_j 是其中的一个元素。

$$\text{Softmax}(z_i) = \frac{\exp(z_i)}{\sum_j \exp(z_j)} \tag{6-36}$$

Softmax 函数可以将上一层的原始数据进行归一化，转化为(0,1)之间的数值，这些数值可以被当作概率分布，用来作为多分类的目标预测值。Softmax 函数一般作为神经网络的最后一层，接受来自上一层网络的输入值，然后将其转化为概率。实际上，Sigmoid 函数是 Softmax 函数的一个特例，Sigmoid 函数只能用于二分类。

对向量[2, 3, 5]计算 Softmax，得到[0.04201007, 0.1141952, 0.84379473]；而对向量[2, 3, 5]计算百分比，得到[0.2, 0.3, 0.5]。指数函数在 x 轴正轴的变化非常明显，斜率越来越大。x 轴上一个很小的变化都会导致 y 轴非常大的变化。相比求和计算百分比的方式

$z_i / \sum_j z_j$，指数能把一些数值差距拉大。但正因为指数在 x 轴正轴爆炸式的快速增长，如果 z_i 比较大，$\exp(z_i)$ 也会非常大，得到的数值可能会溢出。溢出又分为下溢出和上溢出。计算机用一定长度的二进制表示数值，数值又被称为浮点数。当数值过小的时候，被四舍五入为 0，这就是下溢出；当数值过大，超出了最大界限时，就是上溢出。

为了解决溢出问题，一个简单的办法是先求得输入向量的最大值，然后所有向量都减去该最大值：

$$\mathrm{Softmax}(z_i) = \mathrm{Softmax}[z_i - \max(z)] = \frac{\exp[z_i - \max(z)]}{\sum_j \exp[z_j - \max(z)]} \tag{6-37}$$

简单推导一下可知，$\mathrm{Softmax}(z_i) = \mathrm{Softmax}[z_i - \max(z)]$ 是成立的，因为 Softmax 的函数值不会因为输入向量减去或加上一个标量而改变(标量在分子和分母中会抵消)。

将 z_i 减去 $\max(z)$ 使得 exp 指数的最大参数 $[z_i - \max(z)]$ 为 0，这避免了数值上溢的可能。同时，分母中有一项是固定的 $\exp[\max(z) - \max(z)] = 1$，这保证了分母不会为 0，避免出现分母奇异的情况。但该方法并不能避免分子为 0，从而会导致数值下溢的情况。

为了避免 Softmax 中的数值下溢的情况，对前述过程取对数得到 $\log[\mathrm{Softmax}(z_i)]$ 的表达式：

$$\begin{aligned}
\log[\mathrm{Softmax}(z_i)] &= \log \frac{\exp[z_i - \max(z)]}{\sum_j \exp[z_j - \max(z)]} \\
&= z_i - \max(z) - \log\left\{\sum_j \exp[z_j - \max(z)]\right\}
\end{aligned} \tag{6-38}$$

上式中都是常数项，因此不会出现数值溢出问题。

6.3.2 交叉熵损失函数

1. 交叉熵损失函数的定义

交叉熵是信息论中的重要概念，主要用于度量两个概率分布间的差异性。首先了解信息熵和相对熵的概念。信息熵的公式为

$$H(X) = -\sum_{i=1}^{n} p(x_i) \log(p(x_i)) \tag{6-39}$$

式中，$p(x)$ 表示时间 x 的发生概率。信息熵是用来衡量事物不确定性的。信息熵越大，事物越具有不确定性，事物越复杂。

相对熵又被称为 Kullback-Leibler 散度(KL 散度)或信息散度，是两个概率分布间差异的非对称性度量。在信息理论中，相对熵等价于两个概率分布的信息熵的差值。可以理解为对于同一个随机变量 x，有两个概率分布，判断这两个概率分布的差异。假设两个概率分布为 $p(x)$、$q(x)$，可以使用信息熵表示这两个分布的差异。

样本真实分布 $p(x)$ 的信息熵为

$$H_{pp}(X) = -\sum_{i=1}^{n} p(x_i) \log(p(x_i)) \tag{6-40}$$

预测分布 $q(x)$ 的信息熵为

$$H_{pq}(X) = -\sum_{i=1}^{n} p(x_i) \log(q(x_i)) \tag{6-41}$$

则相对熵(KL 散度)为

$$
\begin{aligned}
D_{\mathrm{KL}}(p \| q) &= H_{pq}(X) - H_{pp}(X) \\
&= -\sum_{i=1}^{n} p(x_i) \log(q(x_i)) - \left[-\sum_{i=1}^{n} p(x_i) \log(p(x_i)) \right] \\
&= \sum_{i=1}^{n} p(x_i) \log(p(x_i)) - \sum_{i=1}^{n} p(x_i) \log(q(x_i)) \\
&= \sum_{i=1}^{n} p(x_i) \log \left[\frac{p(x_i)}{q(x_i)} \right]
\end{aligned}
\tag{6-42}
$$

KL 散度越小，表示 $p(x)$ 与 $q(x)$ 的分布越接近，可以通过反复训练 $q(x)$ 使 $q(x)$ 的分布逼近 $p(x)$。

从 KL 散度的定义可以推出交叉熵的概念，对于神经网络进行有监督训练的过程，样本标签已经确定，相当于真实的概率分布 $p(x)$ 已经得知，因此 KL 散度左边的 $\sum_{i=1}^{n} p(x_i) \log(p(x_i))$ 为固定值，相当于常量。将 KL 散度作为损失函数，常量可以忽略，因此得到了交叉熵的计算公式：

$$H(p,q) = -\sum_{i=1}^{n} p(x_i) \log(q(x_i)) \tag{6-43}$$

2. 交叉熵损失函数的学习过程

交叉熵损失函数经常用于分类问题。由于交叉熵涉及计算每个类别的概率，所以交叉熵几乎每次都和 Sigmoid(或 Softmax)函数一起使用。模型学习的过程如下。

(1) 由神经网络最后一层得到每个类别的得分 scores(也叫 logits)；

(2) 该得分经过 Sigmoid(或 Softmax)函数获得概率输出；

(3) 模型预测的类别概率输出与真实类别的 one hot 形式(one hot 编码将每个类别映射到一个唯一的二进制向量，只有当前类别的值为 1，其他元素为 0)进行交叉熵损失函数计算。

学习任务分为二分类和多分类情况，分别讨论这两种情况的学习过程。

1) 二分类

二分类交叉熵损失函数学习过程的具体计算原理解释如下。

在二分类的情况下，模型最后需要预测的结果只有两种情况，对于每个类别的预测得到的概率为 p 和 $1-p$，此时表达式为(log 的底数是 e)：

$$L = \frac{1}{n}\sum_i L_i = \frac{1}{n}\sum_i -(y_i \log(p_i) + (1 - y_i)\log(1 - p_i)) \tag{6-44}$$

式中，y_i 表示样本 i 的标签，正类为 1，负类为 0；p_i 表示样本 i 预测为正类的概率。

求导过程可分成三个子过程，即拆成三项偏导的乘积：

$$\frac{\partial L_i}{\partial w_i} = \frac{\partial L_i}{\partial p_i}\frac{\partial p_i}{\partial s_i}\frac{\partial s_i}{\partial w_i} \tag{6-45}$$

计算第一项 $\frac{\partial L_i}{\partial p_i}$：

$$\begin{aligned}
\frac{\partial L_i}{\partial p_i} &= \frac{\partial -(y_i \log(p_i) + (1 - y_i)\log(1 - p_i))}{\partial p_i} \\
&= -\frac{y_i}{p_i} - \left[(1 - y_i)\cdot\frac{1}{1 - p_i}\cdot(-1)\right] \\
&= -\frac{y_i}{p_i} + \frac{1 - y_i}{1 - p_i} \\
&= -\frac{y_i}{\sigma(s_i)} + \frac{1 - y_i}{1 - \sigma(s_i)}
\end{aligned} \tag{6-46}$$

式中，σ 表示 Sigmoid 激活函数。

计算第二项 $\frac{\partial p_i}{\partial s_i}$，这一项要计算的是 Sigmoid 函数对于 scores 的导数：

$$\begin{aligned}
\frac{\partial p_i}{\partial s_i} &= \frac{(e^{s_i})'(1 + e^{s_i}) - e^{s_i}\cdot(1 + e^{s_i})'}{(1 + e^{s_i})^2} = \frac{e^{s_i}(1 + e^{s_i}) - e^{s_i}\cdot e^{s_i}}{(1 + e^{s_i})^2} \\
&= \frac{e^{s_i}}{(1 + e^{s_i})^2} = \frac{e^{s_i}}{1 + e^{s_i}}\cdot\frac{1}{1 + e^{s_i}} = \sigma(s_i)(1 - \sigma(s_i))
\end{aligned} \tag{6-47}$$

计算第三项 $\frac{\partial s_i}{\partial w_i}$，一般来说，scores 是输入的线性函数作用的结果，所以有

$$\frac{\partial s_i}{\partial w_i} = x_i \tag{6-48}$$

计算最终结果：

$$\begin{aligned}
\frac{\partial L_i}{\partial w_i} &= \frac{\partial L_i}{\partial p_i}\frac{\partial p_i}{\partial s_i}\frac{\partial s_i}{\partial w_i} \\
&= \left[-\frac{y_i}{\sigma(s_i)} + \frac{1 - y_i}{1 - \sigma(s_i)}\right]\cdot[\sigma(s_i)(1 - \sigma(s_i))]\cdot x_i \\
&= \left\{-\frac{y_i}{\sigma(s_i)}\cdot[\sigma(s_i)(1 - \sigma(s_i))] + \frac{1 - y_i}{1 - \sigma(s_i)}\cdot[\sigma(s_i)(1 - \sigma(s_i))]\right\}\cdot x_i \\
&= [-y_i + y_i\sigma(s_i) + \sigma(s_i) - y_i\sigma(s_i)]\cdot x_i \\
&= [\sigma(s_i) - y_i]\cdot x_i
\end{aligned} \tag{6-49}$$

可以看到，获得的求导结果非常简洁，因此使用交叉熵损失函数，不仅可以很好地

衡量模型的效果，还可以很容易地进行求导计算。

2）多分类

多分类交叉熵损失函数学习过程的具体计算原理解释如下。

求导过程可以分为三个子过程：

$$\frac{\partial L_i}{\partial w_{ic}} = \frac{\partial L_i}{\partial p_{ik}} \frac{\partial p_{ik}}{\partial s_{ic}} \frac{\partial s_{ic}}{\partial w_{ic}} \tag{6-50}$$

计算第一项 $\frac{\partial L_i}{\partial p_{ik}}$。

不失一般性，可以假设 y_{ik} 为 1，其他为 0，则

$$L_i = -\log(p_{ik}) \tag{6-51}$$

求导：

$$\frac{\partial L_i}{\partial p_{ik}} = \frac{\partial -\log(p_{ik})}{\partial p_{ik}} = -\frac{1}{p_{ik}} \tag{6-52}$$

计算第二项 $\frac{\partial p_{ik}}{\partial s_{ic}}$，这一项要计算的是 Softmax 函数对于 scores 的导数。

此时存在两种情况。

情况 1：$c=k$。

此时第二项的求导式可以写成

$$\frac{\partial p_{ik}}{\partial s_{ic}} = \frac{\partial p_{ik}}{\partial s_{ik}} \tag{6-53}$$

求导后得

$$\begin{aligned}
\frac{\partial p_{ik}}{\partial s_{ik}} &= \frac{\frac{\partial e^{s_{ik}}}{\partial s_{ik}} \sum e^{s_{ij}} - e^{s_{ik}} \frac{\partial \sum e^{s_{ij}}}{\partial s_{ik}}}{\left(\sum e^{s_{ij}}\right)^2} = \frac{e^{s_{ik}} \sum e^{s_{ij}} - e^{s_{ik}} e^{s_{ik}}}{\left(\sum e^{s_{ij}}\right)^2} \\
&= \frac{e^{s_{ik}}}{\sum e^{s_{ij}}} - \left(\frac{e^{s_{ik}}}{\sum e^{s_{ij}}}\right)^2 = \frac{e^{s_{ik}}}{\sum e^{s_{ij}}}\left(1 - \frac{e^{s_{ik}}}{\sum e^{s_{ij}}}\right) \\
&= p_{ik}(1 - p_{ik})
\end{aligned} \tag{6-54}$$

情况 2：$c \neq k$。

此时 s_{ic} 这一项只在分母中存在，求导后得

$$\frac{\partial p_{ik}}{\partial s_{ic}} = \frac{\frac{\partial e^{s_{ik}}}{\partial s_{ic}} \sum e^{s_{ij}} - e^{s_{ik}} \frac{\partial \sum e^{s_{ij}}}{\partial s_{ic}}}{\left(\sum e^{s_{ij}}\right)^2} = \frac{0 \cdot \sum e^{s_{ij}} - e^{s_{ik}} e^{s_{ic}}}{\left(\sum e^{s_{ij}}\right)^2}$$

$$= -\frac{\mathrm{e}^{s_{ik}}\mathrm{e}^{s_{ic}}}{\left(\sum \mathrm{e}^{s_{ij}}\right)^2} = -\frac{\mathrm{e}^{s_{ik}}}{\sum \mathrm{e}^{s_{ij}}}\frac{\mathrm{e}^{s_{ic}}}{\sum \mathrm{e}^{s_{ij}}} \tag{6-55}$$

$$= -p_{ik}p_{ic}$$

计算第三项 $\dfrac{\partial s_{ic}}{\partial w_{ic}}$, 一般来说, scores 是输入的线性函数作用的结果, 所以有

$$\frac{\partial s_{ic}}{\partial w_{ic}} = x_{ic} \tag{6-56}$$

计算最终结果。

情况 1: $c=k$。

$$\begin{aligned}
\frac{\partial L_i}{\partial w_{ic}} &= \frac{\partial L_i}{\partial p_{ik}}\frac{\partial p_{ik}}{\partial s_{ic}}\frac{\partial s_{ic}}{\partial w_{ic}} \\
&= \left(-\frac{1}{p_{ik}}\right)[p_{ik}(1-p_{ik})]x_{ik} = (p_{ik}-1)x_{ik} = (p_{ik}-y_{ik})x_{ik} \\
&= (\sigma(s_{ik})-y_{ik})x_{ik}
\end{aligned} \tag{6-57}$$

情况 2: $c \neq k$。

$$\begin{aligned}
\frac{\partial L_i}{\partial w_{ic}} &= \frac{\partial L_i}{\partial p_{ik}}\frac{\partial p_{ik}}{\partial s_{ic}}\frac{\partial s_{ic}}{\partial w_{ic}} \\
&= \left(-\frac{1}{p_{ik}}\right)(-p_{ik}p_{ic})x_{ic} = p_{ic}x_{ic} = (p_{ic}-0)x_{ic} \\
&= (p_{ic}-y_{ic})x_{ic} = (\sigma(s_{ic})-y_{ic})x_{ic}
\end{aligned} \tag{6-58}$$

不失一般性, 假设上述样本的真实类别为 k, 则有

$$\begin{aligned}
y_{ik} &= 1 \\
y_{ic} &= 0, \quad c \neq k
\end{aligned} \tag{6-59}$$

求导时, 对不同情况代入 y 的值后, 得到了一致的表达式, 如果采用向量化的形式, 那么导数就不用再分情况写了, 统一成

$$\frac{\partial L_i}{\partial w_i} = (\sigma(s_i)-y_i)x_i \tag{6-60}$$

可以看出, 采用交叉熵损失函数对二分类和多分类求导时, 采用向量化的形式后, 求导结果的形式是一致的。

6.4　深度学习

深度学习(deep learning, DL)指通过构建结构复杂的多层神经网络来学习样本数据的内在规律和层次表示, 实现各种浅层学习难以完成的任务, 如数据挖掘、计算机视觉、

语音识别、自然语言处理等。目前深度学习领域包含多个重要算法，如卷积神经网络(convolutional neural networks，CNN)、自编码器(auto encoder，AE)、深度信念网络(deep belief networks，DBN)、循环神经网络(recurrent neural networks，RNN)等。本节重点讲解两类应用广泛的神经网络的理论原理，即卷积神经网络和循环神经网络，通常卷积神经网络用于处理二维图像，循环神经网络用于处理一维序列，在学习了前几节的内容及本节两类经典的深度学习网络后，读者可轻松学习并掌握纷繁多样的其他神经网络类型，并依据深层网络构建的基本原理搭建自己的深度学习网络模型。

6.4.1 卷积神经网络

卷积神经网络是一类包含卷积计算且具有深度结构的前馈神经网络，是深度学习的代表算法之一，擅长处理图像，广泛应用于机器视觉领域。卷积神经网络通过一系列方法，成功将数据量庞大的复杂图像不断降维，最终使其任务目标能够被训练。目前卷积神经网络已经在很多领域得到了广泛的应用，如人脸识别、自动驾驶、监控安防等领域。

卷积神经网络通常由卷积层、池化层、全连接层交叉堆叠而成，如图 6-8 所示。

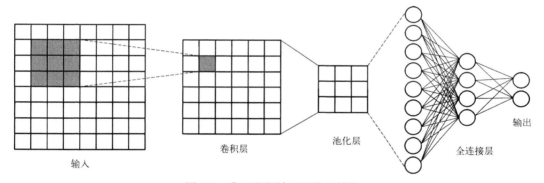

图 6-8 典型卷积神经网络的结构

1. 卷积层

卷积是一种有效提取图片特征的方法。一般用一个正方形卷积核遍历图片上的每一个像素点。图片与卷积核重合区域内的每一个像素值，乘卷积核中相对应点的权重，然后求和，再加上偏置后，得到输出图片中的一个像素值。定义一个 $m \times n$ 大小的卷积核：

$$\boldsymbol{W} = \begin{bmatrix} w_{11} & w_{12} & \cdots & w_{1n} \\ w_{21} & w_{22} & \cdots & w_{2n} \\ \vdots & \vdots & \ddots & \vdots \\ w_{m1} & w_{m2} & \cdots & w_{mn} \end{bmatrix} \tag{6-61}$$

其对某一原图像 $\boldsymbol{X}$ 进行卷积运算的过程为：卷积核 $\boldsymbol{W}$ 中的每一个权重值 w 分别和覆盖的原图像 $\boldsymbol{X}$ 中所对应的像素 x 相乘，然后再求和。计算公式为

$$z = w_{11}x_{11} + w_{12}x_{12} + \cdots + w_{mn}x_{mn} = \sum_{i=1,j=1}^{m,n} w_{ij}x_{ij} = \boldsymbol{W}^{\mathrm{T}}\boldsymbol{X} \tag{6-62}$$

所以一幅图像的一个完整的卷积运算过程为：卷积核以一定的间隔滑动，并对所覆盖的区域进行卷积运算得到值 z，直至遍历完整幅图像。

图片分灰度图和彩色图，卷积核可以是单个也可以是多个，因此卷积操作分以下三种情况。

1) 单通道输入，单卷积核

这里单通道指的是输入为灰度图，单卷积核指卷积核个数是 1 个，如图 6-9 所示，是 $5 \times 5 \times 1$ 的灰度图片，1 表示单通道，5×5 表示分辨率，共有 5 行 5 列个灰度值。若用一个 $3 \times 3 \times 1$ 的卷积核对此 $5 \times 5 \times 1$ 的灰度图片进行卷积，偏置项 $b=1$，则求卷积的计算为：$(-1) \times 1+0 \times 0+1 \times 2+(-1) \times 5+0 \times 4+1 \times 2+(-1) \times 3+0 \times 4+1 \times 5+1=1$(注意不要忘记加偏置 1)。

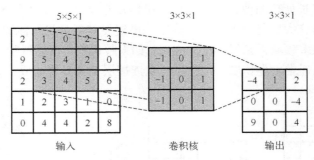

图 6-9 单通道输入和单卷积核示意图

2) 多通道输入，单卷积核

多数情况下，输入的图片是 RGB 三个颜色组成的彩色图，输入的图片包含了红、绿、蓝三层数据，卷积核的深度(通道数)应该等于输入图片的通道数，所以使用 $3 \times 3 \times 3$ 的卷积核，如图 6-10 所示，最后一个 3 表示匹配输入图像的 3 个通道，这样这个卷积核有三个通道，每个通道都会随机生成 9 个待优化的参数，一共有 27 个待优化参数 w 和一个偏置 b。注意这里还是单个卷积核的情况，但是一个卷积核可以有多个通道。

3) 多通道输入，多卷积核

多通道输入、多卷积核是深度神经网络中最常见的形式，指的是多通道输入，且用多个卷积核的情况。卷积过程也很简单，以 3 通道输入，2个卷积核为例。

先取出一个卷积核与 3 通道的输入进行卷积，这个过程就和多通道输入、单卷积核一样，得到一个 1 通道的输出 output1。同样再取出第二

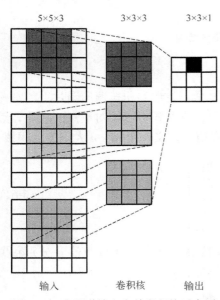

图 6-10 多通道输入和单卷积核示意图

个卷积核进行同样的操作，得到第二个输出 output2。

将相同尺寸的 output1 与 output2 进行堆叠，就得到 2 通道的输出 output。

对以上过程的直观示意如图 6-11 所示。

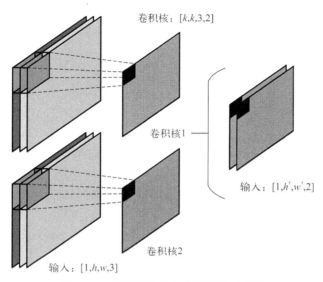

图 6-11 多通道输入和多卷积核示意图

图 6-11 中输入 X:[1,h,w,3]指的是输入 1 张高 h 宽 w 的 3 通道图片。卷积核 W:[k,k,3,2]指的是卷积核尺寸为 $k \times k$，通道数为 3，个数为 2。

总结如下。

(1) 卷积操作后，输出的通道数=卷积核的个数。

(2) 卷积核的个数和卷积核的通道数是不同的概念。每层卷积核的个数在设计网络时会给出，但是卷积核的通道数不一定会给出。默认情况下，卷积核的通道数=输入图片的通道数，因为这是进行卷积操作的必要条件。

(3) 偏置数=卷积核数。

另外，从卷积的过程可知，有两个概念需要注意，即步长(stride)和填充(padding)。

卷积核在卷积的过程中会滑动一定的间距，那这个间距该如何定义呢?这个概念就是卷积的步长。经过步长 s 的操作后，其输出图像的尺寸为

$$\left\lfloor \frac{n-f}{s} \right\rfloor + 1 \tag{6-63}$$

式中，$\left\lfloor \frac{n-f}{s} \right\rfloor$ 表示不大于($n-f$)/s 的最大整数；n 是图像大小；f 是卷积核大小；s 是步长。stride=1 表示卷积核滑过每一个相距是 1 的像素，是最基本的单步滑动，为标准卷积模式。stride=2 表示卷积核的移动步长是 2，跳过相邻像素，输出图像缩小为原来的 1/2。stride=3 表示卷积核的移动步长是 3，跳过 2 个相邻像素，图像缩小为原来的 1/3，以此类推。

在标准的卷积过程中，存在两个问题：①每次卷积运算后，图像就会缩小尺寸。在

经历多次运算后，图像最终会失去其本来的形状，变为 1×1 的"柱状"。②对于图像边缘的像素，只被一个输出使用，但图像中间的像素，则被多个输出使用。这意味着卷积过程丢掉了图像边缘位置的许多信息。为了解决这两个问题，可以采用额外的"假"像素(通常值为 0)填充边缘，即为 padding 的概念。这样，在滑动时卷积核可以允许原始边缘像素位于其中心。假设填充的像素大小为 p，则图像尺寸 n 就变成了 $n+2p$，故其输出图像的尺寸为

$$\left\lfloor \frac{n+2p-f}{s} \right\rfloor + 1 \tag{6-64}$$

2. 池化层

随着模型网络不断加深，卷积核越来越多，要训练的参数也越来越多，且直接拿卷积核提取的特征训练容易出现过拟合的现象。为解决上述问题，池化(pooling)的概念被提出。池化将输入图像的尺寸进行缩小，减少了像素信息，只保留重要的特征信息，即特征降维，或者叫下采样。

池化主要有两种，即最大池化(max pooling)和平均池化(average pooling)。还有一种随机池化，使用较少。最大池化是对局部的值取最大值；平均池化是对局部的值取平均值；随机池化是根据概率对局部的值进行采样，采样结果便是池化结果。几种池化方法的原理示意如图 6-12 所示。

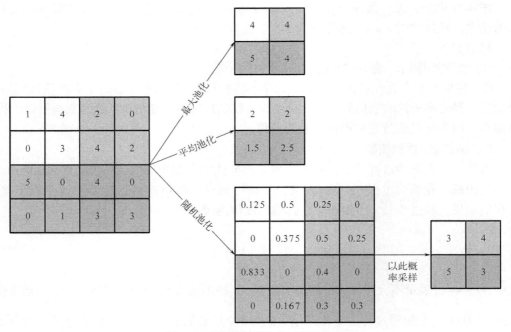

图 6-12 不同类型池化过程示意图

三种池化的特点如下。

最大池化可以获取图片的局部信息，更好地保留纹理上的特征。如果不用观察对象

在图片中的具体位置，只关心其是否出现，则使用最大池化效果比较好。

平均池化能保留数据的整体特征，有效突出背景信息。

随机池化中元素值大的被选中的概率也大，但也并不像最大池化总是取最大值。随机池化一方面最大化地保证了最大值的取值，另一方面确保了不会完全是最大值起作用，以免造成过度失真，还可以在一定程度上避免过拟合。

3. 全连接层

全连接层(fully connected layer，FCL)和常规神经网络一样，主要放在网络的最后，用于分类或者回归。通常将前面卷积层、池化层的输出结果展平成一维向量，然后与全连接层连接。

4. 卷积神经网络的训练

训练的基本流程如下。

步骤 1：用随机数初始化所有的卷积核权重、偏置等参数。

步骤 2：将训练图片作为输入，执行前向计算步骤(卷积层、激活函数、池化层以及全连接层的前向传播)，并计算每个类别对应的输出概率。

步骤 3：计算输出层的总误差。

步骤 4：使用反向传播算法计算误差相对于所有权重的梯度，并用梯度下降法更新所有的卷积核权重、偏置等参数值，以使输出误差最小化。

需要注意，卷积核个数、卷积核尺寸、网络架构这些结构参数，在步骤 1 之前就需要确定，不会在网络训练过程中改变。只有卷积核矩阵和神经元偏置等参数需要更新。

6.4.2　循环神经网络

循环神经网络对具有序列特性的数据非常有效，它能挖掘数据中的时序信息以及语义信息，在语音识别、机器翻译、时序分析、时序预测等领域具有重要应用。

传统的神经网络模型是从输入层到隐含层再到输出层，层与层之间是全连接的，每层之间的节点是无连接的。这种普通的神经网络对很多问题无能为力。例如，要预测有规律的时间序列的未来演变过程，一般需要用到历史的序列信息，因为序列的前后数据不是孤立的，当前的数据与之前的历史数据具有关联。RNN 之所以被称为循环神经网络，是因为网络会对之前的历史信息进行记忆并应用于当前输出的计算中，即隐含层之间的节点是有连接的，并且隐含层的输入不仅包括输入层的输出，还包括上一时刻隐含层的输出。理论上，RNN 能够对任何长度的序列数据进行处理。但是在实践中，为了降低复杂性，往往假设当前的状态只与前面几个状态相关。

1. 循环神经网络的结构

循环神经网络的结构如图 6-13 所示，从该图可以看到循环神经网络的结构比较复杂，难以直接理解。为此，将其结构做抽象化处理，如图 6-14 所示。先忽略循环层的权重 W，只看 x、U、s、V、o 的传递路线，可以发现其就是图 6-13 中的一个简单的多层全连接神经网络。其中 x 是一个向量，也就是序列中某个片段的特征向量，作为输入层，U 是输入层到隐含层的参数矩阵，s 是隐含层的向量，V 是隐含层到输出层的参数矩阵，o 是输出层的向量。U、V 对所有输入片段都是权重值共享的，有效降低了需要训练的参数数量。

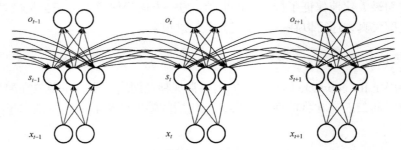

图 6-13　循环神经网络结构示意图

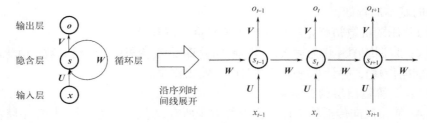

图 6-14　循环神经网络结构抽象化示意图

随后考虑循环在哪里体现。从图 6-13 和图 6-14 可以看到，按照序列的前后顺序展开，每个输入片段对应的全连接神经网络的隐含层之间是有权重 W 连接的，这个权重是序列每个输入片段之间的权重矩阵，并且所有输入片段都共享一样的权重参数，即权重参数沿着序列信号循环传递，体现了循环处理序列数据的方法。从其结构设计可以看出，RNN之所以可以解决序列学习相关的问题，是因为它可以记住每一时刻的信息，每一时刻的隐含层不仅由该时刻的输入层决定，还由上一时刻的隐含层决定，计算公式如下：

$$o_t = g(Vs_t) \tag{6-65}$$

$$s_t = f(Ux_t + Ws_{t-1}) \tag{6-66}$$

式中，g 和 f 均是激活函数；s_t 代表 t 时刻隐含层的值，是隐含层的状态，可以把其看成循环神经网络的记忆，通过它可以知道在之前所有时刻的序列信息；o_t 代表 t 时刻的输出值，实际中每个时刻是否需要有输出可根据要解决的任务而定，可以每个时刻都输出，也可以只在最后一个时刻输出。

2. 循环神经网络的训练

由于循环神经网络是一种基于时序数据的网络模型，因此传统的 BP 算法并不适用于该模型的优化，循环神经网络中最常用的优化算法为 BPTT(back propagation through time)算法，BPTT 算法是针对循环层的训练算法，它的基本原理和 BP 算法是一样的，也包含同样的四个步骤。

步骤 1：用随机数初始化所有的权重、偏置参数。

步骤 2：根据网络结构前向计算每个神经元的输出值。

步骤 3：反向计算每个神经元的误差项值。

步骤 4：计算误差函数相对于权重的梯度，利用梯度下降法更新权重、偏置参数。

6.4.3 长短期记忆网络

普通的 RNN 其实并不能很好地处理较长的序列。主要原因是若序列较长，更新较早时刻序列对应的权重梯度时，会出现较多的连乘现象，梯度呈指数级上升或下降，使得 RNN 在训练中很容易发生梯度爆炸和梯度消失，这导致训练时梯度不能在较长序列中一直有效传递下去，从而使 RNN 无法捕捉到长距离序列信息。

长短期记忆(long short-term memory， LSTM)网络很好地解决了上述问题。LSTM 网络是一种特殊的 RNN，主要是为了解决长序列训练过程中的梯度消失和梯度爆炸问题。其特殊的结构设计使得它可以避免长期依赖问题，能够记住序列很早时刻的信息。

LSTM 网络的结构如图 6-15 所示。

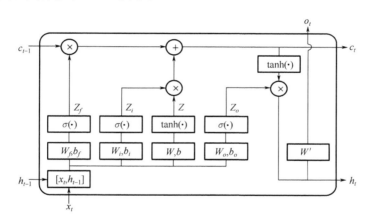

图 6-15　LSTM 网络结构示意图

LSTM 网络是传统 RNN 的变种，在一些关键位置增加了门控单元。当前时刻 t 输入到网络的序列为 x_t，其序列片段的时间长度为 w。上一时刻 $t–1$ 隐含层 m 个节点序列记为 $h_{t-1} \in R^m$。计算如下输入单元状态：

$$Z = \tanh(W[x_t, h_{t-1}] + b) \tag{6-67}$$

式中，tanh 是 tanh 激活函数；W 是输入单元权重；b 是偏置项。需要注意的是，输入单元的输入是当前输入 x_t 和上一时刻传递过来的隐含层状态 h_{t-1} 的拼接。

计算如下门控单元。

遗忘门：遗忘门主要是对上一个节点传进来的输入记忆单元进行选择性忘记。简单来说就是"忘记不重要的，记住重要的"。因此遗忘门会与后面介绍的上一节点记忆单元状态进行相乘。

$$Z_f = \tanh(W_f[x_t, h_{t-1}] + b_f) \tag{6-68}$$

输入门：输入门决定了当前新输入的信息哪些被输入，哪些被忽略，因此输入门与前面提及的输入单元状态进行相乘。

$$Z_i = \tanh(W_i[x_t, h_{t-1}] + b_i) \tag{6-69}$$

输出门：输出门决定了当前新输出的信息哪些被输出，哪些被忽略，因此输出门与后面提及的当前记忆单元状态进行相乘。

$$Z_o = \tanh(W_o[x_t, h_{t-1}] + b_o) \tag{6-70}$$

式中，W_f、W_i、W_o 分别是相应门控单元的权重；b_f、b_i、b_o 是偏置项。门实际上是一层全连接层，其值为 $0 \sim 1$ 的向量，按元素控制数据。

与 RNN 不同，LSTM 网络除了沿序列时间方向传输隐含层状态，还增加了新的记忆单元状态的传输，将其记为 $c_t \in R^{w+m}$。计算如下记忆单元状态：

$$c_t = Z_f \odot c_{t-1} + Z_i \odot Z \tag{6-71}$$

式中，$\odot$ 表示按元素进行乘积。可以看到，通过计算得到的 Z_f 作为门控，控制了上一个记忆单元状态 c_{t-1} 哪些要忘记，哪些要记忆；通过计算得到的 Z_i 作为门控，控制了当前输入单元状态 Z 的哪些信息被输入，哪些被忽略。

计算如下隐含层状态，通过计算得到的 Z_o 作为门控，控制了当前记忆单元状态 c_t 的哪些信息被输出，哪些被忽略：

$$h_t = Z_o \odot \tanh(c_t) \tag{6-72}$$

则网络的最终输出：

$$o_t = \sigma(W'h_t) \tag{6-73}$$

式中，W' 是输出层权重；o_t 是输出值。

以上就是 LSTM 网络的结构，主体思想就是通过门控状态来控制传输状态，记住需要长时间记忆的信息，忘记不重要的信息。

LSTM 网络的训练和常规 RNN 类似，不再赘述。

小　　结

本章介绍了神经网络、激活函数、损失函数等概念，重点介绍了单层神经网络、多层神经网络、卷积神经网络及循环神经网络的数学推导过程。随着计算机技术的发展，神经网络在各行各业都有了广泛的应用，本章介绍的内容是该领域的重要基础内容，掌握相关的原理和应用方法后，可快速在实际中部署专门针对某项任务的神经网络框架，以实现相应的目标。

神经元是神经网络的重要基础概念，所有的神经网络都是由一个个神经元间的信息传递进行工作的。给单一神经元输入多个数据，即构成了简单的单层神经网络(或感知器)，可作为线性分类器使用。若再增加多个输出单元，则构成了多输出的单层神经网络。进一步，增加网络的层数，可构成多层神经网络，经典的多层神经网络包含输入层、隐含层、输出层。神经网络模型的训练通常使用梯度下降法，为此还需要建立误差函数(或称为损失函数、代价函数)，以使得网络预测数据与真实目标的总误差最小。为了增强网络的非线性表达能力，网络中通常增加激活函数的计算，较为经典的分类激活函数为Softmax 函数，通常搭配交叉熵损失函数一起使用。

除了经典的多层神经网络外，为了适应更为复杂的任务场景，深度学习获得了显著发展。卷积神经网络可处理高维图像数据，通过卷积、池化等特有操作，挖掘图片特征，通过特定的网络结构设计，可实现图像视觉、目标分类等复杂任务。循环神经网络适合处理具有顺序结构的序列数据，通过隐含层信息的循环传递，有效挖掘序列前后节点的关联信息。传统循环神经网络因其固有不足，容易导致遗忘长远的历史信息，因此又发展了长短期记忆网络，通过门控结构的设计，巧妙地让网络关注并记忆序列的重要信息，避免了长期记忆的消失。

通过本章的学习，读者可根据神经网络搭建的基本原理，针对拟解决的目标问题，搭建自己的神经网络模型。

习　　题

1. 介绍神经网络的基本原理及计算过程。

2. 介绍激活函数、损失函数的概念及应用，并罗列常见的激活函数及损失函数。

3. 使用 Python 编程实现经典的多层神经网络，构建仿真数据进行网络分类能力验证。

4. 使用 Python 编程实现卷积神经网络，应用多个公开图片数据集进行网络分类能力验证。

5. 使用 Python 编程实现长短期记忆网络，构建特定函数表达的序列数据进行网络序列预测能力验证。

第 7 章

航空发动机转子系统故障诊断

微课7

本章导读

在航空发动机的健康管理中，转子系统故障诊断是一个至关重要的环节。本章将深入探讨航空发动机转子系统中主轴承和转子叶片的故障诊断技术。通过分析这些关键部件的故障特点，介绍常用的诊断方法，并结合具体案例，展示这些技术在实际应用中的效果。读者将了解到振动分析法、润滑油液分析法、温度检测法、声发射检测法和电压电流检测法等多种诊断技术，以及它们在不同故障类型中的应用。

学习目标

认识到轴承和转子叶片在航空发动机中的关键作用；学习并理解振动分析法、润滑油液分析法、温度检测法、声发射检测法和电压电流检测法的原理及应用；掌握转子叶片常见故障类型及其诊断技术，如孔探检测技术、动力学模型和熵值理论；了解基于机器学习和人工智能的智能诊断方法在航空发动机健康管理中的应用；通过具体案例评估不同诊断方法的有效性和局限性。

7.1 概　　述

7.1.1 航空发动机转子系统故障诊断的意义

航空发动机是航空器的动力源和"心脏"，也是航空器是否能正常运作的核心关键。航空发动机被誉为"工业皇冠上的明珠""工业之花"，其中，转子叶片对航空发动机的推力起到决定作用，而轴承的安全性则直接决定了航空发动机寿命的长短。本章针对航空发动机健康管理中最常面临且最重要的两个问题——主轴承故障诊断以及转子叶片碰摩故障诊断，分别介绍其故障特点与常用诊断技术，并结合具体案例对其实际应用效果进行分析。

7.1.2 主轴承故障诊断方法分类

依据结构分类，滚动轴承常见的故障类型包括内圈故障、外圈故障、滚珠故障、保持架故障等；也可根据故障原因进行分类，包括磨损、表面损伤等。其中磨损故障是滚动轴承在长期运行中逐渐形成的，通常由尘埃及异物侵入引起内部污染或缺少润滑导致，其表现为轴承表面出现粗糙、不规则的退化。磨损故障通常表现为振动幅值的增高，不具有其他明显的故障特征信号。另外，磨损故障不会导致轴承立即损坏，相对其他故障危害较小，因此大多数研究都关注于危害性更强的表面损伤故障。表面损伤故障包括轴承的疲劳剥落、裂纹、锈蚀、孔洞等，当轴承表面损伤发生时，零部件在旋转过程中经过损伤点时会造成相应冲击，产生特定的故障特征并造成较大危害。根据其不同的原因及表现，发展了许多不同的故障诊断方法。

（1）振动分析法。当轴承经过损伤点时产生宽带脉冲力，引起轴承系统的谐振，该冲击能够通过安装在轴承座或机匣上的传感器测量到，通过分析振动信号能够对轴承的故障状况进行判断。

（2）润滑油液分析法。该方法通过检测轴承润滑油的污染程度来分析轴承运行状态，例如，利用光谱分析、铁谱分析等获得润滑油中颗粒的数目及成分。该方式简易直接，但易受其他设备磨屑的干扰，故障定位较难实现，且适用范围有局限性，如不适用于脂润滑轴承。

（3）温度检测法。轴承的异常状态会导致温度急剧上升，通过温度计或热成像仪等设备能够检测到故障的发生。该方法适用于润滑异常、安装异常、过载等故障，对于其他故障，尤其是点蚀、微小剥落或早期微弱的故障并不敏感。

（4）声发射检测法。声发射指的是滚动轴承产生变形或裂纹扩展时，以弹性波的方式释放出应变能的现象。通过声发射检测技术，用仪器对声发射信号进行检测与分析，并根据不同故障所产生的不同的声发射信号，推断声发射源以识别滚动轴承的故障类型及劣化程度。该方法能够进行早期的故障识别，但设备成本较高，识别结果受转速影响较大。

（5）电压电流检测法。该方法通过监测电压和电流的变化分析轴承的故障状况。该方法只能用于电机轴承的故障检测，且易受其他机械部件影响。

上述诊断方法中，振动分析法凭借其测量简单、精确度高、成本低、能够实现在线监测且适用面广等优点，目前获得了最为广泛的应用。该方法又分为简易诊断法、精密诊断法和智能诊断法。三者按照时间顺序依次出现及普及，复杂程度及诊断精度也逐渐增加。简易诊断法基于振动信号波形的各种时域参数，如幅值、峭度、裕度、波形因数、波峰因数等，对轴承是否发生故障进行初步判断；精密诊断法则基于现代信号处理方法或机器学习方法对故障类别、位置、尺寸等进行进一步判定；智能诊断法则是通过机器学习或人工智能的方式进行诊断，是目前常用的方法之一，有时也将智能诊断与简易诊断和精密诊断相结合，以获取更为精确的诊断结果。

7.1.3　转子叶片故障诊断方法分类

转子叶片是航空发动机结构件中的关键零部件之一，其数量多，形体单薄，工况苛刻且环境复杂，这导致其与轴承一样成为航空发动机使用中故障率较高的零件。转子叶片的损伤对航空发动机整机性能影响极大，甚至会导致严重事故。据统计，各种不同种类的航空发动机均发生过转子叶片故障，其原因也基本覆盖了设计、制造、使用、维修等发动机全寿命健康管理的各环节，也曾造成过巨大的经济损失和军事影响。为了促进航空发动机的发展，提高其安全可靠性，对航空发动机转子叶片的常见故障进行系统的分析，找出其基本失效特点和规律，从而从根本上采取预防措施具有重要的意义。下面介绍转子叶片常见故障类型及诊断方法。

1. 转子叶片常见的故障类型

(1) 碰摩。转子与机匣碰摩是航空发动机转子系统常见的故障之一，包括连续碰摩和局部碰摩。转子碰摩会引起整机振动持续增大，甚至破坏机械整体结构，使机匣发生变形，或使转子叶片产生裂纹甚至折断，从而严重影响机组安全运行。航空发动机动静件碰摩过程十分复杂，种类繁多，包括单点碰摩、多点碰摩、持续碰摩、间歇碰摩等。由于航空发动机机匣通常较薄，燃气温度不均时易发生变形，因此可发生转子与机匣轴向多处，或者机匣圆周多处的多点碰摩。除此以外，碰与摩的种类也十分复杂，前者包括碰撞与弹回等，后者则包括轻摩、重摩等。总而言之，航空发动机转子叶片碰摩形式多样复杂，有关碰摩问题还需展开深入研究。

(2) 裂纹。由疲劳损伤引起的裂纹是轮盘、叶片、轴等转子结构都会出现的问题，随着旋转机械的运行，裂纹逐步扩展，会导致部件结构强度减小，最终无法承受预定载荷而发生断裂。裂纹萌生的部位、高度、走向等基本相同，具有很强的规律性。裂纹萌生的时间与使用寿命无明显对应关系，在使用早期或修理后均可能发生，从萌生至断裂均有一个或长或短的时间过程，因而可以采取相应的措施进行监测。另外，转子叶片在服役中将承受较大的振动载荷，即在正常较大的离心载荷、气动载荷的基础上还要叠加振动载荷。虽然这种振动载荷的数值有时不是很大，但其频率一般较高，有时甚至可达几千赫兹，短时间内便可导致疲劳裂纹萌生。

(3) 疲劳断裂。疲劳断裂也是航空发动机转子叶片最常见的失效模式之一，往往由裂纹发展而来，其发生原因包括共振、颤振、材质缺陷、微动损伤、外物损伤、腐蚀等。其中最常见的是由共振引起的疲劳断裂失效。叶片发生共振需要同时满足两个条件：激振频率与叶片自振频率一致或具有倍数关系，以及激振源发出的能量足够引起叶片振动。共振疲劳断裂失效往往在多台发动机中多次重复发生，虽然常采用调频处理等措施，但效果有限，严重影响了航空发动机的正常使用。因而在设计的初期就应当充分考虑常用转速下的共振问题，避免设计不当造成某一常用转速下发生共振。

(4) 变形。航空发动机叶片出现变形，将导致严重的气流分离，降低发动机的工作效率。常见的叶片变形原因包括：装配与运输过程中发生的意外，即在发动机地面试验前，转子叶片在运输或装配途中由于碰伤等而造成一级轴流叶片变形；转静子碰摩，即由于转静子径向间隙过小等发生碰摩，导致转子叶片变形或产生裂纹；外物损伤，即沙石、金属、软物体等由进气口负压吸力吸入转子系统对叶片造成损伤；等等。对于装配与运输产生的叶片变形，通常在地面试验阶段通过性能数据即可发现；转静子碰摩和外物损伤则能够通过机匣振动响应频谱和内窥镜检测来发现。

2. 转子叶片故障诊断方法

(1) 孔探检测技术。孔探检测的基本原理是通过光学手段将密封物体内部的状况传导出来，然后对光学图像进行评估、检测与诊断。该过程与目标对象不接触，不形成破坏或损伤，因而属于工业无损检测技术，广泛应用于发动机等机械的内部损伤监测和故障诊断。为了实现转子叶片的损伤评估，往往需要借助孔探仪测量压气机叶片和涡轮叶片是否发生损伤。叶片损伤通常出现在叶身前缘和后缘，其边线可近似为直线段，而有损伤的叶片轮廓形状通常是不规则的。基于孔探检测的转子叶片故障诊断种类有限，且需要借助知识库，对于损伤的大小及面积难以准确评估。

(2) 动力学模型。可以通过建立动力学模型来分析叶片故障引起的系统响应特性的变化，发展了基于转轴振动、叶片振动和机匣振动跟踪分析的叶片故障诊断方法。相比于高成本试验，借助商用有限元仿真软件进行有限元模型建立、模态分析、谐响应分析等，能够很好地解决计算精度低和试验成本过高的问题。但是，对于航空发动机等复杂结构转子来说，其系统动力学特性十分复杂，存在诸多非线性因素，对于有效模型的建立十分困难。

(3) 熵值理论。当故障发生时，转子系统中的非线性行为会变得更强，并且振动信号包含丰富的故障信息，这将大大有利于转子系统的健康管理。因此，从振动信号中提取有用特征已成为故障诊断的关键步骤。近年来，在处理此类振动信号时，基于熵的故障表征方法已成为特征提取的重要工具。熵值方法被广泛使用，因为它不需要先验知识、信号预处理，并且在表征振动信号时只需要设置较少的参数。此外，熵值方法在处理复杂数据时具有简单、可解释、计算成本低和数据效率高等优点。目前常用的熵值方法有样本熵、模糊熵、排列熵和散度熵等。散度熵与样本熵、模糊熵和排列熵相比具有三个优点：高一致性、高对噪声影响的鲁棒性和高计算效率。

7.2　主轴承故障诊断技术与应用效果

7.2.1　主轴承振动信号特征

1. 主轴承的振动机理与信号特征

航空发动机主轴承主要为角接触球轴承和圆柱圆锥滚子轴承，其外观如图 7-1(a)、(b)所示。通常来讲，无论角接触球轴承还是圆柱圆锥滚子轴承，其结构均相对较为复杂。主轴承的外圈通常都会加工出一些特殊的结构，既能够达到减重的目的，又便于与发动机其他部件进行装配。此外，主轴承的内环通常做成分半式的，该设计不仅仅是为了便于装配，更重要的是使轴承在承受机动载荷时仍能实现平稳可靠的支承作用。航空发动机主轴承实物如图 7-1(c)所示。

滚动轴承的主要结构包括外滚道、内滚道、滚动体、保持架、防尘盖和润滑剂。其中外滚道固定在轴承座上，内滚道与转轴相连接，滚动体位于内外滚道之间，由保持架相对固定。防尘盖和润滑剂则对滚动轴承起到防护及润滑作用。滚动轴承的具体结构及

(a)角接触球轴承　　　　(b)圆柱圆锥滚子轴承　　　　(c)航空发动机主轴承实物

图 7-1　常见主轴承类型及实物图

相关参数如图 7-2 所示。滚动轴承的几何参数主要有：①轴承节径 D：轴承滚动体中心所在的圆的直径；②滚动体直径 d：滚动体的平均直径；③内滚道半径 r_1：内滚道的平均半径；④外滚道半径 r_2：外滚道的平均半径；⑤接触角 α：滚动体受力方向与内外滚道垂直线的夹角；⑥滚动体个数 Z：滚子或滚珠的数目。

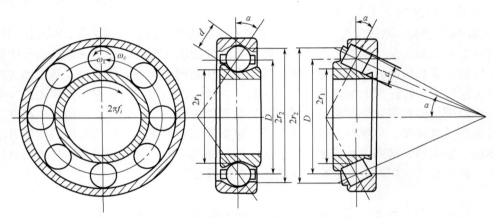

图 7-2　滚动轴承的具体结构及相关参数

ω_1-滚珠的自转；ω_c-滚珠沿滚道的旋转

在滚动轴承发生疲劳剥落后，滚动体在经过损伤处时会产生特定频率的振动，不同位置的损伤会产生不同的故障频率。假设滚动轴承转动频率为 f_r，滚动轴承节径为 D，滚动体直径为 d，接触角为 α，滚动体个数为 Z，外滚道转动频率为 f_o，内滚道转动频率为 f_i，保持架转动频率为 f_c，则理论上可以推导出滚动轴承各种故障的特征频率，分别如下。

滚动体在外滚道上一处缺陷的通过频率 f_{oc} 为

$$f_{oc} = \frac{1}{2} Z \left(1 - \frac{d}{D} \cos \alpha \right) f_r \tag{7-1}$$

滚动体在内滚道上一处缺陷的通过频率 f_{ic} 为

$$f_{ic} = \frac{1}{2} Z \left(1 + \frac{d}{D} \cos \alpha \right) f_r \tag{7-2}$$

滚动体上的缺陷冲击单侧滚道，即滚动体的故障频率 f_{bc} 为

$$f_{bc} = \frac{D}{2d}\left[1 - \left(\frac{d}{D}\right)^2 \cos^2 \alpha\right]f_r \tag{7-3}$$

保持架的转动频率，即滚动体的公转频率 f_c 为

$$f_c = \frac{1}{2}\left(1 - \frac{d}{D}\cos\alpha\right)f_r \tag{7-4}$$

理论上，在已知滚动轴承的型号后，结合各部件的特征频率，通过分析振动信号即可得知故障发生的位置。然而，在实际航空发动机的工作过程中，采集振动信号的传感器并非直接作用于轴承上，所监测到的振动信号通常来自多个振源，因而极易受到其他机械部件的影响，加之复杂的工况及恶劣的服役条件，导致基于振动信号的故障特征难以直接提取。另外，实际轴承的几何尺寸误差、轴承在承受径向和轴向载荷时产生的变形、滚道与滚动体之间的相对滑动、装配产生的变形及偏心等，均会导致理论计算得到的滚动轴承故障频率与实际存在一定偏差。因此，如何充分考虑现实情况，从含有干扰的信号中有效提取故障特征，不过度依赖经验知识而实现自适应诊断，成为滚动轴承故障诊断的关键问题。

2. 主轴承故障的时域与频域特征

除了基于各部件特征频率的简易诊断法外，还可以通过频谱分析法来对滚动轴承进行精密诊断。滚动轴承包含高频、低频等丰富的振动频率成分，且每种故障都有其对应的频率成分。精密诊断法即通过相应的信号处理方法将特定频率成分提取出来，再通过频率分析寻找信号的特征频率，以确定故障种类。

1)滚动轴承外圈故障信号

对于滚动轴承外圈故障，因为外圈的损伤点位置相对于传感器的方向是固定的，理想情况下每次冲击幅值的大小是固定的。频谱上各谱线均对应于特征频率 f_0 及其倍频。其时域与频域波形如图 7-3 所示。

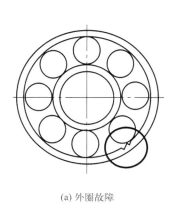

(a) 外圈故障

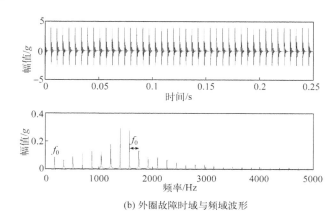

(b) 外圈故障时域与频域波形

图 7-3　外圈故障特征

2) 滚动轴承内圈故障信号

对于滚动轴承内圈故障，振动加速度传感器与内圈缺陷的相对位置会随转速变化而变化。因此，滚珠每次通过内滚道缺陷而产生的冲击幅值会受到转速频率的调制。设其故障特征频率为 f_{ic}，其时域与频域波形如图 7-4 所示。

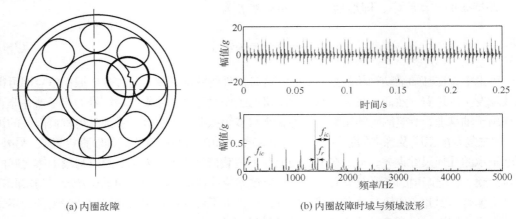

(a) 内圈故障　　　　　　　　　　(b) 内圈故障时域与频域波形

图 7-4　内圈故障特征

3) 滚动体故障信号

对于滚动轴承滚动体故障，传感器与缺陷的相对位置会随保持架的旋转而变化。因此，滚珠上的缺陷每次与内滚道或外滚道接触而产生的冲击幅值会受到保持架转动频率 f_c(即滚珠的公转频率)的调制。设其故障特征频率为 f_b，其时域与频域波形如图 7-5 所示。

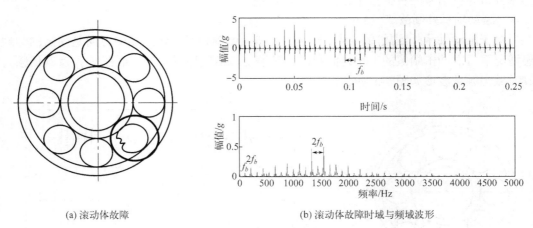

(a) 滚动体故障　　　　　　　　　　(b) 滚动体故障时域与频域波形

图 7-5　滚动体故障特征

滚动轴承故障定量识别的本质是基于数据的回归分析，是一个从一维实数空间到多维实数空间，再到一维实数空间的映射。其中前者一维实数空间指的是滚动轴承振动信号的时序数据，多维实数空间代表高维度、深层次的特征提取网络，后者一维实数空间即代表输出的故障尺寸。因此，滚动轴承故障尺寸识别的核心在于两方面：①如何从振动监测信号的原本特点出发，根据其特征规律进行高效特征的提取；②如何构建更高效的智能预测模型以对故障尺寸进行识别和估计。

3. 故障轴承的双冲击特征

滚动轴承发生疲劳剥落后，剥落形成的凹坑会使滚动体在经过损伤区域边缘时产生振动冲击响应。相关研究指出，滚珠在进入剥落区前边缘时，振动信号将呈现出阶跃响应特性，且以相对低频成分为主；当滚珠撞击剥落区后边缘时，振动信号则呈现出脉冲响应特性，产生高频响应并随着滚珠的离开产生低频衰减，其原理如图 7-6 所示。

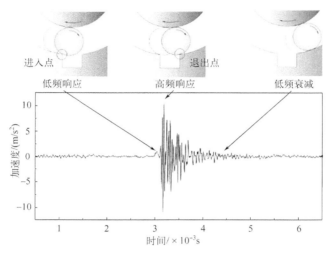

图 7-6　滚动体在剥落区附近产生的振动响应

滚动轴承的滚珠在经过损伤区域时存在双冲击现象，且冲击时间间隔随着轴承故障尺寸的增加而增大。即轴承滚动体进入和离开损伤区域的两个冲击峰值间隔距离与故障尺寸成正比，因而该距离可作为故障尺寸的度量。然而现有研究存在如下缺陷：①在航空发动机实际服役条件下所监测到的滚动轴承的振动信号通常来自多个振源，且背景噪声等因素将使该冲击特征被淹没，传统特征提取及信号处理方法很难对双冲击进行有效分离并获得峰值间距；②基于公式估算轴承缺陷实际宽度的方法，在计算小尺寸缺陷时较为可靠，对于大尺寸缺陷并不准确；③现有研究提供的计算方法需要复杂的参数，如滚动体和滚道之间的接触刚度、轴承所承受的载荷等，物理模型计算方法需要进行数值积分以进行求解，过程十分复杂。

7.2.2　主轴承故障诊断技术

1. 基于信号表征的主轴承故障诊断技术

基于信号表征的主轴承故障诊断主要基于频谱分析法。轴承损伤故障产生的冲击振动可分为两类：轴承损伤点冲击元件表面产生的低频振动成分，以及故障冲击引起系统产生的高频振动成分。精密诊断的目的在于通过信号处理将滚动轴承的特定频率成分进行分离，以对故障的位置及种类进行识别。目前常用的频谱分析法是基于计算机实现快速傅里叶变换(fast Fourier transform, FFT)。通过频谱分析，获取振动信号的频谱图以实现故障信息的表达。滚动轴承故障诊断常用的频谱图包括幅值谱、功率谱、包络谱等。

1) 幅值谱

设振动信号 $x(t)$ 的 FFT 为 $X(f)$：

$$X(f) = F[x(t)] = \int_{-\infty}^{+\infty} x(t)e^{-i2\pi ft}dt \tag{7-5}$$

通常 $X(f)$ 为一复变函数，令

$$X(f) = U(f) + iV(f) = |X(f)|e^{i\varphi(f)}$$

$$|X(f)| = \sqrt{U^2(f) + V^2(f)} \tag{7-6}$$

式中，$|X(f)|$ 为幅值谱，表示信号中各频率成分的幅值沿频率轴的分布。

2) 功率谱

信号的功率谱表示信号的能量沿频率轴的分布状况。与幅值谱相比，功率谱不仅可以表现某些特征频率的能量集中状况，还可以体现某段频带内的能量分布。

功率谱的函数表达式如下：

$$P(\omega) = \left| \int_{-\infty}^{\infty} y(t)e^{-i\omega t}dt \right|^2 = Y(\omega)Y^*(\omega) \tag{7-7}$$

式中，ω 表示信号的频率；$Y(\omega)$ 为信号的 FFT；$Y^*(\omega)$ 是 $Y(\omega)$ 的共轭复数。尽管功率谱能较好地提取频域信号特征，但是仍然存在转速波动敏感性高、边界频带定量估计能力差等缺点。

3) 包络谱

包络谱分析即共振解调技术，能够去除高频衰减频率成分，保留包含故障信息的低频包络信号，因而被广泛应用于滚动轴承的故障特征提取。基于包络谱分析的滚动轴承诊断流程如图 7-7 所示。

图 7-7　基于包络谱分析的滚动轴承诊断流程

在包络解调获取包络信号前，需要基于带通滤波器剔除滚动轴承振动信号中的噪声成分，而带通滤波器的中心频率、带宽等参数的选取将显著影响包络谱分析的结果。另外，在强噪声及故障特征微弱的环境下，基于单一包络谱分析的故障诊断具有很大的局限性。将小波分解与包络谱分析相结合的小波包络谱分析法是目前常用的方法之一，通过选择适当的小波函数分解振动信号以实现共振频带的提取，并通过构造包络谱特征值来反映轴承的健康状况，这将有助于滚动轴承微弱故障特征的提取，并实现故障早期告警。

2. 基于深度学习的主轴承故障诊断技术

在人工智能飞速发展的大背景下，基于大数据驱动的航空发动机健康管理方式取得了显著进展。深度学习在特征提取与模式识别方面展现出独特的优势与潜力，成为航空发动机主轴承故障诊断的一大热门研究方向。本部分介绍目前常见的基于深度学习的主轴承故障诊断方法，探讨其工作原理及特点，并对其主要的应用及相关的问题和效果进行简要评述。

1) 卷积神经网络

作为深度学习最经典的算法之一，卷积神经网络(CNN)由一系列卷积模块构成，各模块中包含若干权值共享的神经元，分别负责一部分感受野。底层卷积模块能够提取输入的通用特征，如边缘、色彩等；随着网络层数加深，网络能够将底层特征进行组合，进一步提取抽象特征，如形状、纹理等；层数越高，提取的特征越高级与抽象。CNN 的训练方式包括前向传播和反向传播。首先，输入信号经过多次卷积、池化、全连接运算得到实际输出信号，并计算实际输出和理想输出的差；然后利用反向传播算法逐层传递误差；最后利用梯度下降法更新各层参数。

卷积神经网络擅长从原始数据中学习特征，在轴承的故障特征提取、故障诊断和发动机剩余使用寿命预测等方面都有应用。CNN 的早期研究大都基于二维图像进行网络训练，数据量庞大，有利于网络的充分拟合。但是实际航空发动机主轴承故障诊断大都基于一维振动信号，故障样本稀少且种类不平衡，对网络性能提出了极大挑战。因此，考虑到航空发动机主轴承的实际运行情况，最近的相关研究更侧重于如何更好地改进 CNN，使其能在不平衡少样本数据情况下实现有效训练，例如，将 CNN 与生成对抗网络(generative adversarial network，GAN)、模型无关元学习(model-agnostic meta-learning，MAML)等模型组合；或考虑到主轴承振动信号一维时序数据的特点，将 CNN 与长短期记忆(LSTM)网络、时间卷积网络(temporal convolutional network，TCN)等其他网络结合，以实现多维特征与时序特征的充分提取；也有相关研究从 CNN 本身出发，例如，采用 GeLU 等改进的非线性激活函数，加速了网络的收敛速度，以适应深层网络的训练，或采用深层网络的正则化方法，很大程度上避免了训练过程中的过拟合现象。但是上述改进方式仍不能避免 CNN 存在的固有问题，随着人工智能的发展与网络模型的不断推陈出新，越来越多的更适合于主轴承故障诊断的模型不断涌现，也为相关课题研究带来了新的思考与启发。

2) 自编码器

自编码器(AE)是一种经过训练试图将其输入复制到其输出的神经网络，可以在没有输出或标签向量的帮助下学习数据的内在特性，因而隶属于无监督学习领域。AE 由编码器和解码器组成。其中，编码器降低输入信号的维数并提取高级表示，而解码器以编码器的输出结果作为输入，对输入信号进行重构。常见的自编码器模型包括堆栈自编码器、降噪自编码器(denoise auto encoder，DAE)和稀疏自编码器等。为了从主轴承原始振动信号中自适应获取有效特征，目前已经开发出了许多基于自编码器的深度学习模型，其主要研究思路包括：与其他模型进行混合集成、加强局部特征学习、采用优化算法对自编码器模型参数进行优化、改进数据预处理技术等。

航空发动机主轴承面临着苛刻的工况条件及复杂的传递路径,信号噪声干扰严重,而 AE 能够起到降噪滤波和特征提取的作用,可以提高多种复杂工况及噪声条件下的主轴承故障特征提取能力。与其他方法不同,AE 从自编码器开始就用于实现特征提取。一个可能的解释是无论编码器还是解码器均可用于整合特征提取算法与分类识别算法。即 AE 的训练需要少量的样本数据,外加适当的分类识别技术即可实现较高性能的故障诊断效果,充分展现了其强大的特征提取能力以及鲁棒性。

3) 循环神经网络

航空发动机主轴承的演化状态与故障模式能够以振动信号的方式,通过传感器实时传送到健康管理系统中进行分析与存储,对于传感器来说,前后时间传输的信息存在某种相关性,即当前时刻的数值往往受到之前一定时间内数值的影响。传统机器学习方法普遍将数据切割进行独立学习,无法提取时序特征的上下文关系,往往会丢失部分关键信息。循环神经网络(RNN)是一类以序列数据为输入,在序列的演进方向进行递归且所有节点按链式连接的递归神经网络,使得之前时刻的状态能够影响接下来节点的输出结果,因此能够充分表达时间序列数据特征,在基于数据驱动的主轴承故障诊断中起到了很大作用。但是,传统的循环神经网络存在如下缺点:①所保持的最长记忆长度有限;②只能学习当前时刻之前的知识,对于之后的隐藏信息则无法产生作用;等等。相关改进方法也大都围绕上述缺陷进行完善,例如,长短期记忆网络或者门控循环单元(gated recurrent unit,GRU)通过不同“门”的设计保留了更久的时序信息,抑或是双向循环神经网络(bidirectional recurrent neural networks,BRNN)将两个分别随时间正向移动和反向移动的循环神经网络相结合,每一时刻的输出由该完整的时间序列共同决定。

4) 深度残差网络

在提取主轴承隐藏在复杂工况及噪声下的深层特征时,往往需要搭建深层网络,此时在更新参数时,层之间的权重无法得到充分优化,会发生梯度爆炸或梯度消失,造成训练精度无法有效提高甚至降低。深度残差网络(deep residual networks,DRN)因此被提出,用以解决深层网络在训练时存在的缺陷。将深度残差网络应用于基于振动信号的主轴承故障诊断,能够从复杂的振动信号中有效捕捉特征集合。对于主轴承故障诊断中存在的噪声问题,通常采用深度残差收缩网络(deep residual shrinkage networks,DRSN)对包含噪声的信号进行降噪处理以及关键特征提取。在深度残差网络进行基于反向传播的模型训练时,其损失不仅能够通过特征层进行逐层的反向传播,还能够通过残差项的恒等映射进行更为方便的反向传播,再利用软阈值对振动信号进行降噪处理,能够得到更优的模型。而对于 DRSN 存在的固有缺陷,如恒等偏差的问题以及软阈值函数引起的信号失真等,则通常针对软阈值模块进行改进,如半软阈值函数、小波软阈值等。

5) 深度置信网络

深度置信网络(DBN)由多个受限玻尔兹曼机(restricted Boltzmann machine,RBM)堆叠而成,基于贪婪算法对每层 RBM 进行无监督训练以及基于反向传播算法进行全局微调，并通过分类器执行分类任务。DBN 能够直接提取主轴承故障时域振动信号中的故障信息，避免了传统方法对信号处理技术及专家经验的依赖。由于 DBN 具有强大的特征提取能力以及良好的算法兼容能力，因此多用于和其他算法或网络进行组合，针对具体诊断任务进行模型结构设计。例如，在 DBN 前端结合变模态分解、小波变换等进行信号降噪，或者利用主成分分析、线性判别分析、矩阵奇异值分解、局部保持投影等对多维故障数据进行约减与特征降维；抑或是在 DBN 后端增加支持向量机、Softmax、K 近邻算法等进行故障的分类。

7.2.3　应用效果

1. 基于 LMD 方法的滚动轴承故障信号特征分析

非线性非平稳信号的自适应处理方法能够摆脱预设函数的依赖，有效提取故障敏感模态分量。局部均值分解(local mean decomposition，LMD)是一种类经验模态分解(empirical mode decomposition，EMD)，因其端点效应小且处理后反映的频率更真实，所以适于处理复杂噪声信号，解决过包络和欠包络的问题。本章基于局部均值分解方法对滚动轴承故障信号分解的有效性，编写相应的 Matlab 程序，分别对滚动轴承内、外圈故障加速度信号进行 LMD，得到分解后的各 PF 分量(乘积函数分量)，以及各 PF 分量对应的包络谱。

本试验用到的试验设备包括 AB-LT1A 型轴承寿命强化试验机、AI002 加速度传感器、JM5937 动态信号测试分析系统等。轴承寿命强化试验机主要用于滚动轴承疲劳寿命强化(快速)试验，其结构如图 7-8 所示。该试验机在试验中需要安装 4 个轴承，每次试验安装 1 个故障轴承和 3 个正常轴承。

试验共使用了 9 个 HRB 6206 深沟球轴承，该型号轴承的主要参数如表 7-1 所示。采用电火花线切割技术，人为在其外圈及内圈表面分别加工了 9 种不同宽度的凹槽以模拟不同故障尺寸，凹槽宽度依次为 0.8mm、1.0mm、1.2mm、1.4mm、1.6mm、1.8mm、2.0mm、2.2mm 和 2.4mm。试验时依次装入 9 个轴承，利用轴承座上的加速度传感器采集振动信号，转速设置为 2400r/min，采样频率设置为 128kHz。

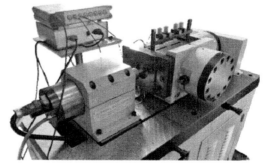

图 7-8　轴承寿命强化试验机

表 7-1　HRB 6206 深沟球轴承的主要参数

内径	外径	厚度	滚珠直径	节径	滚珠个数	接触角
30mm	62mm	16mm	9.5mm	46mm	9 个	0°

取其中一组外圈故障信号，故障尺寸为 2.0mm，转速为 4200r/min。其 PF 分量时域波形以及各 PF 分量的包络谱如图 7-9、图 7-10 所示。

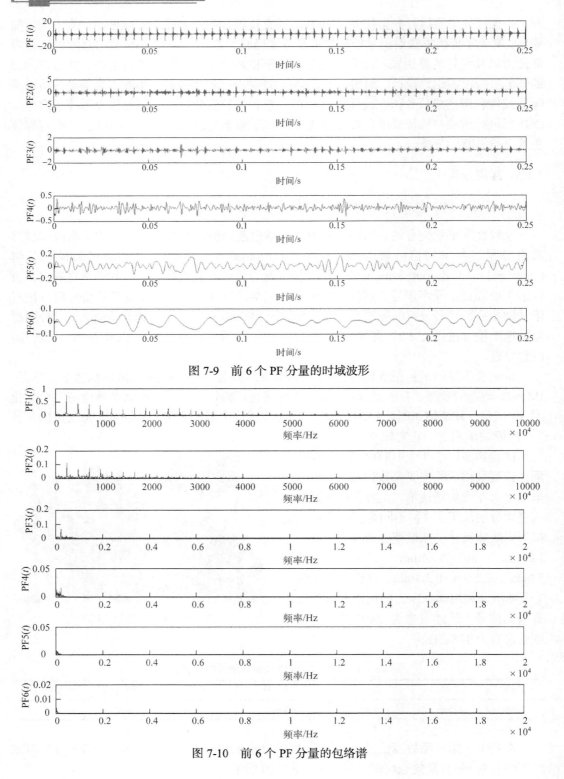

图 7-9　前 6 个 PF 分量的时域波形

图 7-10　前 6 个 PF 分量的包络谱

结合信息熵的定义，根据每个 PF 分量的包络谱在整体谱中所占的比例，求得滚动轴承在不同转速下经 LMD 后各 PF 分量的包络谱熵值。

对每个 PF 分量下的 5 组熵值取平均，绘制不同转速下各 PF 分量熵值的变化趋势，如图 7-11 所示。

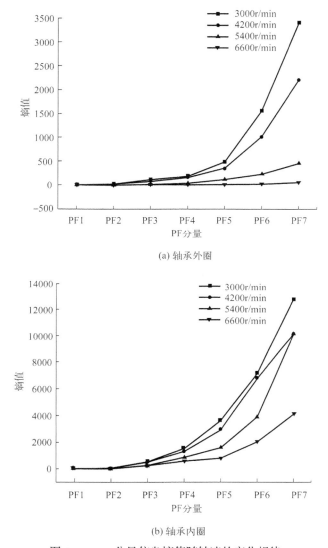

(a) 轴承外圈

(b) 轴承内圈

图 7-11　PF 分量信息熵值随转速的变化规律

从图 7-11 中可以得出如下结论：

(1) 无论外圈还是内圈故障信号，随着 PF 分量增大，其熵值皆呈增长趋势，且转速越低的信号增长越快；

(2) 转速低的信号，熵值较高，可能原因在于转速低的信号信噪比更低，噪声干扰较严重，导致熵值增加；

（3）与外圈相比，内圈故障的 PF 分量熵值更高，这是由于内圈故障信号振动情况更为复杂，信号随机性更高，导致熵值增大；

（4）内圈和外圈故障信号熵值差别较为明显，这一特征可作为不同故障类型判别的依据。

2. 基于小波分析的滚动轴承演化状态识别

小波包络谱分析法能够用来实现滚动轴承剥落故障定位与状态识别。对于含表面局部损伤的滚动轴承，损伤点受载时将产生突变的脉冲力并激发轴承高频的固有振动。这种"通过振动"发生的频率称为故障特征频率，损伤发生在滚动轴承内滚道、外滚道和滚动体上时，其具有不同的特征频率。本章在具体计算时频域特征量的过程中，采用 db8 小波基底对滚动轴承的振动信号进行了 5 层分解，共获得了 5 个细节信号 d1、d2、d3、d4、d5 和 1 个近似信号 a5。对这 6 个信号分别进行包络谱分析，通过自动计算可以得到内圈、外圈、滚动体故障所分别对应的 3 个无量纲特征量，最后求出 6 个信号中所计算的每个特征量的最大值，作为该特征量值。最终得到分别代表内圈故障、外圈故障和滚动体故障的 3 个无量纲包络特征值。

基于小波变换和自相关分析构造小波包络谱特征值。滚动轴承不同故障的故障特征频率分量会反映在各个尺度下的包络谱中，因此可以根据各尺度下的小波包络谱自动计算各种类型故障的特征值。设 f_E 是包络谱的分析带宽，f_d 为故障特征频率(包括外圈、内圈和滚动体)。通常 $f_E > 3\max(f_d)$，包络谱为 $W(f)$，设包络谱 $W(f)$ 谱线的数目为 N_e，则包络谱的平均值 S_{ea} 为

$$S_{ea} = \frac{1}{N_e} \sum_{i=0}^{N_e} W(f_i) \tag{7-8}$$

再求包络谱中故障特征频率各阶倍频的平均值，设包络谱中故障特征频率的谱线数为 n_e，则故障特征频率的谱值 S_{ed} 为

$$S_{ed} = \frac{1}{n_e} \sum_{i=0}^{n_e} W(if_d) \tag{7-9}$$

构造一个无量纲特征量：

$$\Delta S_e = S_{ed} / S_{ea} \tag{7-10}$$

实际上，根据轴承转速和基本参数计算得到的特征频率与包络谱中的特征频率往往并不一致，通常在理论计算的故障特征频率 f_d 附近小范围内寻找一个最大频谱值作为 $W(f_d)$，通常搜索范围可设置为 5Hz。最后得到的无量纲特征量为各尺度下的小波包络谱得到的特征量最大值。

滚动轴承故障演化监测步骤如下。

（1）针对采集得到的振动信号，进行小波频带分解，本章以 db8 小波作为基底进行 5 层小波分解，得到 6 个频带信号，即 W_{d1}、W_{d2}、W_{d3}、W_{d4}、W_{d5}、W_{d6}。设信号的采样频率为 f_s，则各频带的能量分别为 $f_s/4 - f_s/2$、$f_s/8 - f_s/4$、$f_s/16 - f_s/8$、$f_s/32 - f_s/16$、$f_s/64 - f_s/32$、$0 - f_s/64$。

(2) 为了消除随机信号的干扰，采用自相关降噪的方法对频带分解信号进行了降噪，然后利用 Hilbert 变换得到各频带包络信号，计算其有效值：EW_{RMS1}、EW_{RMS2}、EW_{RMS3}、EW_{RMS4}、EW_{RMS5}、EW_{RMS6}。

(3) 对不同时刻 $t_i(i=1,2,\cdots,N)$，按照步骤(1)和步骤(2)计算得到频带包络能量时间序列，即 EW_{RMS1i}、EW_{RMS2i}、EW_{RMS3i}、EW_{RMS4i}、EW_{RMS5i}、$EW_{RMS6i}(i=1,2,\cdots,N)$。

(4) 为了便于对滚动轴承的故障演化进行监测，需要对频带包络能量特征进行平滑和归一化处理。设原始频带包络能量时间序列为 $EW_{RMSji}(i=1,2,\cdots,N,\ \ j=1,2,3,4,5,6)$。平滑窗口的数据点数为 W，当前的监测点为 k，累计监测点数为 N，则平滑、归一化后的频带包络能量时间序列为

$$FBEE_{jk} = \frac{\sum\limits_{i=k-W}^{k} EW_{RMSji} \Big/ W}{\sum\limits_{i=1}^{N} EW_{RMSji} \Big/ N} \tag{7-11}$$

基于 ZA-2115 双列滚子轴承全寿命疲劳加速试验数据对本章方法进行验证。该数据集由美国辛辛那提大学智能维护系统中心(IMS-www.imscenter.net)提供。试验所用轴承型号为 Rexnord ZA-2115，轴承参数在表 7-2 中给出。试验台由四个安装在轴上的滚动轴承组成，通过摩擦带传动，径向受载为 26.67kN，其转速恒定为 2000r/min，其结构如图 7-12 所示。PCB 353B33 高灵敏度 ICP 加速度传感器放置在每个轴承座上，采样频率为 20480Hz，每个样本的采样点数为 20480，采样间隔时长为 10min。试验中轴承 3 出现了外圈剥落失效，通过计算得知轴承外圈故障特征频率为 236.4Hz。

表 7-2　轴承的几何尺寸

型号	节径	接触角	滚珠直径	滚珠个数
Rexnord ZA-2115	71.5 mm	15.17°	8.4 mm	16 个

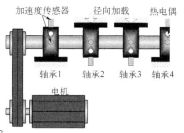

图 7-12　滚动轴承疲劳试验台

此次试验的有效试验时长为 163h。分别取轴承正常运转状态下的样本和外圈故障发生后的样本进行分析与对比，如图 7-13 所示。图 7-13(b)为小波分解加自相关后得到的包络谱，与图 7-13(a)所示的正常数据相比，可以看到在外圈故障发生后，频谱上能够清晰地找到故障特征频率；小波分解加自相关方法能够很好地提取轴承故障。

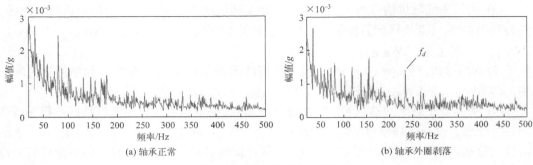

(a) 轴承正常 (b) 轴承外圈剥落

图 7-13 小波自相关包络谱

图 7-14 为试验中轴承振动有效值与轴承外圈、内圈和滚动体包络特征值。从图 7-14(a)中可以看到,有效值变化趋势基本一致,在运行 120h 左右开始出现上升,由此可以判断在这个时刻轴承运行状态异常。随后有效值快速增加直到轴承损坏停机。图 7-14(b)~(d)分别为本章构造的内圈、外圈及滚动体包络特征值。从图中可以看出,

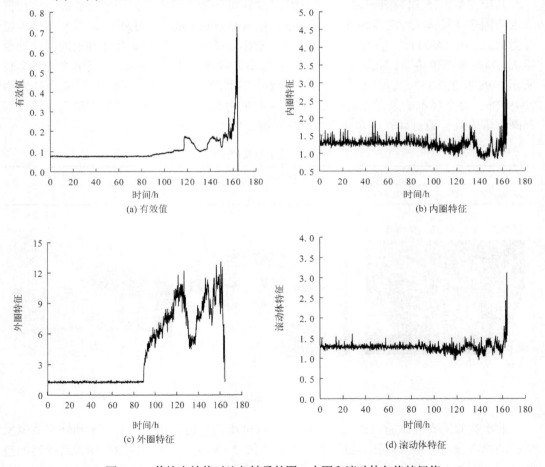

(a) 有效值 (b) 内圈特征

(c) 外圈特征 (d) 滚动体特征

图 7-14 传统有效值对比与轴承外圈、内圈和滚动体包络特征值

外圈包络特征值在前 90h 趋于平稳, 稳定在 1.5 左右, 据此可以判断轴承稳定运行。随后, 包络特征值出现突增, 并且数值越来越大, 最高达到 12.5。之后虽有下降趋势, 但是数值一直稳定在 5 之上, 远超正常运行的指标。由此可以认为轴承在运行至 90h 左右时出现异常, 然而有效值在 120h 左右才出现明显的变化, 在此时刻包络特征值已经达到了 12 以上, 说明故障已经较为严重。同时比较了内圈、外圈和滚动体的包络特征值, 在整个运行阶段, 内圈和滚动体的包络特征值在轴承失效前基本稳定在 1.5 以下。通过对比可以看出, 包络特征值对于轴承早期微弱故障更加敏感, 而且能够很好地区分出故障部位。

3. 基于卷积神经网络的滚动轴承损伤定量识别

依旧基于 AB-LT1A 型轴承寿命强化试验机采集 9 种预置外圈故障的滚动轴承振动信号。每种尺寸下约 50 个样本, 每个样本包含 131072 个采样点, 时间长度为 1s。9 种故障尺寸下的轴承振动时域波形如图 7-15 所示。从图中可以看出, 仅仅依靠振动冲击的幅值大小无法准确判断损伤的尺寸大小。而需要从振动冲击的时域波形的时间序列数据中提取特征信息。这也是本章利用深度学习模型进行滚动轴承故障尺寸识别的根本出发点。

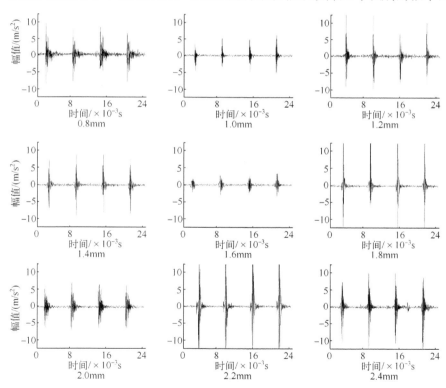

图 7-15　滚动轴承 9 种故障尺寸下的轴承振动时域波形

卷积神经网络的核心内容是通过卷积与池化运算, 使网络能够学到模式的空间层次结构, 考虑到利用 CNN 对原始时序数据进行自适应特征提取只考虑了数据在多维度上的特性, 未考虑数据的时间序列特性, 这会造成原始数据序列特征信息的丢失, 因此将深度 CNN 与双向 LSTM 网络组合成一种深度卷积双向长短期记忆网络(dilated convolutional neural network-Bi-directional long short-term memory networks，DCNN-BiLSTM)，首先通过 CNN 自适应地从原始信号中提取故障特征，再由 LSTM 网络对特征进行学习以建立时序回归模型，实现滚动轴承故障特征的自动提取与损伤大小的估计。网络结构如图 7-16 所示。其中 x_i 和 h_i 分别表示 LSTM 网络的输入与输出，A_i 和 A_i' 分别表示 LSTM 网络正向与反向计算的隐含层节点。

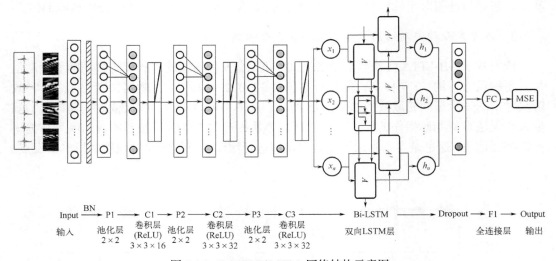

图 7-16　DCNN-BiLSTM 网络结构示意图

为了提高样本的质量，更好地提取故障特征，根据滚动轴承故障的周期冲击原理，对每个振动监测信号的时间序列进行了预处理。具体步骤为：①以信号中每次滚珠冲击故障点产生的峰值，即每个冲击周期的最高峰为原点，前后分别截取 150 个和 300 个数据点，以此 450 个数据点作为一个学习样本；②遍历每个时间序列的所有冲击周期，即可得到多个学习样本；③最终采用该方式对多个包含 9 种不同故障尺寸的振动信号的时间序列数据进行处理，共计得到不同故障尺寸下的学习样本各 2600 个；④通过连续交错采样对每个学习样本进行排序，生成数据矩阵，形成 25×18 的图像。该方法在信号分段后将未经其他处理的原时域信号作为输入，避免噪声干扰的同时最大限度地保留了信号中的信息，并借由数据驱动模型进行自动特征提取。学习样本预处理流程如图 7-17 所示。

根据上述方法，将 7 种故障尺寸的数据作为训练集，2 种中间尺寸的数据不参与训练，作为预测集，实现滚动轴承故障尺寸的回归预测，同时评估预测结果的精确度。考虑到传统的人为特征

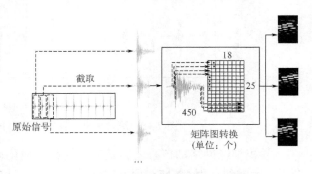

图 7-17　学习样本预处理流程

提取方法可能导致原始信号中包含滚动轴承故障尺寸的信息丢失，下面将分别使用支持向量回归模型、双向长短期记忆网络模型、深度卷积神经网络模型、深度卷积神经网络与双向长短期记忆网络组合模型，分别对轴承原始振动信号进行故障特征的自动提取，构建回归预测模型，并进一步进行中间尺寸的预测。四种模型的基本参数如下。

(1) 作为经典的机器学习模型，支持向量回归(support vector regression，SVR)能对复杂的非线性问题进行简单、高效的求解。本章搭建支持向量回归预测模型，选取径向基核函数，惩罚系数 $C=1$，gamma 设置为模型自动选取。

(2) 根据上述理论分析，增加 LSTM 网络的层数有利于提高网络深度，因此本章搭建一个双向 LSTM 网络结构，以实现更好的特征提取。隐藏节点个数设置为 200。

(3) 按照前述理论搭建深度卷积神经网络模型。其中优化器选择 SGDM，即在 SGD 的基础上引入了一阶动量，训练轮数设置为 30。将初始学习率设置为 0.001，并在 20 轮训练后逐渐降低 10%。训练过程中设置验证数据，用来在训练过程中按固定时间间隔计算准确度，但不参与网络权重的更新。

(4) 将深度卷积神经网络与双向长短期记忆网络结合，组成 DCNN-BiLSTM 网络，其中 DCNN 部分主要由 3 个卷积层与池化层组成，在最后一层激活函数后连接双向 LSTM 层，网络的其他参数保持不变。

将信号截取后的每 450 个点构成一个训练样本，其中 7 种尺寸用来训练模型，2 种中间尺寸作为预测对象，最终组成训练集 18200 个，测试集 5200 个。最终获得四种预测方法在两种尺寸上的估计结果，如图 7-18 所示。

从图 7-18 中可以看出以下结论。

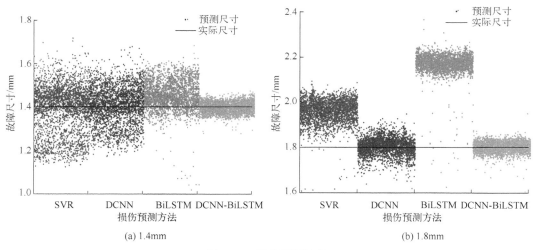

(a) 1.4mm   (b) 1.8mm

图 7-18 损伤预测结果

(1) SVR 和 DCNN 方法对于两种中间尺寸具有较高的估计精度，但预测结果的分布散度太大，与二者相比，BiLSTM 网络预测结果的分布散度更低，但是对个别尺寸的预测偏差较大，因而导致整体预测率偏低。

(2) 从 DCNN-BiLSTM 组合模型的预测结果可以看出，该预测数据的预测精度和集中度都高于前述模型，异常点数量较少，证明该组合能够更有效地对轴承的故障特征进行提取，并对未参与训练的中间数据进行准确预测。

对上述结果进行如下分析。

作为传统算法之一的 SVR，尽管凭借其核函数能够解决高维非线性问题，但是对于大量数据的处理，在时间和精度上有着明显劣势，且模型的表现与泛化能力十分依赖预处理数据的质量以及相关参数，因此在许多问题上其性能不如在大量特征自适应提取方面具有明显优势的 CNN。滚动轴承振动信号作为一种时间序列数据，在进行特征提取与尺寸估计时应考虑其时间关联特性。CNN通过卷积层和池化层提取特征并降低数据维度，非常适合处理高维问题，但卷积神经网络通过卷积核在图像上的平移来提取特征，能够描述数据的某一空间状态，无法考虑数据与时间的相关性。因此本章引入了 LSTM 网络，其依靠每个 LSTM 单元能够做到选择性地丢弃、保留与输出相关信息，避免了单一 CNN 模型容易出现的梯度消失或梯度爆炸问题。LSTM 的隐含层通常由全连接层构成，其本身对于轴承振动信号等高维数据直接进行特征提取的效果并不理想，结合 CNN 和 LSTM 各自的优势，在双向 LSTM 网络之前加入深度 CNN 网络形成 DCNN-BiLSTM 模型，从试验结果上能够看出，二者组合能发挥出与传统模型与单独模型相比更好的效果。

本试验数据为轴承座测点直接采集所得，然而实际航空发动机的传感器测点通常位于涡轮机匣附近，信号传递路径复杂且包含多种噪声耦合，故障特征衰减严重，对于传统故障诊断方法来说，往往难以达到理想的特征提取效果。为考察本章所述模型在含噪情况下对于故障尺寸估计的精度，为上述采集信号添加均值为 0、方差为 1 的高斯白噪声，以模拟实际工况下轴承的振动情况。添加噪声前后的滚动轴承振动时域波形与矩阵图如图 7-19 所示。

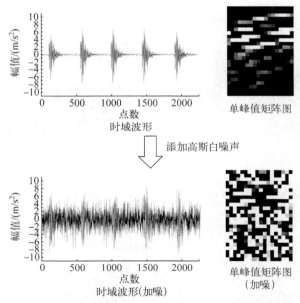

图 7-19　添加高斯白噪声前后的信号时域波形与矩阵图

对添加噪声的数据进行训练，分别用四种机器学习模型对加噪信号进行故障尺寸估计，得到的估计结果如表 7-3 所示。

表 7-3　添加噪声情况下 1.4mm 与 1.8mm 估计结果对比

机器学习模型	精确度	RMSE	相对误差
SVR	50.15%	0.1772	0.1058
DCNN	77.50%	0.1640	0.0824
BiLSTM	50.41%	0.2010	0.1265
DCNN-BiLSTM	98.67%	0.0846	0.0414

注：RMSE(root mean square error，均方根误差)。

从表 7-3 中可以看出，在模拟真实工况的条件下，单独机器学习模型的估计精度有明显的下降，且误差值显著提升。与信号不含噪的情况相比，在含噪状态下，三种单独模型的平均精确度下降了 19.02%；相对而言，DCNN-BiLSTM 组合模型的精确度下降率小很多，为 0.81%，可以看出该模型受噪声影响较小。

另外，在含噪与不含噪的情况下，本章所搭建模型的预测准确率与误差波动范围均很小，且预测精度始终远高于其他三种模型，证明了该模型在滚动轴承故障尺寸估计的实际应用方面具有显著优势。

为了比较不同级别噪声对于本章搭建网络的精度影响，对试验数据分别添加了不同方差级别的噪声，并在 2400r/min 的条件下测试了该网络对 1.4mm 与 1.8mm 损伤的预测精度情况，比较结果如表 7-4 所示。

表 7-4　DCNN-BiLSTM 网络在不同噪声方差下 1.4mm 与 1.8mm 损伤估计结果对比(2400r/min)

噪声方差	精确度	RMSE	相对误差
1^2	98.67%	0.0846	0.0414
2^2	89.04%	0.1248	0.0638
3^2	87.13%	0.1303	0.0653
4^2	80.17%	0.1539	0.0765
5^2	50.01%	0.2038	0.1064

通过对比不同幅值噪声情况下的预测精度，可以发现，DCNN-BiLSTM 网络的预测精度随着噪声幅值增加而降低，但在一定的方差允许范围内，该网络具有较高的预测精度，且预测结果受噪声影响较小。

当噪声方差从 4^2 增加到 5^2 时，模型的精确度从 80.17% 下降至 50.01%，意味着仍有 50.01% 的预测点位于 1.4mm ± 0.2mm 或 1.8mm ± 0.2mm 的区间内。此时的预测正确率仍然明显高于随机预测，这意味着数据并未完全被噪声淹没而变成随机信号，而是依靠神经网络强大的学习能力以及推广能力在噪声极大的情况下仍然能够从杂乱数据中获取有效特征。但是若噪声进一步增大，样本里面的一些冗余与错误信息还是会继续添加到模型中，尤其是在超出了神经网络识别能力的上限后，模型会产生过拟合而导致其推广能力持续急速下降，最终会趋于随机预测结果。

综上，取得的研究结果如下。

(1) 在单独的机器学习模型中，DCNN 较 SVR 和 BiLSTM 网络具有更高的精确度，以及更低的均方根误差值及相对误差值，对于轴承故障尺寸的估计结果更好。

(2) 在 DCNN 和 BiLSTM 网络的基础上搭建一种深度卷积双向长短期记忆网络，通过试验证明了该网络在轴承故障尺寸估计方面与单独网络相比具有更高的估计精度。

(3) 随着转速、故障尺寸和噪声的变化，单独模型的估计精度和误差值均出现一定范围的波动，而 DCNN-BiLSTM 组合模型的精确度受轴承转速、故障尺寸、噪声等因素的影响小且精确度维持在较高范围。证明了该模型在滚动轴承故障尺寸预测方面具有明显优势。

该方法可为轴承故障演化实时监测、状态评估与健康管理提供重要技术。

7.3 转子叶片碰摩故障诊断技术与应用效果

7.3.1 基于交叉散度熵的转子叶片故障模式识别

1. 交叉散度熵

对于转子系统的状态监测和故障诊断，有必要提取二维位移信号的特征。所提取的故障特征将直接影响后续诊断的结果。然而，以基于多尺度散度熵的多元策略为例，当前的多元策略本质上是对不同通道重构相空间后的多元相空间的独立计算，然后对两个通道中的余弦相似度进行累加，这只能反映通道中的信息，而不能反映水平位移信号和垂直位移信号之间的相关性和耦合性。这些多元策略忽略了不同通道之间的联系，这可能导致在处理信号时缺乏信息，并损害特征提取的性能和故障诊断的准确性。

交叉散度熵(cross-diversity entropy，Cross-DE)能够分析不同通道之间的相关性。具体来说，在构建了两个通道的相空间后，它计算了单个通道的余弦相似度和两个通道之间的余弦相似度，这补充了信号之间的相关性和耦合信息。通过这种方式捕获通道之间的耦合信息，并考虑信号之间的关系，以避免在多元融合过程中信息的丢失。该方法可以提取更全面的信息，显著提高特征提取能力，提供更准确的故障诊断结果。值得注意的是，交叉散度熵与其他的交叉熵方法不同，交叉熵方法用于量化两个时间序列之间的同步性或相似性。

对于一个二维时间序列 X，它可以被表示为

$$X = \begin{bmatrix} \boldsymbol{X}^1 \\ \boldsymbol{X}^2 \end{bmatrix} = \begin{bmatrix} x_1^1 x_2^1 \cdots x_N^1 \\ x_1^2 x_2^2 \cdots x_N^2 \end{bmatrix} \tag{7-12}$$

式中，$\boldsymbol{X}^c (c=1,2)$ 代表两个信号通道；N 表示每个信号通道中的时间序列的数据长度。交叉散度熵由以下步骤计算得到。

(1) 对原始信号做多尺度分析处理。将两个通道的信号用相同的方式划分为多尺度时间序列。通道 $\boldsymbol{X}^c (c=1,2)$ 的信号将被划分为多尺度时间序列 $\boldsymbol{Y}^c = \{\boldsymbol{Y}_1^c, \boldsymbol{Y}_2^c, \cdots, \boldsymbol{Y}_\tau^c\}$，其中 τ 是一个正整数，代表多尺度分析中的尺度因子。对于不同的 τ，粗粒化处理后的时间序

列可以表示为 $\boldsymbol{Y}_\tau^c = [y_{1,\tau}^c, y_{2,\tau}^c, \cdots, y_{k,\tau}^c, \cdots, y_{j,\tau}^c]$，其中 $j = N/\tau$，$k = 1, 2, \cdots, j$，$y_{k,\tau}^c$ 可以被表示为

$$y_{k,\tau}^c = \frac{1}{\tau} \sum_{i=(k-1)\tau+1}^{\tau k} x_i^c \tag{7-13}$$

(2) 根据相空间嵌入理论，每个尺度因子下的多尺度时间序列 $\boldsymbol{Y}_\tau^c$ 都可以被重构成一系列的向量，称为轨线。

$\boldsymbol{Y}_\tau^c(m)$ 是通道 c 内的时间序列在尺度因子 τ 下进行多尺度处理后，以嵌入维度 m 重构得到的相空间。$\boldsymbol{Y}_\tau^c(m)$ 是一个 $m \times (j-m+1)$ 的矩阵：

$$\boldsymbol{Y}_\tau^c(m) = [\boldsymbol{Y}_{1,\tau}^c, \boldsymbol{Y}_{2,\tau}^c, \cdots, \boldsymbol{Y}_{j-m+1,\tau}^c] = \begin{bmatrix} y_{1,\tau}^c & y_{2,\tau}^c & \cdots & y_{j-m+1,\tau}^c \\ y_{2,\tau}^c & y_{3,\tau}^c & \cdots & y_{j-m+2,\tau}^c \\ \vdots & \vdots & & \vdots \\ y_{m,\tau}^c & y_{m+1,\tau}^c & \cdots & y_{j,\tau}^c \end{bmatrix} \tag{7-14}$$

(3) 首先，分别计算两个通道内的轨线之间的余弦相似度，记为 $\boldsymbol{D}_a^c(m) = \{d_1^c, d_2^c, \cdots, d_{j-m}^c\}$，$c = 1, 2$。之后，考虑到二维时间序列之间的相关性，利用交叉散度熵计算两个信号通道内相对应的轨线之间的余弦相似度 $\boldsymbol{D}_b(m) = \{d_1, d_2, \cdots, d_{j-m+1}\}$。

余弦相似度可以根据下列公式计算得到：

$$\boldsymbol{D}_a^c(m) = \{d_1^c, d_2^c, \cdots, d_{j-m}^c\} = \{d^c(\boldsymbol{Y}_1^c, \boldsymbol{Y}_2^c), d^c(\boldsymbol{Y}_2^c, \boldsymbol{Y}_3^c), \cdots, d^c(\boldsymbol{Y}_{j-m}^c, \boldsymbol{Y}_{j-m+1}^c)\} \tag{7-15}$$

$$d^c(\boldsymbol{Y}_i^c, \boldsymbol{Y}_{i+1}^c) = \frac{\sum_{k=1}^m y_{i+k-1}^c \times y_{i+k}^c}{\sqrt{\sum_{k=1}^m (y_{i+k-1}^c)^2} \times \sqrt{\sum_{k=1}^m (y_{i+k}^c)^2}} \tag{7-16}$$

$$\boldsymbol{D}_b(m) = \{d_1, d_2, \cdots, d_{j-m+1}\} = \{d_1(\boldsymbol{Y}_1^1, \boldsymbol{Y}_1^2), d_2(\boldsymbol{Y}_2^1, \boldsymbol{Y}_2^2), \cdots, d_{j-m+1}(\boldsymbol{Y}_{j-m+1}^1, \boldsymbol{Y}_{j-m+1}^2)\} \tag{7-17}$$

$$d(\boldsymbol{Y}_s^1, \boldsymbol{Y}_s^2) = \frac{\sum_{k=1}^m y_{s+k-1}^1 \times y_{s+k-1}^2}{\sqrt{\sum_{k=1}^m (y_{s+k-1}^1)^2} \times \sqrt{\sum_{k=1}^m (y_{s+k-1}^2)^2}} \tag{7-18}$$

$$D = \boldsymbol{D}_a^1(m) + \boldsymbol{D}_a^2(m) + \boldsymbol{D}_b(m) \tag{7-19}$$

式中，$c = 1, 2$；$i = 1, 2, \cdots, j-m$；$s = 1, 2, \cdots, j-m+1$。在尺度因子 τ 下，$\boldsymbol{D}_a^c(m)$ 代表第 c 个通道内轨线的余弦相似度，$\boldsymbol{D}_b(m)$ 则代表两个通道对应轨线之间的余弦相似度。因此，在每个尺度下都将计算得到总共 $2(j-m) + (j-m+1)$ 个余弦相似度。相空间中两个轨线的余弦相似度表示这两条轨线向量的相似程度，余弦相似度的数值范围为[-1,1]。当计算得到的余弦相似度值接近于 1 时，这意味着两条轨线趋向于周期性的和确定性的动力学行为。相反地，当计算得到的余弦相似度值接近于-1 时，这意味着两条轨线趋向于混沌的

和随机的动力学行为。

(4) 将余弦相似度的值域[–1,1]平均分为 ε 个子区间 $(I_1, I_2, \cdots, I_\varepsilon)$，所有计算得到的余弦相似度被划分到这些子区间中，然后可以得到余弦相似度落入每一个子区间的状态概率 $(P_1, P_2, \cdots, P_\varepsilon)$。

(5) 将状态概率代入以下公式中，二维时间序列在尺度因子为 τ 时的交叉散度熵可以被计算得到：

$$\text{Cross-DE}(x, m, \tau, \varepsilon) = -\frac{1}{\ln \varepsilon} \sum_{k=1}^{\varepsilon} P_k \ln P_k \tag{7-20}$$

与其他的多元多尺度散度熵方法一样，交叉散度熵的计算值范围为[0,1]。交叉散度熵值随着动态复杂度的增加而单调增加。当交叉散度熵趋近于 1 时，时间序列的复杂度越高，表现出更加混沌和随机的现象。相反，当交叉散度熵趋近于 0 时，时间序列的复杂度越低，表现出更具周期性和确定性的现象。

2. 试验设备

本试验使用的转子系统由动力三相变频电机、转矩和转速传感器、单跨转子轴系、滚动轴承座、轴系加载板、径向加载装置、碰摩安装支架、联轴器、平台底板、系统控制柜、故障套件组成。试验系统的实物示意图如图 7-20(a)所示，主要部件的示意图如图 7-20(b)所示。本试验处理的二维时间序列分别是水平位移传感器和垂直位移传感器测得的振动信号。两个传感器径向安装在转轴上，如图 7-20(b)中的位置 2 所示。位移传感器的具体安装位置如图 7-20(c)所示。

为了评估交叉散度熵对单一故障模式和复合故障模式的识别能力，本试验设计了 6 种单一故障模式、6 种复合故障模式和正常状况(Normal)。设计的 6 种单一故障模式包括

(a) 转子试验系统的实物示意图

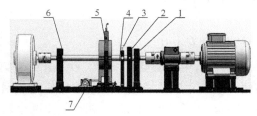

(b) 主要部件的示意图

(c) 安装在转轴上的水平和垂直位移传感器

图 7-20　转子试验系统

1-支撑轴承座；2-位移传感器支架；3-碰摩组件和支架；4-轴；5-套管摩擦支撑和叶盘；6-测试轴承支座；7-蜗轮蜗杆

全周碰摩(FPF)、叶片裂纹1(BC1)、叶片裂纹2(BC2)、叶盘裂纹(LDC)、联轴器故障(CF)和轴裂纹(SC)。设计的6种复合故障模式包括叶盘裂纹与全周碰摩(LDC-FPF)、叶盘裂纹与轴承故障(LDC-BF)、轴碰摩与联轴器故障(SF-CF)、轴裂纹与全周碰摩(SC-FPF)、轴裂纹与叶盘裂纹(SC-LDC)、全周碰摩与联轴器故障与轴承故障(FPF-CF-BF)。采样频率设置为10240Hz，转速为1000r/min。几种单一故障模式如图7-21所示。

(a) FPF　　　(b) LDC　　　(c) SC　　　(d) BC1　　　(e) BC2

图7-21　转子试验系统的几种单一故障模式

本试验分为两部分，分别评估交叉散度熵对单一故障模式和复合故障模式的识别能力。首先，提取不同健康状态下的二维位移信号，四种样例故障的垂直和水平位移信号如图7-22所示。每种健康状态的二维信号被分成100个样本进行特征提取，每个样本的信号长度为2048。然后将获得的特征作为极限学习机的输入，每种健康状态随机选取50个样本构建训练集，剩余样本构建测试集。

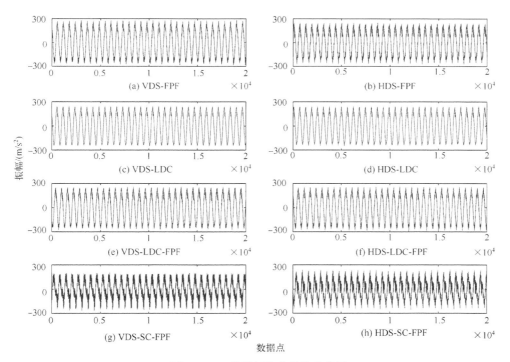

图7-22　4种样例故障的位移信号

(a) 全周碰摩的垂直位移信号；(b) 全周碰摩的水平位移信号；(c) 叶盘裂纹的垂直位移信号；
(d) 叶盘裂纹的水平位移信号；(e) 叶盘裂纹与全周碰摩的垂直位移信号；(f) 叶盘裂纹与全周碰摩的水平位移信号；
(g) 轴裂纹与全周碰摩的垂直位移信号；(h) 轴裂纹与全周碰摩的水平位移信号

3. 交叉散度熵与传统熵值的故障诊断结果对比分析

为了证明交叉散度熵(Cross-DE)的优越性，比较了现有的传统多元熵方法，包括变分嵌入多尺度散度熵(VEMDE)、多通道多尺度散度熵(MCMDE)和多元多尺度散度熵(MVMDE)。此外，为了证明多通道信号分析较单一通道信号分析的优越性，我们还比较了交叉散度熵和多尺度散度熵(multiscale diversity entropy，MDE)。多尺度散度熵分别对垂直或水平位移信号进行特征提取，记为(MDE-ver，MDE-hor)。将所有方法的关键参数设置为最佳值：嵌入维度 $m=4$，尺度因子 $\tau=20$，符号数 $\varepsilon=30$。

利用上述熵值方法提取设计的单一故障和复合故障样本的特征。将获得的特征作为极限学习机的输入，每种方法运行 20 次，取平均测试精度作为最终结果，以减少随机性。测试精度用来评估熵值方法的特征提取能力，测试精度越高，特征提取能力越好。用测试精度的方差来评价熵值方法的稳定性。分类准确率结果的折线图如图 7-23 所示。表 7-5 和表 7-6 分别给出了各种方法对单一故障和复合故障识别的平均测试精度及方差。

表 7-5　单一故障试验的分类结果

方法	MDE-ver	MDE-hor	Cross-DE	VEMDE	MCMDE	MVMDE
平均测试精度/%	73.77	76.23	95.31	83.84	85.29	72.39
方差/%	2.15	2.14	0.98	1.05	1.28	2.33

表 7-6　复合故障试验的分类结果

方法	MDE-ver	MDE-hor	Cross-DE	VEMDE	MCMDE	MVMDE
平均测试精度/%	72.77	80.91	98.96	86.46	87.76	85.14
方差/%	1.89	1.65	0.36	1.52	1.74	1.99

从图 7-23 可以看出，多元方法优于单通道的方法。这是因为水平位移信号或者垂直位移信号中包含的信息是有限的，单独分析一个通道会丢掉另一个通道中的信息，多元方法综合考虑了两个通道的信息，特征提取的效果更好，有利于故障识别。结合表 7-5 和表 7-6 可以发现，交叉散度熵对单一故障和复合故障识别的平均测试精度都是最高的，分别为 95.31%和 98.96%。此外，交叉散度熵还具有最低的方差，分别为 0.98%和 0.36%。这表明交叉散度熵在识别单一故障和复合故障时具有最好的特征提取能力和稳定性。这得益于交叉散度熵综合考虑了两个通道之间的相关性和耦合性，可以从二维位移信号中提取更完整的故障信息，因此交叉散度熵具有最好的二维信号特征提取和故障分类能力。

为了能更清晰地比较特征提取的效果，我们对输入到分类器之前的特征进行了可视化处理。经过多尺度分析后得到的熵值特征是高维的，本试验的特征为 20 维，因此需要通过 t 分布随机邻域嵌入(t-distributed stochastic neighbor embedding，t-SNE)可视化方法将各类故障特征的维度降低至二维。各种熵值方法提取单一故障特征的可视化结果如图 7-24 所示。特征提取效果的判别标准为：每种故障类型的样本点类内间距越小，类间间距越大，表明故障分类效果越好，熵估计的稳定性越高，特征提取能力越强。

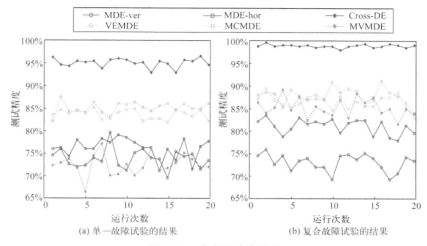

(a) 单一故障试验的结果　　　　　　　　　(b) 复合故障试验的结果

图 7-23　分类准确率结果

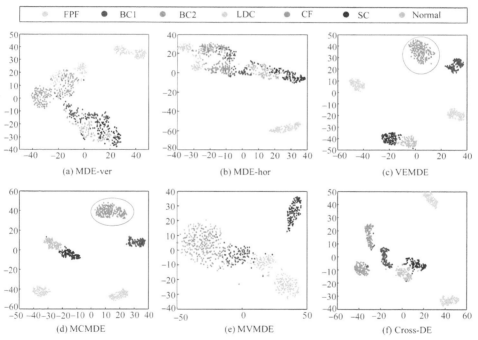

(a) MDE-ver　　　　　　(b) MDE-hor　　　　　　(c) VEMDE

(d) MCMDE　　　　　　(e) MVMDE　　　　　　(f) Cross-DE

彩图 7-24

图 7-24　六种熵值方法对单一故障特征提取的可视化结果

从图 7-24(a)和(b)中可以发现，使用单通道的位移信号提取的特征效果很差，不同健康状态的特征混合在一起，难以区分，这说明单通道位移信号很难反映整个转子系统的健康状态。同样的，从图 7-24(e)中可以看出，多元多尺度散度熵的特征提取效果也很差。从图 7-24(c)和(d)可以发现，变分嵌入多尺度散度熵和多通道多尺度散度熵的特征提取效果较好，但是不能有效区分所有的健康状态，叶片裂纹 2 和联轴器故障这两种工况的特征明显混合，难以区分。最后，从图 7-24(f)中可以发现，交叉散度熵可以很好地区分不同的单一故障类型，且每一类的样本间距较小，相比其他方法具有最好的特征提取能力和稳定性。

同样的，通过 t-SNE 可视化方法将各种熵值方法提取的复合故障特征也降维至二维，可视化结果如图 7-25 所示。从图 7-25(a)和(b)可以看出，单通道信号分析提取到的特征较差，无法区分大部分复合故障。如图 7-25(e)所示，多元多尺度散度熵无法区分 SF-CF 和正常状况，且 LDC-FPF、FPF-CF-BF、LDC-BF 的特征混杂，不同类之间区分不明显。从图 7-25(c)和(d)可以发现，虽然变分嵌入多尺度散度熵和多通道多尺度散度熵的特征提取效果优于多元多尺度散度熵，但 SF-CF、FPF-CF-BF 和 LDC-FPF 的聚类有明显混合，分类效果仍不理想。相比之下，图 7-25(f)中使用交叉散度熵提取的特征效果最好，可以更清晰地区分不同的复合故障。

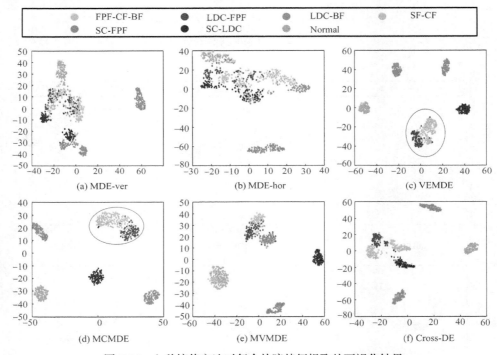

彩图 7-25

图 7-25　六种熵值方法对复合故障特征提取的可视化结果

此外，选取了单一故障信号来进一步验证熵值方法选取的参数为最佳值。图 7-26 展示了随着嵌入维度 m 和符号数 ε 改变的熵曲线。从图 7-26 可以发现，当 $m > 20$ 时熵曲线趋于稳定，并且随着嵌入维度的继续增大，不同故障的熵值可分性没有受到明显影响。不仅如此，符号数的取值对于散度熵的故障分类性能也没有显著的影响。因此，之前建议的参数取值 $m = 4$ 和 $\varepsilon = 30$ 在处理试验数据的时候可以实现期望的效果。

接下来，将不同参数取值时的熵值特征输入极限学习机中。将极限学习机的输入特征维数固定为 20 维，结果如图 7-27 所示。从图 7-27 中可以发现，当嵌入维度 $m > 4$ 并且符号数 $\varepsilon > 25$ 时，分类准确率超过了 90%。当参数取预设值 $m = 4$ 和 $\varepsilon = 30$ 时，分类准确率超过了 95%，这再次验证了预设的参数值是最佳值。

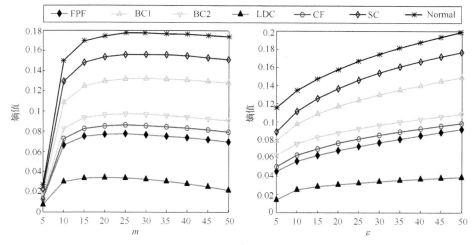

图 7-26　嵌入维度和符号数不同取值的熵曲线

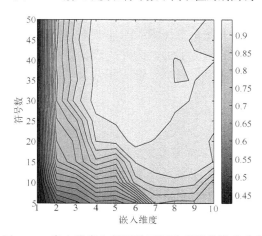

图 7-27　嵌入维度和符号数不同取值的分类准确率

　　然后，表 7-7 展示了在选择不同尺度因子 τ 时故障样本熵值的标准差。从表 7-7 中可以看出，随着尺度的增大，熵值的标准差呈减小趋势，当尺度因子取值在 20 附近时，熵值的标准差达到了最小值。当尺度取值继续增大时，熵值的标准差呈现上升的趋势。这表明当尺度因子接近 20 时，交叉散度熵的稳定性更好，熵估计更加准确。这可以有效防止由熵值波动过大引起的故障误分类。因此，建议的尺度因子最佳值为 $\tau = 20$。

　　以上分析再次验证了参数预设值为最佳值。从单一故障和复合故障的试验结果可以看出，交叉散度熵在特征提取能力和区分不同健康状态的能力上都优于其他方法。一方面，只分析单个通道的位移信号会忽略另一个方向的位移信号信息，因此，分析单通道信号的故障分类效果较差。另一方面，传统的多元方法会忽略不同通道信号之间的相关性，造成信息的丢失。得益于考虑了两个通道之间的信息融合，交叉散度熵可以分析更全面的信息。因此，交叉散度熵具有更好的特征提取能力，可以更准确地区分不同的健康状态。

表 7-7   部分尺度下交叉散度熵的标准差

尺度	1	5	10	15	20	25	30
FPF	9.233	8.49	8.03	8.55	6.752	7.171	8.074
BC1	8.728	6.729	7.256	6.155	5.927	6.28	8.933
BC2	7.488	5.954	4.485	4.666	3.669	6.522	6.533
LDC	5.989	4.255	4.676	4.449	4.048	5.402	7.967
CF	6.079	5.137	4.988	6.968	4.344	5.201	7.083
SC	13.391	13.043	10.165	9.37	6.604	8.539	8.051
Normal	8.09	8.013	6.27	7.181	5.979	6.896	10.392

7.3.2   基于对抗熵的转子系统跨工况故障诊断方法

1．基于对抗熵的域泛化策略

在信息瓶颈原则下，当诊断模型不能很好地压缩输入信息时，即输入信号和相关的潜在表示之间的互信息较大时，神经网络往往不能很好地泛化到分布外数据。基于这一观察，本章的目标是通过最大化信息压缩项来实现对抗数据增强，以提高诊断模型对未知工况下潜在数据分布偏移的适应能力。为此，理论推导了信息压缩项在故障模式识别中的近似表示形式——预测输出信息熵，进一步开发了熵最大最小化的训练策略，并将其嵌入条件对抗域适应框架中。

2．试验结果

图 7-28 展示了西北工业大学转子系统故障模拟试验台。试验台由原动力三相变频电机、转矩和转速传感器、单跨转子轴系、滚动轴承座、轴系负载盘、径向加载装置、碰摩安装支架、联轴器、平台底板、系统控制柜、故障套件组成。该转子试验台可以通过调节驱动电机和负载电机的输出转矩来实现不同工况下的工作，模拟转子系统升降速瞬态过程及稳态运行状态，支持对多种常见的转子系统故障进行设置并进行故障特征分析。试验台共设置了 7 种健康状态类型，包括正常状态和 6 种故障状态，即正常、全环摩擦、叶片裂纹、叶盘裂纹、耦合不对中、轴摩擦和轴裂纹。试验采集了四种工况下的垂直振动加速度信号，分别为 L1(20%负载，1000r/min)、L2(20%负载，2000r/min)、L3(40%负载，1000r/min)、L4(40%负载，2000r/min)。训练数据来自多个不同工况，测试数据则使用训练数据中未出现的工况，共设计了 6 个跨工况诊断任务。

(a) 试验台实物图   (b) 试验台示意图

图 7-28   转子系统故障模拟试验台

图 7-29 展示了一个特殊设计的轴承故障诊断试验台，用其进行振动信号采集，设备主要构成部件包括电机、联轴器、轴承座、齿轮箱、制动器和转盘等。采用电火花加工(EDM)对圆柱滚子轴承的不同部位进行故障植入，共得到五种健康状态的振动信号，分别为正常、内圈故障、外圈故障、滚动体故障和由外圈与滚动体组成的复合故障，每种类型的故障有两种故障尺寸：0.2mm 和 0.4mm，共 9 个健康类型的轴承数据。振动信号采样频率为 12.8kHz，经过预处理后每个样本包含 2400 个采样点。在不同转速下得到三个数据集，分别为 S1(1300r/min, 80N·m)，S2(1500r/min, 60N·m)，S3(1800r/min, 40N·m)，根据不同的运行工况设计了 3 个跨工况故障诊断任务。跨工况故障诊断试验设计的详细细节如表 7-8 所示。

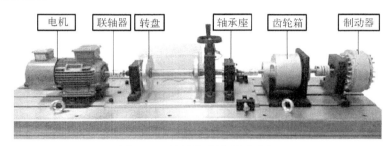

图 7-29　轴承故障诊断试验台

表 7-8　跨工况故障诊断试验设置

任务编号	训练集工况	测试集工况	样本数量	
			训练集	测试集
R1	L2 + L3	L1	200×7	100×7
R2	L1+ L3	L2	200×7	100×7
R3	L1 + L2	L3	200×7	100×7
R4	L1 + L2	L4	200×7	100×7
R5	L2 + L3 + L4	L1	200×7	100×7
R6	L1 + L3 + L4	L2	200×7	100×7
R7	S2 + S3	S1	300×9	100×9
R8	S1 + S3	S2	300×9	100×9
R9	S1 + S2	S3	300×9	100×9

为了更直观地展示跨工况诊断框架在未知工况下的故障特征提取机理，采用 t-SNE 可视化方法对原始数据与深度嵌入特征进行降维可视化。选择试验 R3 和 R9 在三维空间中进行特征分布可视化，特征矢量取自特征提取器后的全连接层。

3. 小样本精度验证

在实际的工程应用中，带标签的监测数据获取极为困难，因此在小样本场景下诊断模型应实现较高的跨工况故障诊断精度。为了验证提出方法在训练小样本下对未知工况的诊断性能，选择试验 R4，分别使用不同百分比的训练样本对提出方法与三种对比方法进行模型训练。试验进行五次并计算平均诊断准确率，最终得到的诊断表现如图 7-30 所示。训练样本比例表示使用每一类样本数量的百分比，例如，90%训练样本比例表示每一类训练样本数量均为 180。结果显示，随着训练样本数量的减少，整体上所有方法的跨工况诊断精度均有一定程度的下降，而提出的基于对抗熵的域泛化网络(adversarial entropy domain generalization network，AEDGN)方法在小样本下的诊断精度仍然是最高的。随着训练样本数量的减少，提出的 AEDGN 方法的诊断精度的下降幅度最小，在仅有 50%训练样本的情形下仍然达到了 93.5%的诊断精度与 2.5%的标准差，表明提出方法具有良好的小样本跨工况故障诊断能力。

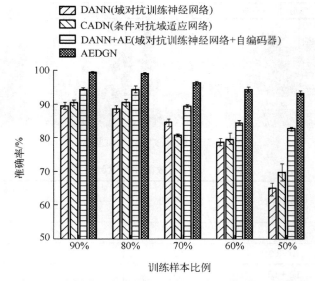

图 7-30　小样本下各方法在试验 R4 中的跨工况诊断结果

4. 结论分析

为探究本章所提出 AEDGN 方法在未知工况故障诊断中的有效性，将试验 R5 中 L3 和 L4 随网络迭代进程的变化趋势绘制在图 7-31 中，L3 对应右侧刻度，L4 对应左侧刻度。当特征来自某个特定源域时，模型对其分类输出应当极为自信，即预测输出的信息熵值 L3 趋于 0；当特征为来自多个源域的联合特征时，由于该特征并不仅属于任何一个源域，分类器的概率输出较为混乱，即 L4 较大。由图 7-31(a)可以得出，通过在提出的 AEDGN 模型上部署对抗训练，L3 和 L4 实现了高效的熵值最大最小化博弈，其中超参数通过网格搜索法设置为 $\alpha=1$，$\beta=0.1$，$\gamma=100$，提出方法最终获得了 99.5%的平均诊断准确率。图 7-31(b)绘制了去除熵值最大最小化后 L3 和 L4 的变化趋势，此时模型整体退化为 CADN，L3 的下降速率降低，但仍然可以在 100 次左右迭代后下降至 0 附近，L4 在一定范围内波动，最终平均诊断准确率下降至 89.3%。上述分析表明，基于对抗熵的跨工况诊断策略在未知工况下具有更强的泛化诊断能力。

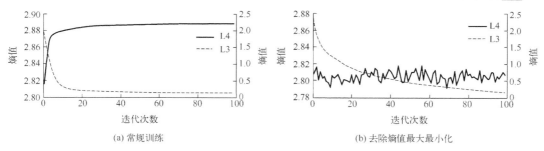

图 7-31　AEDGN 方法在训练进程中 L3 和 L4 的变化趋势

小　结

在本章中，深入探讨了航空发动机转子系统的关键故障诊断技术。首先，认识到了转子叶片和主轴承作为航空发动机核心部件的重要性，它们的状况直接影响到整个航空器的运行安全和效率。接着，详细介绍了多种主轴承故障诊断方法，包括振动分析法、润滑油液分析法、温度检测法、声发射检测法和电压电流检测法。这些方法各有特点，适用于不同的故障类型和应用场景。特别是振动分析法，因其测量简单、精确度高、成本低等优势，成为最广泛应用的诊断技术。转子叶片的故障诊断同样复杂且关键。讨论了转子叶片的常见故障类型，如碰摩、裂纹、疲劳断裂和变形，并介绍了相应的诊断技术，如孔探检测技术、动力学模型和熵值理论。这些方法有助于及时发现并预防叶片故障，确保发动机的安全运行。随着人工智能和机器学习技术的发展，智能诊断技术在航空发动机健康管理中展现出巨大潜力。探讨了基于深度学习的故障诊断方法，如卷积神经网络、自编码器、循环神经网络、深度残差网络和深度置信网络。这些方法通过自适应特征提取和模式识别，提高了故障诊断的精度和效率。最后，通过具体案例分析，评估了不同诊断方法在实际应用中的效果。这些案例不仅展示了智能诊断技术的优势，也揭示了在复杂工况下进行故障诊断的挑战。

通过本章的学习，读者应能够理解并应用这些先进的故障诊断技术，为航空发动机的健康管理提供科学依据。

习　题

1. 简述航空发动机转子系统的重要性，并解释为什么需要对其进行故障诊断。

2. 列举并解释本章中提到的五种主轴承故障诊断方法，并讨论它们各自的优缺点。

3. 描述转子叶片常见的故障类型，并解释为什么这些故障会对航空发动机的性能产生重大影响。

4. 解释孔探检测技术在转子叶片故障诊断中的应用，并讨论其局限性。

5. 讨论基于深度学习的智能诊断技术在航空发动机健康管理中的优势和挑战。

6. 结合具体案例，分析不同故障诊断方法在实际应用中的效果，并讨论如何选择合适的诊断方法。

第 8 章

基于深度学习的航空器寿命预测

微课 8

本章导读

在航空工业和航空运输领域，航空器的寿命预测是一个至关重要的课题。它不仅关系到飞机的安全性、可靠性和经济性，还直接影响到航空公司的运营效率和航空工业的持续发展。本章将深入探讨基于深度学习的航空器寿命预测技术，特别是航空发动机滚动轴承的剩余使用寿命预测。通过讨论深度学习在寿命预测中的应用，本章将展示如何利用先进的深度学习模型来提高预测的准确性和可靠性。

学习目标

认识到寿命预测在航空安全、维护和运营中的作用；学习如何利用深度学习技术处理航空器传感器数据，进行健康状态评估和寿命预测；了解滚动轴承的故障演化过程及其在寿命预测中的应用；学习如何构建通用演化指标、利用小波分析和深度学习模型进行特征提取和寿命预测；探索如何结合多种数据源和深度学习模型，提高航空器动力系统的寿命预测精度。

8.1　背　景　介　绍

8.1.1　航空器寿命预测的意义

航空器寿命预测对于航空工业和航空运输领域具有重要的意义，其涉及对飞机结构、系统和部件的健康状态进行评估和预测，以确定飞机的使用寿命和最佳维护计划。航空器动力系统包括发动机、涡轮机、传动系统等部件，是航空器正常运行的核心，也是航空器寿命预测的关键位置。准确地预测航空器的有效剩余使用寿命，对航空公司、制造商和维修服务提供商具有极其重要的意义，具体表现在以下几方面。

(1) 提高飞行安全性。预测航空器的寿命可以帮助识别潜在的故障和问题，及时采取维护和修理措施，从而保障飞机的飞行安全。定期的寿命预测有助于发现潜在的结构疲劳、机械磨损、腐蚀等问题，提高飞机的可靠性和安全性。

(2) 优化维护计划。航空器的维护费用对航空公司来说是一项重要的成本。合理的维护计划可以降低维护成本，减少飞机停飞时间，提高航空公司的运营效率。通过寿命预测技术，能够根据剩余使用寿命预测结果，确定最佳维修时间以及维修保障所需要的人力、物力、维修工作等。航空公司可以据此制定更加精准和有效的维护计划，根据动力系统的健康状况和预期寿命安排维护和检修工作，最大限度地延长航空器的使用寿命，降低维护成本。

(3) 提高运行效率。航空器尤其是动力系统的故障或损坏会导致飞机停飞，影响航班正常运行，给航空公司带来经济损失。通过剩余使用寿命预测技术，可以及时了解航空器的健康状况，发现其存在的问题，提前采取维护及保养措施，延长动力系统的使用寿命，避免由动力系统故障导致的飞机停飞，保障航空发动机的安全性，最大限度地利用其使用寿命，获得最优的经济效益，提高民用航空器的运行效率。

(4) 促进航空工业发展。航空器寿命预测技术的不断发展和应用，能够推动航空工业的进步和发展。准确预测航空器动力系统的寿命，有助于改进发动机设计和制造工艺，提高其可靠性和耐久性，推动航空器动力系统技术的创新和进步。

8.1.2　深度学习在航空器寿命预测中的应用

1. 传统预测方法的缺陷

目前航空器寿命预测及维修决策研究存在的不足与亟待解决的问题如下。

(1) 数据处理方面的局限性。航空器寿命预测涉及大量的传感器数据和各种操作参数，由于航空器的运行环境较复杂，传感器工作条件苛刻且受干扰严重，数据的准确性较差，对于航空器性能退化过程的监测造成一定的影响，传统预测方法可能无法有效地提取复杂数据中的关键特征；另外，目前的剩余使用寿命预测方法利用多个传感器数据，共同分析反映出航空器的性能退化状况，数据往往是大规模、高维度的，传统预测方法通常需要手工进行特征选择、降维等数据处理步骤，效率低下且准确度较差。因此，采用性能更高、综合特征识别能力更强的智能算法提取航空器的多维关键健康参数尤为重要。

(2) 复杂关系建模具有难度。在航空器的运行过程中，各个部件均会随着运行出现不同程度的性能退化，在退化建模的过程中，退化状态模型构建的不合理性会引起预测结果的偏差。航空器的寿命受到多种因素的影响，包括使用情况、维护历史、环境条件等，传统预测方法可能难以捕捉这些因素之间复杂的非线性关系，利用深度学习方法能够更好地对复杂关系进行建模。

(3) 难以确定统一的失效阈值。在复杂的航空器发动机系统中，失效点具体位置的确定更加困难，确定一个准确的失效点是准确得出剩余使用寿命预测结果的关键。基于各种传统指标的航空器特征演化曲线千差万别，且故障告警阈值难以统一，而深度学习方法能够基于标签训练实现不同型号及工况零部件告警阈值的统一，有利于实际航空器变工况故障诊断。另外，航空器的状态数据通常是时序数据，包含了时间上的动态变化信息。深度学习模型能够有效地处理时序数据，包括长期依赖关系和时间序列中的模式识别，从而更准确地判断失效点的时间和位置。

(4) 泛化能力的限制。深度学习模型的复杂度和灵活性使得它们能够更好地适应不同的数据分布和模式。通过调整网络结构、损失函数等超参数，深度学习模型可以更灵活地适应航空器剩余使用寿命预测任务的复杂性和多样性，从而提高了预测的准确性和可靠性。深度学习中的迁移学习和预训练模型技术可以帮助将在其他相关领域训练得到的模型参数迁移到航空器剩余使用寿命预测任务中，从而加速模型的收敛和提高泛化能力。这些技术能够利用已有的数据和知识来辅助完成航空器剩余使用寿命预测任务，降低数据需求。

2. 深度学习的具体应用

航空器的寿命预测对于航空公司和制造商至关重要，它直接影响着飞机的安全性、可靠性和经济性。传统的寿命预测方法往往受限于数据量大、特征复杂、模型不够灵活等问题，而深度学习技术的出现为这些挑战提供了新的解决途径。深度学习是一种基于人工神经网络的机器学习技术，其优势在于可以从大规模数据中学习复杂的特征表示，从而实现对数据的高效建模和预测。在航空器寿命预测中，深度学习技术可以应用于多个方面，包括但不限于传感器数据分析、图像识别、结构健康监测和端到端学习等。

(1) 传感器数据分析。航空器配备了大量的传感器，可以实时监测飞机各个部件的运行状态。这些传感器可以收集到各种类型的数据，包括温度、压力、振动等。利用深度学习技术可以对这些数据进行高效的分析和处理。例如，可以使用循环神经网络来处理时序数据，检测出数据中的异常和突发事件，进而预测出飞机各个部件的健康状况和剩余使用寿命。

(2) 图像识别。除了传感器数据外，航空器的外部和内部还可以通过摄像头等设备进行监控和检测。利用深度学习技术可以对这些图像数据进行高效的处理和分析。例如，可以使用卷积神经网络来进行图像识别，检测出飞机外观的缺陷、损伤和疲劳裂纹等问题，从而预测出飞机的寿命。

(3) 结构健康监测。航空器的结构健康监测是航空工程领域的一个重要课题。利用深度学习技术可以对结构健康监测数据进行高效的处理和分析。例如，可以使用深度学习模型来处理振动数据、应力数据等，检测出结构的损伤和疲劳，从而预测出飞机的寿命。

(4) 端到端学习。对于航空器具体的诊断、识别、预测任务，深度学习模型可以实现端到端的学习，直接从原始数据中学习到预测结果，无须手动的特征提取和预处理步骤。这简化了预测模型的构建流程，同时减少了信息损失，提高了预测的效率和性能。

8.2 航空发动机滚动轴承剩余使用寿命预测关键技术与应用效果

8.2.1 航空发动机滚动轴承全寿命周期特点

航空发动机滚动轴承的故障演化过程有一个明显的特点，往往在高频段(> 20kHz)、中频段(1~20kHz)和低频段(<1kHz)都有表现。分别取 HRB 6206 滚动轴承全寿命数据在第 1、200、270、300 时刻点的频率变化，如图 8-1 所示。该图展示了滚动轴承故障发展在频率上的四个典型阶段。

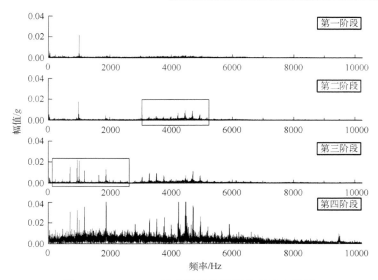

图 8-1　HRB 6206 滚动轴承故障演化的四个阶段

第一阶段：高频段(＞20kHz)，早期故障冲击产生压缩波，其频率在 20kHz 以上，当测量用的压电加速度计的谐振频率较高时，由滚动轴承故障引起的冲击在＞20kHz 的高频段也有能量分布，因而测取的信号中也含有该高频成分。但是，当加速度计的谐振频率较低或安装不牢稳时，该频带信号将很难被检测到。

第二阶段：中频段(1～20kHz)，其成分主要是滚动轴承的固有频率及其倍频。当轴承元件表面产生损伤时将会产生共振，因此轴承的损伤类故障可以通过分析此频段内的振动信号而诊断出来。当早期微弱故障产生时，轻微的轴承故障开始"敲击"出轴承元件的固有频率，引起轴承元件的共振，其频率范围一般在 1～20kHz。同时，轴承元件的固有频率振动受到轴承故障特征频率的调制，因此在频谱上表现为，在固有频率附近出现以滚动轴承故障特征频率为宽度的调制边频带。

第三阶段：低频段(<1kHz)，该频段易受机械中其他零件及结构的影响，信噪比较低，且在故障初期具有很少的包含损伤类故障冲击的特征频率成分信息，因此难以诊断轴承早期微弱故障。

第四阶段：随着故障的持续发展，轴承的损伤加剧，间隙增大，造成轴承偏心，此时轴承间隙松动故障起主导作用，这一阶段对 1 倍分量造成影响，并引起其他倍频分量的增大。轴承故障特征频率和固有频率开始"消失"并被随机振动或噪声代替。

8.2.2　滚动轴承剩余使用寿命预测关键技术

滚动轴承剩余使用寿命(remaining useful life，RUL)预测是航空发动机健康管理系统构建中的一个重要课题，它直接关系到航空发动机的可靠性和维护计划的制定。该领域的研究经历了几个发展阶段，包括经验观察法、统计学方法、振动分析法、机器学习与人工智能法、深度学习与神经网络法等。随着技术的不断进步，预测精度和可靠性不断提高，为工业设备的维护和管理带来了更大的便利。

1. 通用演化指标的构建

目前常用的滚动轴承演化特征提取、退化阈值确定及剩余使用寿命预测等方法都需要大量故障样本的参与，而现实中存在故障样本稀缺、样本不平衡等问题，导致难以利用大量有效的故障数据进行深度学习训练，尽管可以通过迁移学习、数据增强等方法实现少样本故障诊断，但是在这一过程中，模型的泛化性很难保证，即在一种数据集的基础上训练的模型很难适配轴承型号、工况不同的其他数据集。因此在少样本，甚至脱离故障样本的情况下，构建通用滚动轴承的变工况告警模型成为一个重点、难点。另外，在实际服役条件下，由于工况载荷及服役环境的差异性，滚动轴承运行寿命的表现也各有不同。即便在同种工况下，滚动轴承材料强度、加工精度的不同及安装误差也会造成轴承寿命的随机性。这就导致基于各种传统指标的滚动轴承特征演化曲线千差万别，且故障告警阈值难以统一。另外，在滚动轴承剥落故障的早期诊断中，信号故障冲击特征很容易被噪声淹没，而频域分析能够凸显出相应的故障特征。其中小波包络谱分析是一种有效的频域分析方法，尤其是高频段的小波包络细节信号，对早期故障的演化更为敏感。

滚动轴承产生表面局部损伤后，元件经过损伤点时将产生突变脉冲力，引起高频固有振动，所产生的频率称为故障特征频率。滚动轴承在外圈、内圈与滚珠等不同部位发生的故障具有不同的特征频率。基于小波包络谱构造特征值以实现滚动轴承早期故障的定位，对小波分解后的 5 个细节信号及 1 个近似信号进行包络谱分析，并根据故障特征频率各阶倍频谱线与总包络谱均值的比值，得到外圈、内圈及滚珠故障分别对应的无量纲特征量，然后根据包络特征值中相应的特征频率附近的谱峰来判定该样本对应的滚动轴承状态。

基于小波分析的故障演化监测步骤如下。

(1) 对所采集的滚动轴承原始振动信号进行二阶离散小波变换，以 db8 小波作为基底，分解层数为 5，最终得到 1 个近似信号 a_5 和 5 个细节信号 $d_i (i=1,2,\cdots,5)$。

(2) 为了消除随机信号的干扰，采用自相关方法对 d_i 进行降噪，抑制其中的非周期成分，然后采用 Hilbert 变换，得到细节信号 d_i 包络的时域波形 $W_i (i=1,2,\cdots,5)$，其中依次包含滚动轴承从高频到低频的振动信息。

(3) 对不同时刻 $t_j (j=1,2,\cdots,N)$，按照步骤(1)和步骤(2)计算得到频带包络能量时间序列 W_{ij}，分别计算其均方根值(root mean square，RMS)，得到全寿命周期内信号的 RMS 演化趋势作为对照。

(4) 对不同时刻 $t_j (j=1,2,\cdots,N)$，按照步骤(1)和步骤(2)计算得到频带包络能量时间序列，将其正常阶段样本输入 CNN 模型训练，再将全寿命数据输入训练好的模型，得到各细节信号在全寿命时刻下的 CNN 特征演化趋势。

在得到基于高频细节信号的全寿命演化曲线后，需要对演化阶段进行划分，并据此确定退化阈值与失效阈值。在这之前，首先需要对特征演化趋势进行平滑去噪，提高其光滑度，这将有助于提高剩余使用寿命预测的准确性。采用滑动平均滤波方法，在保留陡峭边缘的同时抑制随机噪声。其表达式如下：

$$y[i] = \frac{1}{M}\sum_{j=0}^{M-1}x[i+j] \tag{8-1}$$

式中，$x[\ ]$ 和 $y[\ ]$ 分别为输入信号和输出信号；M 为滑动窗长，本章选取 $M=5$。

在完成细节信号 d_1 与 d_2 的特征曲线的平滑滤波后，接下来对得到的演化趋势进行阶段划分，确定统一的退化阈值与失效阈值。由于滚动轴承正常与异常样本间具有较大的组间差距，且数据维度较低，因此选择 K-均值无监督聚类的方式，将全寿命范围内的演化特征自适应划分为三部分，代表滚动轴承演化的三个阶段。K-均值聚类算法通过计算所有样本点与聚类中心的最短欧氏距离，并以其作为判断标准将各样本分别聚入各簇中，其计算公式如下：

$$\min\sum_{i=1}^{k}\sum_{x\in C_i}\|x-\mu_i\|_2^2 \tag{8-2}$$

式中，x 为特征值；μ_i 是簇 C_i 的质心。

通过聚类的方式，将滚动轴承演化阶段自适应划分为正常、退化与失效阶段。将退化阶段与失效阶段起始点对应的特征值分别标记为退化阈值与失效阈值。最终得到平滑滤波及无监督演化阶段划分后的特征曲线，如图 8-2 所示。

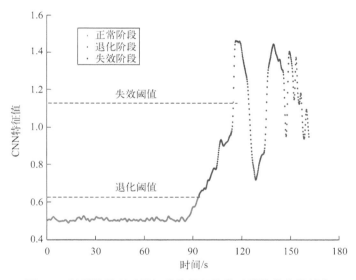

图 8-2　经平滑处理后的细节信号经聚类后的演化阶段划分

彩图 8-2

2. 剩余使用寿命预测方法

基于经验退化模型，利用粒子滤波(particle filter，PF)算法进行滚动轴承剩余使用寿命预测的统计滤波方法，由于能够适应非线性、非高斯的状态预测并可提供预测结果的不确定性表达，在实际中应用广泛。粒子滤波算法可以用一组离散的随机粒子集合来近似系统的概率密度函数，以样本均值代替积分运算，获得状态的最小方差估计值，使其可以预测数据分布不一致的情况。另外，粒子滤波不受系统噪声和测量噪声的影响，对滚动轴承这种非高斯非线性系统的演化趋势具有较好的预测功能，且具有较好的精度。对于本章所采用的粒子滤波算法，每次剩余使用寿命预测的结果可在1min内计算出来，且预测结果是以小时为单位的，因此预测的实时性已经足够满足实际航空发动机的监测需求。

滚动轴承的剩余使用寿命指的是滚动轴承在某一时刻，以当前的状态运行至失效所需要的时间。对滚动轴承的RUL进行准确预测，可以减少设备宕机时间，降低维修成本，提高航空发动机系统运行的可靠性。RUL通常定义为如下的条件随机变量：

$$T_{RUL}(t) = \{T_f(t) - t \mid T_f(t) > t, Z(t)\} \qquad (8-3)$$

式中，$T_f(t)$指的是目前时刻t下有关失效时间的随机变量；$Z(t)$指的是滚动轴承在t时刻前的退化信息。

滚动轴承剩余使用寿命预测的误差可由均方根误差(RMSE)来表示，其计算公式为

$$RMSE = \sqrt{\frac{1}{m}\sum_{i=1}^{m}(RUL_p(i) - RUL_r(i))^2} \qquad (8-4)$$

式中，RUL_p是预测的滚动轴承剩余使用寿命值；RUL_r是真实的剩余使用寿命值；m是预测的时刻点的数量。

假设系统在离散时间序列t_k的状态x_k与观测值z_k之间满足关系：

$$z_k = h_k(x_k, v_k) \qquad (8-5)$$

式中，h_k是系统的观测函数；v_k为观测噪声，则粒子滤波的基本流程如下。

(1) 粒子集初始化。

在$k = 0$时刻，应用先验概率分布$p(x_0)$产生粒子群$\{x_0^{(i)}\}_{i=1}^{N}$，粒子权重$w_0^{(i)} = 1/N$。

(2) 序列重要性采样。

在k时刻采样重要性分布函数中的粒子$\{x_k^{(i)}\}_{i=1}^{N}$，此时的粒子集合为

$$\{x_{0:k}^{(i)}\} = \{x_k^{(i)}, x_{0:k-1}^{(i)}\}_{i=1}^{N} \qquad (8-6)$$

式中，$0:k$表示0到k时刻。

求得k时刻的观测值z_k后，可以得到重要性权重估计值：

$$\omega_k^{(i)} = \omega_{k-1}^{(i)} \frac{p(z_k \mid x_k^{(i)}) p(x_k^{(i)} \mid x_{k-1}^{(i)})}{q(x_k^{(i)} \mid x_{k-1}^{(i)}, z_{1:k})} \qquad (8-7)$$

式中，$z_{1:k}$指的是k时刻的观测值；$q(x_k \mid x_{k-1}, z_{1:k})$为重要性函数；$p(x_k \mid x_{k-1})$为系统状态转移概率密度值；$p(z_k \mid x_k)$指系统中状态的观测似然概率密度的数值。

归一化粒子权重：

$$\tilde{\omega}_k^{(i)} = \frac{\omega_k^{(i)}}{\sum_{i=1}^{N}\omega_k^{(i)}} \qquad (8-8)$$

(3) 重采样。

通过对粒子和相应权重表示的概率密度函数进行重新采样，减少权重较小的粒子，复制权重较大的粒子，得到新粒子集合 $\{x_k^{(j)}\}_{j=1}^N$，所有粒子权重为 $1/N$。

(4) 应用重采样粒子的均值进行状态估计。

$$x_{0:k}^{\text{est}} = \sum_{i=1}^N x_{0:k}^{(i)} \tilde{\omega}_k^{(i)} \tag{8-9}$$

式中，$x_{0:k}$ 为 $0:k$ 的状态变量。

对于滚动轴承全寿命演化曲线来说，其整体趋势是单调递增的，但是受实际噪声、试验设备及算法模型等的影响，会出现局部特征点偏离整体的现象。这种离群点的出现会影响演化趋势的单调性和鲁棒性，并降低粒子滤波剩余使用寿命预测的准确性。本章提出一种基于拉依达准则的方法进行演化趋势的离群校正。该方法的流程如下。

(1) 离群值检测。

离群值判定的求导过程为

$$\mathrm{d}Y_k = \frac{y_{k+1} - y_k}{\Delta k} \tag{8-10}$$

式中，y_k 为 k 时刻的演化特征值。根据拉依达准则，离群值判定阈值 T 如式(8-11)、式(8-12)所示：

$$T_{\max} = \mu + 3\sigma \tag{8-11}$$

$$T_{\min} = \mu - 3\sigma \tag{8-12}$$

式中，μ 和 σ 分别为 $\mathrm{d}Y_k$ 的均值和方差；$T_{\max}$ 和 $T_{\min}$ 分别为离群值的上限和下限，演化特征的导数大于 $T_{\max}$ 定义为正离群点，小于 $T_{\min}$ 定义为负离群点。在单位长度 L 内，当正离群点和负离群点数量之和大于给定阈值 Q 时，该区域定义为离群区域。

(2) 离群区域校正。

记离群区域的起始点为 t_b，结束点为 t_e，二者对应的演化特征值分别为 y_b 和 y_e。当检测出离群区域后，将 y_b 与 y_e 通过直线连接并替代原来区域的数值，替代区域的计算公式如下：

$$y_c = y_b + \frac{y_b - y_e}{t_b - t_e}(t_c - t_b) \tag{8-13}$$

式中，y_c 为 t_c 时刻下离群校正后的特征值。

(3) 预测模型的建立。

基于粒子滤波的滚动轴承剩余使用寿命预测方法包括基于物理模型的方法以及基于数据驱动的方法。前者通常基于 Paris 疲劳裂纹扩展公式构建状态空间模型，然而，航空发动机滚动轴承在实际服役状态下很难监测到裂纹扩展情况，且裂纹的扩展与振动信号间的关系很难量化，导致无法构建粒子滤波的系统观测方程。基于数据驱动的方法则无须借助退化机理或先验知识，直接从振动信号出发，建立过去时刻与当前状态的关系，通过更新自回归参数实现状态更新与剩余使用寿命预测。与缺少观测方程的基于物理模型的方法相比，该方法应用更为广泛，且效果更为明显。

　　本章将 CNN 特征值作为反映滚动轴承全寿命变化的衡量指标，在滚动轴承正常阶段，该特征值在 0.5 左右波动，当进入退化阶段时，该特征值呈明显上升趋势。本章采用 Matlab 拟合工具箱，对这一先平缓再增加的趋势进行曲线拟合。常用的拟合方式包括多项式拟合、指数拟合、傅里叶拟合等。以 HRB 6206 滚动轴承为例，基于 CNN 特征值的三种数据拟合参数及结果如图 8-3 所示。

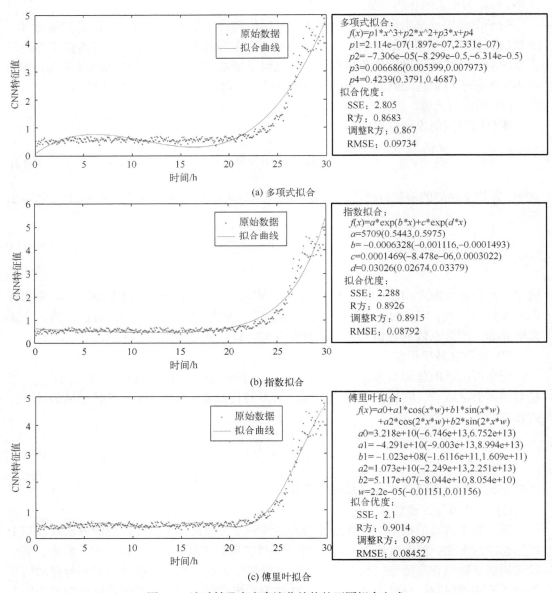

(a) 多项式拟合

(b) 指数拟合

(c) 傅里叶拟合

图 8-3　滚动轴承全寿命演化趋势的不同拟合方式

从图 8-3 中可以看出，四参数指数拟合模型与六参数傅里叶拟合模型的拟合优度相近，均高于四参数多项式拟合。然而傅里叶拟合方程的项数较多，过多的参数会在基于粒子滤波的 RUL 预测过程中带来较大的计算量，影响预测的速度。因此本章选择四参数指数拟合模型构建粒子滤波的状态方程与观测方程。

假设滚动轴承全寿命演化阶段的 CNN 特征值符合等式：$y = a \times \mathrm{e}^{bT} + c \times \mathrm{e}^{dT}$，其中 T 为时间步长，a,b,c,d 为含有噪声的四参数，噪声为高斯白噪声，则预测模型的状态向量为

$$\boldsymbol{x}(t) = [a(t), b(t), c(t), d(t)] \tag{8-14}$$

状态方程和观测方程依次为

$$\begin{cases} a(t+1) = a(t) + w_a(t), & w_a \sim N(0, \sigma_a) \\ b(t+1) = b(t) + w_b(t), & w_b \sim N(0, \sigma_b) \\ c(t+1) = c(t) + w_c(t), & w_c \sim N(0, \sigma_c) \\ d(t+1) = d(t) + w_d(t), & w_d \sim N(0, \sigma_d) \end{cases} \tag{8-15}$$

$$y(t) = a(t) \times \mathrm{e}^{b(t) \times t} + c(t) \times \mathrm{e}^{d(t) \times t} + v(t), \quad v(t) \sim N(0, \sigma_v) \tag{8-16}$$

基于 CNN 特征的滚动轴承 RUL 预测算法框架如图 8-4 所示。

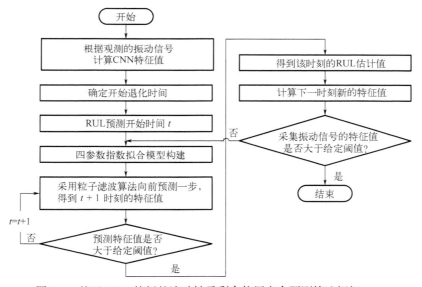

图 8-4　基于 CNN 特征的滚动轴承剩余使用寿命预测算法框架

8.2.3　应用效果

基于 Wavelet-CNN 的滚动轴承粒子滤波剩余使用寿命预测流程如下：

(1) 采集不同型号的滚动轴承全寿命振动信号，依次通过小波分解、自相关降噪、Hilbert 变换及均值化处理，得到从高频到低频的各细节包络信号；

(2) 提取能够反映早期故障特征的高频细节信号，并通过 CNN 提取阈值归一化的特征值；

(3) 采用K-均值聚类算法确定退化阈值与失效阈值,当CNN特征值到达退化阈值时,对应时刻记为轴承开始退化时刻,同时作为 RUL 预测开始时刻,当 CNN 特征值达到失效阈值时,对应时刻记为轴承失效时刻,同时作为 RUL 预测结束时刻;

(4) 利用最小二乘法构建四参数指数拟合模型,对退化时刻 t_0 的前 n 个数据进行拟合,得到模型的初始参数 a_0, b_0, c_0, d_0;

(5) 基于粒子滤波算法预测 $t_0 + 1$ 时刻的 CNN 特征值,并与失效阈值相比较,若小于失效阈值则继续预测 $t_0 + 2$ 时刻的特征值,直至所预测的 CNN 特征值大于失效阈值,停止预测并记录该时刻为 t_r,则该时刻的 $RUL = t_r - t_0$;

(6) 继续采集振动信号,基于 Wavelet-CNN 获得当前时刻的 CNN 特征值,取相应时刻的前 n 个特征数据并重复步骤(4)、(5),得到当前时刻的 RUL;

(7) 当提取的 CNN 特征值超过给定的失效阈值时,结束粒子滤波算法,获得从退化起始至彻底失效的滚动轴承 RUL 预测曲线,并将其与真实 RUL 进行对比,得到粒子滤波算法跟踪预测的误差值。

根据上述步骤,分别对基于 HRB 6206 滚动轴承和 ZA 2115 滚动轴承的全寿命数据进行 CNN 通用演化特征提取,提取结果如图 8-5 所示。

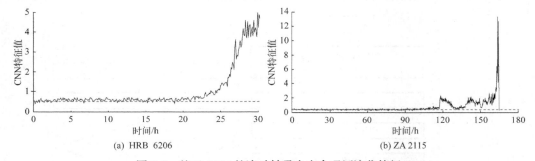

(a) HRB 6206　　　　　　　　(b) ZA 2115

图 8-5　基于 CNN 的滚动轴承全寿命通用演化特征

从图 8-5 中可以看出,两组滚动轴承的 CNN 特征值均在正常阶段较为平稳,并在退化与失效阶段呈现明显上升趋势。由于轴承型号及工况的差异,滚动轴承在退化及失效阶段的 CNN 特征值会上升至不同维度,但是由于训练标签的归一化作用,两组工况、轴承型号及试验器型号均不同的数据在正常阶段的 CNN 特征值均分布在 0.5 左右,且在 1 左右开始发生退化,说明该方法能够实现滚动轴承的通用演化特征提取,即实现退化阈值与失效阈值的统一,具有重要的工程应用价值。

以 HRB 6206 滚动轴承的 CNN 特征为例,在 200～220 时间步内利用粒子滤波算法对观测的特征值进行跟踪估计,并从 221 时间步开始逐步预测特征值的变化,直至达到失效阈值 1.0 停止预测,最终获得 58 个时间步下的剩余使用寿命时长。重采样方式选择残差重采样,粒子数设置为 1000。其中在第 255 个时间步的预测结果如图 8-6 所示,图中失效阈值与观测值的第一个交点和预测值交点横坐标的差值即为寿命预测的误差时间。从图 8-6 中可以看出,代表预测值的绿线与代表观测值的蓝线在 200～255 时间步重合度较高,两条线与代表失效阈值的黑色虚线的交点距离相近。该 RUL 预测误差为 2 步,每步包含时长 6min 的振动数据，相对于滚动轴承加速试验的 30h 总寿命，该时间步的预测误差在可接受范围内。

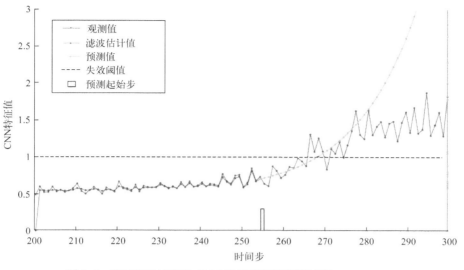

彩图 8-6

图 8-6　基于粒子滤波的 CNN 特征值跟踪预测过程(HRB 6206)

按照上述流程，基于小波 d_1 和 d_2 均值，分别对两组滚动轴承全寿命数据构造 Wavelet-CNN 和 Wavelet-RMS 特征，并基于粒子滤波算法对它们自开始退化至失效的剩余使用寿命进行逐步跟踪预测。同时与未经小波变换的单一 CNN 特征进行对比，两组数据的剩余使用寿命预测结果如图 8-7 所示。

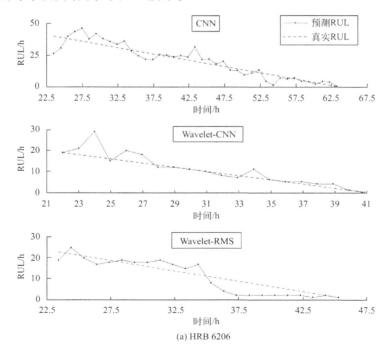

(a) HRB 6206

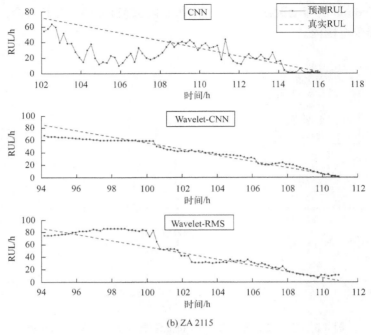

(b) ZA 2115

图 8-7　剩余使用寿命预测结果

从图 8-7 可以看出：

(1) 由于小波高频细节特征对于早期故障更为敏感，因此基于高频细节的特征上升更早，预测时间更为提前，所以基于单一 CNN 特征所确定的退化阈值与失效阈值要迟于基于高频细节特征的 Wavelet-CNN 及 Wavelet-RMS 模型，导致前者对轴承退化阶段预测的时间整体偏后。

(2) 基于 Wavelet-CNN 模型的 RUL 预测精度较 Wavelet-RMS 更高，证明 CNN 相较传统特征能够更好地反映滚动轴承的劣化趋势。

为了量化比较 CNN 特征、Wavelet-RMS 及 Wavelet-CNN 特征在预测精度方面的差异，本章分别计算了三者在粒子滤波曲线拟合阶段的误差值，预测结果的 RMSE 以及预测结果根据预测点数归一化后的 RMSE 如表 8-1 和表 8-2 所示。

表 8-1　基于粒子滤波的预测结果对比(HRB 6206)

数据集	特征类型	退化起始点	失效起始点	拟合曲线的RMSE	预测结果的RMSE	预测结果的归一化 RMSE
HRB 6206 (300 点)	CNN	227	267	0.0284	3.25	1.08%
	Wavelet-CNN	212	237	0.0683	3.31	1.10%
	Wavelet-RMS	229	252	0.1010	3.52	1.17%

从表 8-1 和表 8-2 可以看出：

(1) 基于高频细节信号的 CNN 特征对于退化与失效的预测要早于单一 CNN 特征，证明高频细节信号能更早感知退化的发生，更有利于早期故障预警。

表 8-2　基于粒子滤波的预测结果对比(ZA 2115)

数据集	特征类型	退化起始点	失效起始点	拟合曲线的 RMSE	预测结果的 RMSE	预测结果的归一化 RMSE
ZA 2115 (984 点)	CNN	572	655	0.0177	8.95	0.91%
	Wavelet-CNN	572	650	0.0163	7.18	0.73%
	Wavelet-RMS	651	705	0.0272	10.83	1.10%

(2) 对于两组全寿命数据，CNN 和 Wavelet-CNN 的预测误差均低于 Wavelet-RMS，证明卷积神经网络能更好地反映滚动轴承的劣化趋势，其剩余使用寿命预测结果具有更高的精度。

为了研究粒子滤波算法参数的影响及模型的稳定性，针对粒子滤波算法的特性，比较了不同的重采样方式在不同粒子数下对模型精度的影响。选用 HRB 6206 轴承的加速度数据，基于 RMS 和 CNN 特征的 RUL 跟踪预测结果对比如表 8-3 和表 8-4 所示。

表 8-3　采用 RMS 进行粒子滤波后的归一化平均误差对比(HRB 6206)

粒子数	200	500	1000	2000	5000	10000
多项式重采样	5.042%	5.124%	4.503%	5.550%	5.422%	5.618%
随机重采样	5.327%	5.016%	4.453%	5.251%	5.764%	5.586%
残差重采样	5.010%	4.921%	4.364%	5.289%	5.460%	5.390%
系统重采样	5.054%	4.763%	4.408%	4.693%	4.693%	4.693%

表 8-4　采用 CNN 特征进行粒子滤波后的归一化平均误差对比(HRB 6206)

粒子数	200	500	1000	2000	5000	10000
多项式重采样	2.241%	2.284%	2.216%	2.203%	2.235%	2.216%
随机重采样	2.297%	2.216%	2.210%	2.266%	2.253%	2.247%
残差重采样	2.415%	2.210%	2.197%	2.266%	2.241%	2.259%
系统重采样	2.235%	2.197%	2.129%	2.179%	2.203%	2.236%

从表 8-3 和表 8-4 可以看出：

(1) 在粒子数为 1000 时，采用 RMS 或 CNN 特征进行粒子滤波得到的平均误差均相对较低，且整体上系统重采样较其他重采样方式误差更低。

(2) 与 RMS 相比，CNN 所提取的轴承损伤演化特征在粒子滤波跟踪预测后整体误差更低，且精度受粒子数及重采样方式影响较小，表现更加稳定。

8.3　航空器动力系统多源寿命预测关键技术与应用效果

8.3.1　航空器动力系统退化特征提取方法

RUL 预测是设备可靠性评估和视情维修的重要组成部分，神经网络因预测精度高而受到广泛关注，大多数现有的方法使用神经网络及其变体来提高预测性能。然而，现代设备的智能化和复杂化等特点，导致收集的运行数据量大、维度高，如果不提前对原始数据进行处理而直接作为模型输入，对预测模型将是灾难性的。一方面，设备运行过程中受到各种因素的影响，使得现有的模型不可能提供一个绝对准确的点估计；另一方面，置信区间可以帮助从业人员判断设备最佳的维护时间。从实际应用的角度考虑，有必要开发一种集成时序数据特征提取、不确定性管理和置信区间的 RUL 预测模型，实现可以提供不确定性管理的 RUL 预测对于航空航天等安全性和可靠性高的领域尤其重要。本章提出一种新的基于深度学习的预测方法——混合贝叶斯深度学习(hybrid Bayesian deep learning，HBDL)模型，又称为混合贝叶斯深度神经网络(hybrid Bayesian deep neural network，HBDNN)。考虑到设备运行过程中生产条件、环境、需求等是动态变化的，尤其是噪声会随时间变化，将设备和环境噪声当作一个定值的方法可能不适用于所有情况。因此，本章将噪声是固定值的同方差随机不确定度改进为噪声随时间变化的异方差随机不确定度。HBDL 方法首先使用 LSTM-AE(long short-term memory-auto encoder)提取时序数据中包含重要退化信息的特征，然后利用改进后的贝叶斯神经网络(Bayesian neural network，BNN)对设备退化过程进行建模，通过贝叶斯理论和变分推理来学习网络权值，最终在获得 RUL 预测值的同时提供置信区间。HBDL 方法有利于准确提取设备退化信息、及时预测设备 RUL、确定设备实施维护的最佳时机，以便尽早制定合理的维修策略。

8.3.2 航空器动力系统多源寿命预测关键技术

1. 特征提取

根据监测对象的特点，为了提取设备退化过程中的重要信息、剔除冗余信息，同时降低模型复杂度，本章使用 LSTM-AE 实现特征提取。LSTM-AE 算法将 AE 的每一个神经元都设置为具有长时依赖特性的 LSTM 单元，既具有 LSTM 模型所具有的序列长时间建模能力，又具有 AE 的降维功能，LSTM-AE 算法对时间序列的特征提取性能优异。

在深度学习中，自编码器是一种典型的无监督算法，由编码器和解码器组成。前者实现原始数据的维度压缩，后者将压缩后的数据解压缩成一组与输入数据紧密匹配的数据，完成对数据的重构。对于 RNN 自编码器，研究发现只有带有门控机制的 RNN 才能达到较好地恢复输入时间序列的目的。受 LSTM 网络特殊结构的启发及其对时序数据表现良好的特性，采用 LSTM-AE 来自动学习隐藏在输入时间序列中的特征，以更好地表示设备退化过程，其结构如图 8-8 所示。

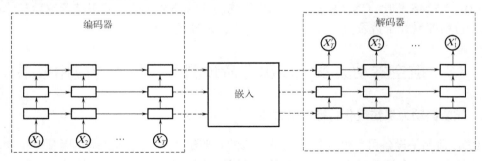

图 8-8 LSTM-AE 结构图

2. RUL 预测模型建立

将通过 LSTM-AE 算法提取的特征作为贝叶斯深度神经网络(Bayesian deep neural networks，BDNN)的输入，实现 RUL 预测和不确定性管理。BDNN 将固定噪声改进为噪声随时间动态变化的过程，引入异方差随机不确定度。异方差随机不确定度通过在网络输出上放置一个服从高斯分布的噪声来量化，网络的损失函数被表示为

$$J = \sum_i \frac{1}{2} \frac{(y_i^* - y_i)^2}{\sigma^2(x_i)} + \frac{1}{2}\ln(\sigma^2(x_i)) \tag{8-17}$$

式中，y_i^* 为预测值；y_i 为观测值；σ 为方差。

考虑到无约束的 $\sigma^2(x_i)$ 在参数更新过程中可能会发生梯度爆炸，导致非常大的随机不确定度，影响置信区间。为了避免上述情况，本章通过在损失函数上增加 L2 正则项对式(8-17)进行约束，同时起到平滑的效果。正则化的损失函数表达式为

$$J = \sum_i \frac{1}{2} \frac{(y_i^* - y_i)^2}{\sigma^2(x_i)} + \frac{1}{2}\ln(\sigma^2(x_i)) + \alpha \sum_i \left|\sigma^2(x_i)\right|^2 \tag{8-18}$$

在式(8-18)中，$\alpha \in (0,1)$，是一个介于 0 和 1 之间的超参数，其数值通过多次试验确定，α 取不同大小的数值可以达到调节模型复杂度的目的。当 α 接近于 0 时，如果对网络迭代次数不加以控制，模型容易发生过拟合；当 α 接近于 1 时，模型极易欠拟合，预测性能很差，因此试验中 α 的值要设置合理。从式(8-18)的第一项也可以看出，异方差随机不确定度越小的样本对损失函数有越多的贡献，即异方差随机不确定度越小就意味着模型准确度越高。

8.3.3　应用效果

在本节中，将详细讨论基于 HBDL 方法的预测结果。这里随机选择了 NASA 公布的飞机燃气涡轮发动机数据集中的两个测试发动机来展示模型的预测效果。图 8-9(a)、(b) 展示了单个发动机在全寿命周期内 HBDL 模型预测前后的真实 RUL、预测 RUL、认知不确定度以及异方差随机不确定度。11 号发动机和 30 号发动机的 RMSE 值分别为 9.56 和 12.53。观察图 8-9(a)和(b)可以得到以下结论。

(1) 从设备早期运行阶段看，对比预测的 RUL 曲线与真实的 RUL 曲线可以发现，在发动机初始运行阶段，预测 RUL 和真实 RUL 之间存在较大误差，认知不确定度很大，占据了置信区间(confidence interval，CI)的主要部分，异方差随机不确定度较小，CI 通常较宽，这在实际应用中意义不大。

(2) 从设备中期运行阶段看，随着设备的运行，获取到的退化数据量增加，认知不确定度慢慢减小，预测 RUL 逐渐接近真实 RUL，异方差随机不确定度变大。究其原因，随着运行时间的增加，设备受磨损和外界环境等其他因素的影响越来越明显，噪声越来越大，这启发我们减少设备运行过程中的噪声可能有助于延长设备使用寿命。

(3) 从设备后期运行阶段看，认知不确定度几乎为 0，与早期和中期相比，异方差随机不确定度显著降低，预测 RUL 与真实 RUL 的偏差明显减小，CI 变窄，这对设备的健

康监测非常重要，因为后期的准确预测有助于及时制定维修措施，在设备失效前采取维护维修措施可避免意外停机造成的巨大损失。总体而言，预测模型表现良好。

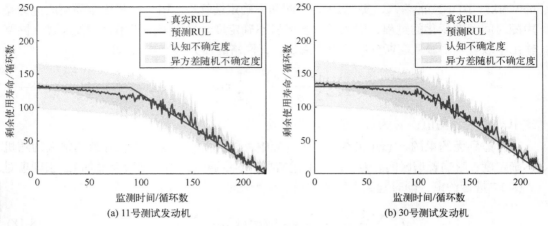

彩图 8-9

图 8-9　测试发动机的预测性能

以上结果表明，对于单个发动机，本章提出的方法能较好地追踪设备退化过程中两种不确定度的变化趋势，以及噪声对不确定度和置信区间的影响，在预测准确度和不确定性管理上都有较大优势。为了证明本章所提方法的有效性，我们将提出的 HBDL 方法与其他现有的用于预测发动机 RUL 的方法进行比较，结果如表 8-5 所示。

表 8-5　C-MAPSS 数据与其他方法的 RMSE 结果比较

方法	MLP	ELM	SVR	KNR	RF	GB
RMSE	37.56	19.4	20.96	19.73	20.23	18.80
方法	CNN	Deep LSTM	MODBNE	RULCLIPPER	LSTM-Recon	HBDL
RMSE	18.45	16.14	17.96	13.27	12.8	15.11 ± 0.267

根据表 8-5 的结果，定义 IMP 表示 HBDL 方法相对于 BNN 方法的改进率(IMP = 1–HBDL/BNN)，经过计算，它的值为 16.41%，即与 BNN 相比，HBDL 方法的性能提升了 16.41%。从表 8-5 中可以清楚地看出，本章提出的 HBDL 模型在大多数情况下都表现出了优越的性能。观察表 8-5 可以得到以下结论。

(1) HBDL 方法优于传统的浅层结构机器学习方法：多层感知机(multilayer perceptron，MLP)、极限学习机(extreme learning machine，ELM)、SVR，预测性能平均提升了 71.9% 左右。

(2) CNN、Deep LSTM 和多目标深度信念网络(multiobjective deep belief networks，MODBNE)是目前常用的为退化建模和预测而设计的深层神经网络，这些模型已经被证明在 RUL 预测方面胜过各种传统的机器学习方法，包括 MLP、ELM、K 近邻回归(K-nearest neighbor regression，KNN)、随机森林(random forest，RF)和梯度提升(gradient boosting，GB)，而 HBDL 方法预测结果好于深层结构的 CNN、Deep LSTM，这也从另一个角度说明了 HBDL 方法必然优于浅层结构的机器学习方法。

(3) 拥有时序记忆特性的 LSTM 网络性能优于 CNN 和 MODBNE，所提出的 HBDL 方法优于 Deep LSTM 方法。值得说明的是，虽然 RULCLIPPER(基于平面多边形建模的不精确健康指标和基于相似性推理的剩余使用寿命估计)和 LSTM-Recon 方法的预测性能优于 HBDL 方法，但这两种方法均是通过网格搜索法得到超参数的值，进而提高预测性能，计算复杂度高，并且不提供区间估计，不能实现不确定性管理。在实际应用中，由于环境因素或一些干扰因素的影响，监控系统的状态随时可能发生变化，仅仅获得较高的预测精度并不能准确地反映设备状态，因此，得到合理的置信区间更有价值和意义。本章所提出的方法满足了这一需求，进而可以为决策、不确定性量化和以状态为基础的维修体制(condition based maintenance，CBM)提供更好的支持。

小　　结

本章详细介绍了基于深度学习的航空器寿命预测技术，特别是航空发动机滚动轴承的剩余使用寿命预测。首先，强调了航空器寿命预测的重要性，包括提高飞行安全性、优化维护计划、提高运行效率和促进航空工业发展。接着，分析了传统预测方法的局限性，并展示了深度学习技术如何克服这些挑战。本章重点介绍了航空发动机滚动轴承的剩余使用寿命预测关键技术，包括通用演化指标的构建、小波包络谱分析和基于 CNN 的特征提取。此外，还探讨了基于粒子滤波的剩余使用寿命预测方法，并通过试验验证了其有效性。最后，本章还介绍了航空器动力系统的多源寿命预测关键技术，包括特征提取和 RUL 预测模型的建立。通过这些技术，可以更准确地预测航空器的剩余使用寿命，为航空公司和制造商提供重要的决策支持。

习　　题

1. 简述航空器寿命预测的意义，并解释其在航空工业中的应用。
2. 讨论传统寿命预测方法的局限性，并说明深度学习是如何克服这些困难的。
3. 描述航空发动机滚动轴承的故障演化过程，并解释其在寿命预测中的作用。
4. 解释小波包络谱分析在滚动轴承寿命预测中的应用，并讨论其优势。
5. 讨论基于粒子滤波的剩余使用寿命预测方法，并说明其在实际应用中的优势。
6. 解释多源寿命预测技术，并讨论其在航空器动力系统中的应用。
7. 基于本章内容，设计一个试验来验证深度学习在航空器寿命预测中的有效性。

第 9 章

无人机关键部件故障诊断

微课 9　　**本章导读**

随着无人机技术的快速发展，其在军事、民用和商业领域的应用越来越广泛。然而，无人机的可靠性和安全性在很大程度上依赖于其关键部件的正常运行。无人机故障诊断技术因此变得至关重要。本章将深入探讨无人机关键部件的故障诊断技术，特别是基于深度学习的方法。通过分析无人机常见故障类型，本章将介绍无人机传感器故障注入技术、无人机多传感器信息融合技术，以及基于图卷积网络的故障诊断方法。这些技术的应用将有助于提高无人机系统的鲁棒性和安全性。

学习目标

认识到无人机传感器故障对飞行安全的影响；学习基于解析模型、信号处理和知识的方法；了解如何通过故障注入模拟传感器故障；学习如何利用多个传感器数据进行故障诊断；学习如何使用深度学习模型进行故障诊断。

9.1　无人机故障诊断的背景介绍

9.1.1　无人机故障诊断的意义

作为一种新兴的飞行器，无人机(unmanned aerial vehicle，UAV)具有灵活、高效和安全等优点，在军事、民用和商业等领域得到了广泛应用。无人机传感器是无人机系统中的关键器件，其主要作用是对无人机的飞行状态参数进行即时测量，并将测量值反馈至飞行控制系统进行控制率解算，之后依据控制算法及逻辑产生控制指令，最后通过执行机构实现控制无人机飞行。由于无人机在飞行过程中存在各种外界干扰因素，如风、磁场、振动等，因此需要通过传感器来精确测量和控制无人机的运动状态。在这个过程中，传感器测量值的精准度是保证无人机安全可靠飞行的重要前提。然而，无人机的飞行环境往往多变且恶劣，无人机上的传感器系统在飞行过程中难以避免地会受到环境和机械因素的影响，导致传感器故障经常发生且产生严重后果。因此，找到一种能够及时、准确地对无人机传感器进行故障诊断的方法，有效保证无人机飞行的安全性和可靠性，避免可能出现的损失，具有重要的现实意义。目前，由于数据采集硬件、神经网络理论和并行计算技术的最新进展，基于人工智能的故障诊断方法，特别是基于深度学习的方法，逐渐成为研究热点并取得了一些突破。

9.1.2　无人机故障诊断方法分类

在航空航天工业领域，过去常使用硬件冗余的方式解决传感器故障问题，这种方法具有良好的效果和鲁棒性。然而，无人机对成本、灵活性和续航时间有着一定的要求，所以研究人员正在关注利用软件和算法等技术来取代硬件冗余。例如，通过使用故障检测、容错措施等技术，在不需要硬件冗余的情况下保证无人机系统的鲁棒性；通过编写故障诊断算法和控制器来实现对系统的监测和纠正；等等。常见的无人机故障诊断方法分为以下几类。

1) 基于解析模型的方法

基于解析模型的方法是最早发展起来的故障诊断方法，此方法需要对被诊断对象建立较为精确的数学模型。通过观测器或滤波器对控制系统的状态或参数进行估计，获取表征系统故障的残差信号，再对残差进行分析处理，从而实现故障诊断。状态估计方法、等价空间方法、参数估计方法是三种常见的基于解析模型的方法。该方法的优点是能够充分利用系统内部结构，且与控制系统紧密结合，有利于及时且准确地检测到系统故障。但是此类方法过分依赖控制系统的数学模型，对于建模产生的误差、参数的扰动、干扰和噪声很敏感，而且要求传感器数据与模型之间存在良好的匹配关系。

2) 基于信号处理的方法

基于信号处理的方法使用信号处理技术来提取有关传感器的特征信息，然后通过特征识别算法来检测故障。具体做法是利用信号模型，如自回归滑动平均、频谱相关函数等，直接分析可测量的信号。之后提取出幅值、频率、方差等特征值，从而检测系统的故障。常用的信号处理技术包括统计分析、频谱分析、小波分析和相关分析等，其理论基础是数理统计与随机过程。这种方法的优势在于不需要建立模型，可以快速地识别异常信号，克服噪声的能力强，适合进行突变故障的诊断。但其缺点是高度依赖原始数据的质量和特征提取的准确性。

3) 基于知识的方法

基于知识的方法一般不需要对象的精确数学模型。目前，基于知识的方法主要分为专家系统方法和人工智能方法。专家系统方法是利用人工智能技术，通过建立一套由专家知识组成的知识库，实现对机器设备故障进行快速、准确的诊断。而人工智能方法属于基于数据驱动的方法，其实施过程是利用深度学习等技术，通过建立故障诊断模型、训练数据集，进而实现诊断结果的生成和验证。相比于专家系统方法，采用人工智能方法进行传感器故障诊断不需要丰富的专家经验来进行知识的采集和表示，其突出优点是可以直接应用过程数据解决复杂、非线性的故障诊断问题。

9.2　无人机关键部件故障诊断技术

9.2.1　无人机传感器故障注入技术

1. 传感器故障分析

在无人机的飞行过程中，传感器可能发生各种各样的故障。为了进行故障诊断的研究，有必要对这些故障进行分类。根据故障的特点，无人机传感器故障可分为损坏故障、偏置故障、漂移故障、锁定故障、缩放故障等。

(1) 损坏故障：指传感器在某一时刻突然失效，输出信号为零值。这是最常见的一种故障，后果很严重。原因往往是传感器供电电路损坏。

(2) 偏置故障：指某一时刻传感器的输出信号是在原始信号的基础上加上了一个常数。当系统通电时，系统的温度和应力发生变化，所以会存在传感器数据偏置。另外，传感器补偿不足也有可能导致偏置故障。

(3) 漂移故障：是传感器常见的故障之一，它的特点是传感器的输出信号在原始信号的基础上叠加了一个随时间线性增加的偏移信号。在实际飞行中，陀螺仪数据可能由于长时间运行过程中的温度波动、积累误差等而发生漂移。

(4) 锁定故障：指输出信号被锁定在一个固定值，这类故障通常在无人机受到磁场干扰或制动器故障时发生。

(5) 缩放故障：也叫乘性故障，指传感器输出信号在原始信号的基础上以一定比例发生了缩放，导致传感器的输出值超出合理的范围，通常由环境干扰、电气故障等导致。例如，由于制动器输出效率降低而导致缩放故障发生。

2. 故障注入技术

故障注入技术是指按照指定的故障类型，人为地产生故障并施加于特定的目标系统中，之后回收信息并进行分析处理，从而向试验者提供相关结果的试验过程。通过故障注入技术可以在健康数据的基础上模拟实际故障并获取相关数据，以帮助判断和诊断系统的问题。对于无人机传感器故障数据，通常由故障注入技术获得。传感器故障注入技术主要分为硬件注入法、软件注入法、信号注入法等。为了模拟实际的传感器故障数据，选择信号注入法，它有操作简单、数据收集方便、故障注入位置较灵活的优点。针对上述五类常见的传感器故障进行研究，在健康数据的基础上通过故障注入公式获得各类故障数据，下面给出所用到的故障注入公式：

$$y(t) = a \cdot x(t) + b \cdot t + c \tag{9-1}$$

式中，$y(t)$ 为故障数据；$x(t)$ 为健康数据；通过用不同的 a、b 和 c 值对五种类型的故障进行建模。

9.2.2　无人机多传感器信息融合技术

信息融合就是利用计算机对来自多个传感器的信息按一定的准则加以自动分析和综

合的数据处理过程。无人机传感器种类众多且作用各不相同，例如，加速度计和陀螺仪用于姿态估计，磁力计和 GPS 用于定位，无人机通过将各个传感器的数据信息融合起来，完成正常的飞行控制与导航。将不同类型的传感器测量数据综合利用起来，提取出传感器数据在空间或时间上的依赖性信息，进而完成特征提取与融合决策，最终获得传感器系统健康状况的一致性描述。与其他仅使用单一测量数据的故障诊断方法相比，数据融合技术借助多传感器数据能挖掘出更多的结构信息，发挥多个传感器共同测量的优势，提高故障诊断的准确性和稳定性。为了进行多传感器的信息融合，需要构建出无人机传感器的图结构，利用图神经网络在图结构处理上的优势进行特征提取，进而获取各传感器数据之间的时间和空间信息，实现无人机传感器的故障诊断。

9.3　应用效果

9.3.1　四旋翼无人机数学模型的建立

基于图神经网络的故障诊断方法属于信息融合的诊断方法，通过在神经网络中引入无人机数学模型，可以将无人机的物理特性、运动规律等信息融入神经网络中，从而更好地利用传感器数据中的信息。对于图卷积网络，还可以通过数学模型构建邻接矩阵，使模型更好地利用各个变量的空间特征，提高模型的精度。在模型假设的基础上进行四旋翼无人机数学模型的构建，并根据无人机数学模型进一步得到无人机传感器图结构，以及图结构对应的邻接矩阵和度矩阵。

1. 模型假设

针对小型四旋翼无人机，经典的无人机建模方法是采用牛顿-欧拉方程或拉格朗日方程，以得到微分方程。小型四旋翼无人机自身是一个复杂的运动学和动力学系统，想要对该系统建立一个准确的数学模型非常困难。考虑到图结构中只要求获得各变量是否存在联系，不要求描述其具体关系，所以在进行无人机运动学和动力学分析的基础上，采用简化后的无人机数学模型，考虑了四个电机的转速、无人机的姿态角、姿态角速度、姿态角加速度，并做了如下假设：

(1) 视小型四旋翼无人机整体为刚体，且完全均匀对称；

(2) 机体坐标原点与无人机的质心是完全重合的；

(3) 无人机的旋翼为刚体，旋翼轴上的转动惯量为零；

(4) 无人机进行小角度飞行，忽略无人机受到的空气阻力和陀螺力矩。

在上述假设的基础上进行无人机建模。图 9-1 和表 9-1 分别给出了建模用到的四旋翼无人机模型示意图和相关符号定义。通过模型示意图表示出无人机的结构组成，并对无人机结构进行简化，以便分析其运动规律和动力学特性。通过符号定义给出各个变量的名称和表示方式，可以建立四旋翼无人机的状态空间模型，包括位置和速度状态、姿态角和角速度状态，以及四个旋翼输出的升力状态，用于分析无人机的运动规律和受力问题。

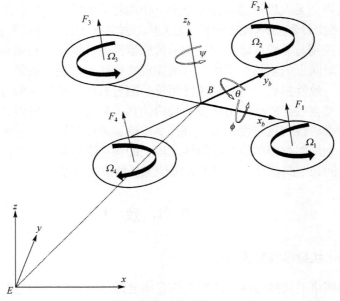

图 9-1　四旋翼无人机模型示意图

表 9-1　符号定义

符号	说明
F_1、F_2、F_3、F_4	各旋翼升力
Ω_1、Ω_2、Ω_3、Ω_4	各电机转速
U_1、U_2、U_3、U_4	无人机系统输入变量
ϕ、θ、ψ	滚转角、俯仰角、偏航角
$\dot{\phi}$、$\dot{\theta}$、$\dot{\psi}$	滚转角速度、俯仰角速度、偏航角速度
$\ddot{\phi}$、$\ddot{\theta}$、$\ddot{\psi}$	滚转角加速度、俯仰角加速度、偏航角加速度
I_x、I_y、I_z	机体绕三轴的转动惯量
M_i	i 号旋翼转矩
K_T	旋翼升力系数
K_M	旋翼转矩系数
p、q、r	无人机相对机体坐标系的旋转角速度

2. 邻接矩阵、度矩阵的构建

传统的卷积操作是基于矩阵的卷积，利用固定大小的卷积核与输入特征进行卷积运算，以提取输入特征中的局部模式。而图卷积网络是为了处理非欧氏空间的图数据而提出的学习方法。其中，图卷积操作是针对图数据进行的卷积操作，它考虑了节点之间的相互作用关系。具体地，图卷积利用了节点的邻接矩阵来表示节点之间的联系，通过聚合相邻节点的信息来更新当前节点的特征表示。可见，邻接矩阵是图卷积神经网络(graph convolutional networks，GCN)中非常关键的部分。在许多实际问题中，邻接矩阵无法事先固定，需要从数据中学习得到。为了解决这个问题，本试验通过引入无人机的数学模型来获取各个传感器变量的关系，进而获得邻接矩阵。具体推导过程如下。

通过方程推导出各个传感器变量之间是否存在联系，已知无人机的运动学方程和动力学方程分别如下：

$$m\begin{bmatrix} \ddot{x} \\ \ddot{y} \\ \ddot{z} \end{bmatrix} = \begin{bmatrix} F_x \\ F_y \\ F_z - mg \end{bmatrix} = \begin{bmatrix} U_4(C_\psi S_\theta C_\phi + S_\psi S_\phi) \\ U_4(S_\psi S_\theta C_\phi - C_\psi S_\phi) \\ U_4 C_\phi C_\theta - mg \end{bmatrix} \tag{9-2}$$

$$\ddot{\phi} = [U_1 L + (I_y - I_z)\dot{\theta}\dot{\psi}] / I_x \tag{9-3}$$

$$\ddot{\theta} = [U_2 L + (I_z - I_x)\dot{\phi}\dot{\psi}] / I_y \tag{9-4}$$

$$\ddot{\psi} = [U_3 L + (I_x - I_y)\dot{\phi}\dot{\theta}] / I_z \tag{9-5}$$

式中，C 表示相应下标的参数；S 表示计算正弦值 sin。由运动学方程式(9-2)可知，无人机的三轴加速度受到输入变量 U_4 的影响，U_4 是无人机四个旋翼旋转产生的升力之和，因此可以得出 a_x、a_y、a_z 与无人机各个旋翼的转速都存在联系，即在图结构中，a_x、a_y、a_z 各自至少存在四个邻接节点 Ω_1、Ω_2、Ω_3、Ω_4。另外，在构建图网络的过程中，为每个传感器变量添加自连接边。最终可以通过上述方程得出各变量的相邻节点，进而得到整个图网络，如图 9-2 所示。图结构中的每个节点代表一个传感器变量数据，可以从图结构中清楚地看到各个变量间是否存在联系。

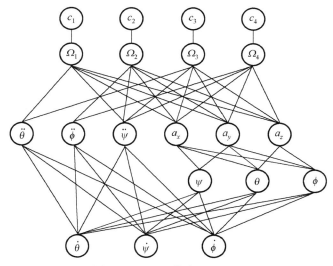

图 9-2　无人机传感器图网络

之后，可以基于图网络生成邻接矩阵 A。具体方法是，如果节点 j 具有连接到节点 i 的边，则邻接矩阵 $A[i,j]$ 的对应元素被设为 1；否则，将 $A[i,j]$ 设为 0。所获得的邻接矩阵如图 9-3 所示。

通过邻接矩阵可以直观地看到传感器变量之间的关系。例如，变量 a_z 与变量 Ω_1、Ω_2、Ω_3、Ω_4、ϕ、θ 有关，而 a_x、a_y 还额外与变量 ψ 有关。于是，可以利用邻接矩阵来表

	c_1	c_2	c_3	c_4	Ω_1	Ω_2	Ω_3	Ω_4	ϕ	θ	ψ	$\dot\phi$	$\dot\theta$	$\dot\psi$	a_x	a_y	a_z	$\ddot\phi$	$\ddot\theta$	$\ddot\psi$
c_1	1				1															
c_2		1				1														
c_3			1				1													
c_4				1				1												
Ω_1	1				1										1	1	1		1	1
Ω_2		1				1									1	1	1	1	1	1
Ω_3			1				1								1	1	1		1	1
Ω_4				1				1							1	1	1	1		1
ϕ									1						1	1	1			
θ										1					1	1	1			
ψ											1				1	1	1			
$\dot\phi$												1						1	1	1
$\dot\theta$													1					1	1	1
$\dot\psi$														1				1	1	1
a_x					1	1	1	1	1	1	1				1					
a_y					1	1	1	1	1	1	1					1				
a_z					1	1	1	1	1	1	1						1			
$\ddot\phi$						1		1				1	1	1				1		
$\ddot\theta$					1	1	1					1	1	1					1	
$\ddot\psi$					1	1	1	1				1	1	1						1

图 9-3　邻接矩阵

示图的结构信息。另外，通过邻接矩阵还可以进一步得到图网络的度矩阵 $\boldsymbol{D}$，该矩阵只在对角线位置上有值，大小等于邻接矩阵对行求和，即 $D_{ii} \in \sum_i A_{ij}$，其余位置的值均为 0。度矩阵的具体形式如图 9-4 所示。

　　如图 9-4 所示，度矩阵是一个对角矩阵，对角线的值表示每个节点连接边的数量，即节点的度。例如，变量 a_x 与包括自身的 8 个变量相关，a_y 也与 8 个变量相关。在 GCN 中，度矩阵被用于归一化邻接矩阵，从而得到规范化后的邻接矩阵。通过邻接矩阵和度矩阵可以对节点进行聚合操作，得到汇总后的节点特征，由前面所述，在谱空间的卷积操作可以定义为

$$f * x = \theta\left(\tilde{D}^{-\frac{1}{2}} \tilde{A} \tilde{D}^{-\frac{1}{2}} \right) x \tag{9-6}$$

式中，$\tilde{D}^{-\frac{1}{2}} \tilde{A} \tilde{D}^{-\frac{1}{2}}$ 是图卷积的核心操作，叫做邻接矩阵的对称归一化。这样做的主要目的是解决在使用邻接矩阵进行图卷积网络训练时出现的两个问题：度数偏差和梯度消失/爆炸。度数偏差指的是一些节点的度数较大，而另一些节点的度数较小。在使用未经过归一化的邻接矩阵进行训练时，度数大的节点在其特征表征中将具有较大的值，度数小的节点将具有较小的值。这会导致模型训练效果出现偏差。另外，由于神经网络使用反向

传播算法进行训练时，每层的梯度计算都需要用到前一层的特征，因此特征数值不稳定就会导致梯度不稳定，随层数加深出现梯度消失和梯度爆炸。邻接矩阵的对称归一化可以有效地解决特征数值不稳定的问题，使得每个节点在模型中的权值更加均衡，从而避免了梯度消失和梯度爆炸问题。

	c_1	c_2	c_3	c_4	Ω_1	Ω_2	Ω_3	Ω_4	ϕ	θ	ψ	$\dot\phi$	$\dot\theta$	$\dot\psi$	a_x	a_y	a_z	$\ddot\phi$	$\ddot\theta$	$\ddot\psi$
c_1	2																			
c_2		2																		
c_3			2																	
c_4				2																
Ω_1					7															
Ω_2						7														
Ω_3							7													
Ω_4								7												
ϕ									4											
θ										4										
ψ											3									
$\dot\phi$												4								
$\dot\theta$													4							
$\dot\psi$														4						
a_x															8					
a_y																8				
a_z																	7			
$\ddot\phi$																		6		
$\ddot\theta$																			6	
$\ddot\psi$																				8

图 9-4　度矩阵

9.3.2　无人机试验及数据预处理

无人机传感器众多且相互联系，可以很好地构建图数据。每个传感器输出的变量数据是一个时间序列，各个变量的飞行数据通常记录在飞行控制器中或保存在地面控制站(GCS)中。通过考虑各变量之间的联系，可以构架一个图网络，每个变量对应一个节点，节点的特征就是一维时间序列。每个节点通过边与其相邻节点相连，最终构成图网络。

基于图卷积网络的故障诊断方法的一般流程是：首先通过试验或已有数据集获得原始数据，然后将原始数据处理成图数据，之后构建神经网络模型，利用邻接矩阵、度矩阵进行节点的特征提取，即进行图卷积操作，最终利用神经网络模型进行故障诊断或预测。在训练神经网络时，需要提供足够多的训练数据，使得网络能够从中学习到合适的特征和规律。因此，数据在神经网络的训练和推理过程中是非常关键的一部分。为了获得神经网络所需的原始数据，同时为了满足模型对输入数据的要求，本试验对原始数据进行了预处理操作，包括变量选择、数据补充、数据提取和故障注入。

1. 无人机试验

四旋翼无人机是一种具有六个自由度和四个输入的欠驱动飞行器，属于旋翼式直升机。它有着独特的结构特点，四个旋翼相互抵消反扭矩，不需要专门的反扭矩桨；具有简洁的控制方式，仅通过改变四个旋翼的转速即可实现各种姿态控制。四旋翼无人机除了具有垂直起降、着陆、悬停、纵飞和侧飞等飞行特性以外，还有结构简单、机动性高等优点。

本试验研究一个自组的开源四旋翼无人机，主控制器选用开源飞行控制器 Pixhawk 2.4.8，它采用了新标准的 32 位处理器 STM32F427，搭配 5611 气压计。Pixhawk 2.4.8 还集成了多种传感器，包括三轴加速度计、三轴陀螺仪、磁传感器。同时，此无人机还配备了 GPS 模块、电流传感器，来获得无人机的位置、状态等信息。对于无人机飞控的软件程序，即飞控固件，采用当今使用广泛的无人机开源项目 Ardupilot。另外，可以通过配套的地面站软件 Mission Planner 进行飞行日志的下载和分析。

自组四旋翼无人机实物图及其系统组成如图 9-5 所示，系统组成主要包括电源模块、核心处理器(飞行控制器系统)及各个传感器模块。各个组成部分之间相互协作，实现无人的控制、导航与飞行。

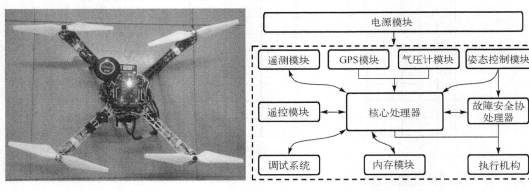

(a) 无人机实物图　　　　　　　　　　(b) 无人机系统组成

图 9-5　无人机实物图及系统组成

无人机试验在室外环境下进行，环境温度在-5℃左右，可以正常起飞、降落。试验的目的是获得无人机正常飞行状态下的传感器数据，所以为了避免由于温度剧烈变化而影响试验精度，无人机应在起飞前静置一段时间。同时为了使无人机的飞行姿态不受到环境过度干扰，应使无人机在微风条件下飞行。具体试验内容如下：无人机在健康状态下飞行，由人工操作完成基本运动，如平移、旋转、盘旋、上升和下降，飞行时间为 14min，飞行轨迹如图 9-6 所示。

2. 无人机数据预处理

1) 变量选择

由 Pixhawk 2.4.8 控制器生成的试验飞行数据被记录在飞行日志中。通过地面站软件

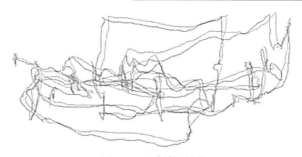

图 9-6 飞行轨迹图

Mission Planner 可以下载无人机飞行日志并进行分析，也可以通过 Mission Planner 将飞行日志中的数据保存为.csv 文件。由于飞行数据包括大量变量(200 个左右)，本试验选取无人机上的三轴加速度计、三轴陀螺仪等传感器产生的变量，同时参考无人机运动学模型和动力学模型中的变量，提取了 20 个关键的变量数据，如表 9-2 所示。

表 9-2 关键变量选择

符号	说明	单位
c_1	1 号电机的电调输出 PWM 值	μs
c_2	2 号电机的电调输出 PWM 值	μs
c_3	3 号电机的电调输出 PWM 值	μs
c_4	4 号电机的电调输出 PWM 值	μs
Ω_1	1 号电机转速	r/min
Ω_2	2 号电机转速	r/min
Ω_3	3 号电机转速	r/min
Ω_4	4 号电机转速	r/min
ϕ	滚转角	°
θ	俯仰角	°
ψ	偏航角	°
$\dot{\phi}$	滚转角速度	°/s
$\dot{\theta}$	俯仰角速度	°/s
$\dot{\psi}$	偏航角速度	°/s
a_x	无人机沿 x 轴方向的加速度	m/s²
a_y	无人机沿 y 轴方向的加速度	m/s²
a_z	无人机沿 z 轴方向的加速度	m/s²
$\ddot{\phi}$	滚转角加速度	°/s²
$\ddot{\theta}$	俯仰角加速度	°/s²
$\ddot{\psi}$	偏航角加速度	°/s²

为了直观地看到各个变量的数据形式，本试验以三个姿态角速度为例，分别给出数值图，如图 9-7～图 9-9 所示。可以从图中清楚地看到无人机在飞行过程中受到微风的影响导致数据出现了波动。三个姿态角速度数据的平均值都在 0 值附近，说明无人机在试

验过程中的旋转状态较为稳定。从图 9-7 和图 9-8 中也可以看到滚转角速度和俯仰角速度在飞行末段出现了极大值，这是由于受到了无人机降落的影响，与实际相符。

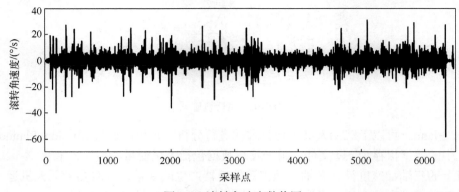

图 9-7　滚转角速度数值图

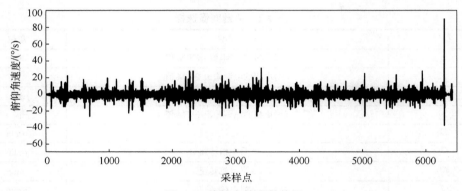

图 9-8　俯仰角速度数值图

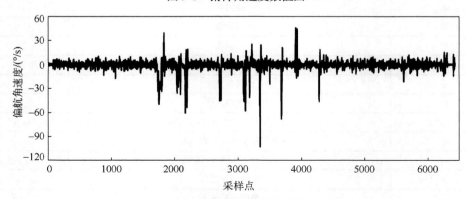

图 9-9　偏航角速度数值图

2) 数据补充

对于在表 9-2 中无法直接获得具体数据的参数：电机转速 Ω_1、Ω_2、Ω_3、Ω_4 和角加速度 $\ddot{\phi}$、$\ddot{\theta}$、$\ddot{\psi}$，需要通过已有变量数据推导得出。具体处理方法如下。

无人机中用于控制电机启停和转速的装置是电调，全称为电子调速器。电调通过脉冲宽度调制(pulse width modulation，PWM)技术来实现电机的控制。具体过程是：电调通过检测无人机的飞行状态，确定需要的转速并输出相应的 PWM 值，之后电调将 PWM 值转换成占空比来改变输出电压，进而改变电机的转速。脉冲宽度调制是一种精确的控制方式，可以快速响应无人机的控制指令，使得电机能够快速、准确地完成指定动作。因此本试验采用四个电机的电调输出 PWM 值来求解对应电机的转速。

试验用到的无人机配备了 2312A 大疆精灵 3 无刷电机，其 KV 值为 800，电机额定电压为 12V，电调最大 PWM 值为 1900μs，电机转速可以通过式(9-7)求出：

$$转速 = (PWM 值/电调最大 PWM 值) \times 电机 KV 值 \times 电机额定电压 \tag{9-7}$$

式中，KV 值定义为转速/V，即输入电压增加 1V，无刷电机空转转速增加的转速值。电机 KV 值×电机额定电压即为电机最大空转转速。对于角加速度数据，可以通过对角速度变量数据进行数值微分获得，角速度变量数据通过无人机上的陀螺仪获取。具体的数值微分公式如下：

$$\alpha = \frac{\Delta \omega}{\Delta t} \tag{9-8}$$

式中，Δt 取传感器采样的时间步长 0.1s；$\Delta \omega$ 由相邻的两个角速度数据相减得到。

3) 数据提取

试验中的大多数传感器以 10Hz 的采样频率收集数据，而三轴加速度计传感器的采样频率为 25Hz。由于采样频率的不同，三轴加速度计变量数据与其他各个变量数据的长度不同。在本试验中，三轴加速度计传感器在同样的飞行时间内得到的数据量是其他变量的 2.5 倍，不满足神经网络模型对变量数据的要求。所以，为了在保证与其他变量数据长度相同的情况下，尽量取到相同时间节点的数据，需要对加速度变量 a_x、a_y、a_z 进行插值后提取数据。

本试验中的三轴加速度数据量过大，每个变量有 16151 个数值，因此选用三次样条插值法将数据扩充到原始数据的 2 倍。三次样条插值法是一种分段插值方法，将整个定义域划分成若干小段，每一小段内使用三次多项式进行拟合，进而提高了运算速度。在插值后的数据中每隔五个数取一次值，最终得到 6460 个数值，与其他变量的数据长度一致。

4) 传感器故障注入

将原始数据进行上述处理后，得到了 20 个传感器变量数据，每个变量的数据长度为 6460。之后对这些数据进行故障注入，通过前面给出的注入公式，可以在健康数据的基础上实现损坏故障、偏置故障、漂移故障、锁定故障、缩放故障的模拟，在飞行全周期对 20 个变量注入同一类故障。最终将数据分为六类：健康数据、损坏故障数据、偏置故障数据、漂移故障数据、锁定故障数据、缩放故障数据。以滚转角速度为例，具体故障注入过程如下。

(1) 损坏故障注入：将每个时间点的健康数据设置为 0，注入后的数据与健康数据的对比如图 9-10 所示。

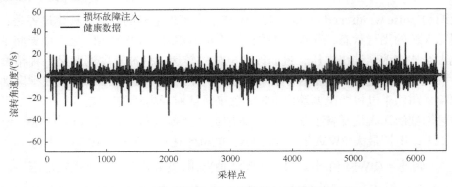

图 9-10　损坏故障注入后的数据与健康数据对比

(2) 偏置故障注入：在健康数据的基础上加上该变量数据的标准差，注入公式为 $y(t) = x(t) + \text{std}(x)$，$x(t)$ 为健康数据，$y(t)$ 为故障数据，$\text{std}(x)$ 为该变量数据的标准差。本试验滚转角速度数据的标准差为 $5.13°/s$，注入后的数据与健康数据的对比如图 9-11 所示，偏置故障数据始终与健康数据保持恒定的偏差。

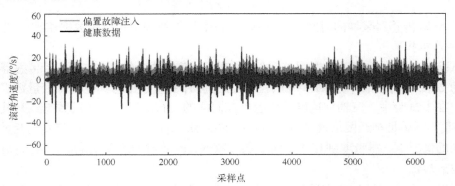

图 9-11　偏置故障注入后的数据与健康数据对比

(3) 漂移故障注入：在健康数据的基础上加入随时间变化的偏差。具体公式表示为 $y(t) = x(t) + 0.01t$，这里将偏离率设为 0.01，注入后的数据与健康数据的对比如图 9-12 所示，漂移故障数据会随时间变化偏离健康数据，且偏离程度逐渐增大。

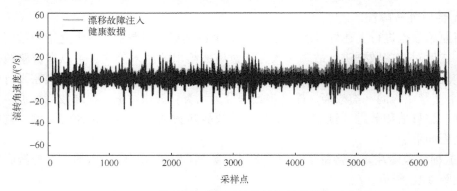

图 9-12　漂移故障注入后的数据与健康数据对比

(4) 锁定故障注入：发生锁定故障时传感器数据为固定值。本试验将这个值设置为各变量数据的标准差。具体公式为 $y(t) = \mathrm{std}(x)$ 。对于滚转角速度数据，发生锁定故障时数值恒定为 $5.13\,°/\mathrm{s}$ ，注入后的数据与健康数据的对比如图 9-13 所示。

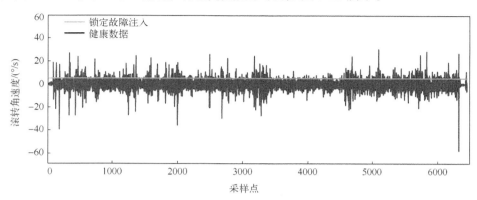

图 9-13　锁定故障注入后的数据与健康数据对比

(5) 缩放故障注入：本试验将缩放故障数据设置为健康数据的两倍，其公式为 $y(t) = 2 \cdot x(t)$ 。注入后的数据与健康数据的对比如图 9-14 所示。

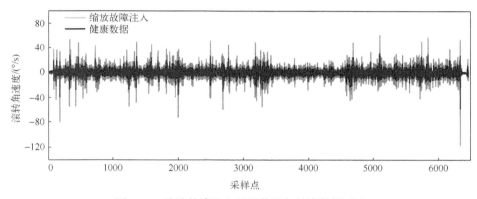

图 9-14　缩放故障注入后的数据与健康数据对比

通过故障注入操作，本试验得到了六类传感器数据，包括五类故障数据和健康数据。此外，采用滑动窗口将数据分割成多个样本，设置分割步长为 100。随机选取 80% 的样本作为训练集，另外 20% 的样本作为测试集。最终共生成 384 个样本，每个样本的维度为 $x \in \mathbb{R}^{20 \times 100}$ 。

9.3.3　基于深度学习的无人机传感器故障诊断

常规图卷积网络通过将节点特征与邻接矩阵进行卷积来聚合节点信息，这种方法可以很好地利用各传感器之间的空间信息，但是忽略了对故障分类同样必不可少的时间信息。传感器数据是在一段时间内按照固定采样频率收集的时间序列数据，为了进一步提取数据中的时间信息，本试验在常规图卷积网络的基础上提出了一种改进的时空差分图卷积网络(spatial-temporal difference graph convolutional networks，STDGCN)模型。

1. STDGCN 模型搭建

本试验搭建的时空差分图卷积网络模型由三部分组成，具体框架如图 9-15 所示。第一部分是用于图节点的特征增强的差分层，这一部分负责计算用于特征增强的后向差分特征。第二部分是用来捕获时空相关特征的时空图卷积模块，由两个时空图卷积模块(spatial-temporal graph convolutional module, STGCM)堆叠构成。第三部分包括时间门控卷积、全局平均池层和全连接层，用于压缩、聚合节点特征，最终进行故障分类。

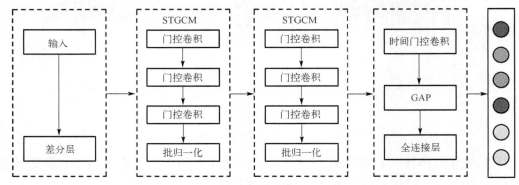

图 9-15　STDGCN 总体框架

STDGCN 的核心思是采用差分层对图节点进行特征增强，之后使用时空图卷积模块来捕获时空相关特征，最终通过全局平均池层和全连接层压缩、聚合节点特征，得到故障诊断结果。

STGCM 的实现过程如下：首先，将传感器数据在若干个时间段上进行划分。在同一时间段上，针对节点的相邻节点和节点本身，利用图卷积层进行卷积操作，提取出每个节点的特征信息，进而挖掘各个节点的空间依赖性；然后，通过堆叠门控卷积层在连续时间片处进行门控卷积操作，合并对应的节点时间特征，进而挖掘各个节点的时间依赖性；同时，在 STGCM 中添加残差架构，把信号从堆叠的层中直接跳过，从而将信息传递到输出端，避免了信号衰减和梯度消失等问题，并使网络模型能够更好地学习到有效的特征。批归一化层通过在每个 mini-batch 内对输入数据进行标准化来实现"以稳定的方式训练深度模型"的策略。它通过对分布进行规范化，使得网络输入在各个维度上实现尺度统一，并将输出值映射到激活函数平滑的区域之内，从而加速网络的收敛速度，同时也有正则化的作用，进而提高网络的泛化能力。时空图卷积模块的作用在于通过复杂的数学计算算法，将输入的时空图数据抽象成一个由节点、边和时间信号构成的图结构，利用图卷积层和门控卷积层进行有效的特征提取和图结构变换，从而充分利用传感器数据的时间信息和空间信息，以进一步提高故障诊断的准确性和鲁棒性。

2. 模型训练和预测

将试验中收集到的各传感器变量数据处理成时空数据集，处理方法如前所述，之后将数据集划分成训练集和测试集，比例为 0.8 : 0.2。使用训练集训练 STDGCN 模型，采用反向传播算法来进行训练，并使用梯度下降法来优化模型中的参数。最后输入测试集，使用训练好的 STDGCN 模型进行故障诊断。考虑到计算效率和诊断性能，堆叠了两个 STGCM。在时间维度上，第一个 STGCM 包含 32 个卷积核，第二个 STGCM 包含 64 个卷积核。此外，将差分层的参数 D 设置为 4，即进行四阶差分。进行多次 STDGCN 模型的训练与预测，在训练阶段使用交叉熵损失函数和 Adam 优化器来量化模型预测结果并调整模型参数，并将优化器的学习率固定为 0.001。将训练迭代次数设置为 50，训练集的样本数为 308，最终无人机传感器故障诊断的结果在图 9-16 和图 9-17 中展示，图中曲线的阴影表示每次训练或测试的误差。

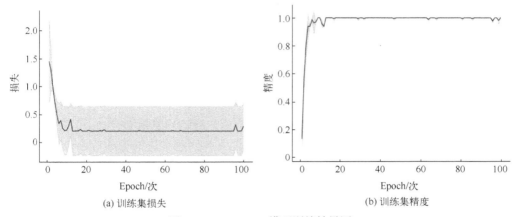

(a) 训练集损失　　　　　　　　　(b) 训练集精度

图 9-16　STDGCN 模型训练结果图

从训练结果图中可以看出，STDGCN 模型在第 20 训练回合处就达到了较低的损失和较高的精度，并在之后的训练中一直保持，说明该模型训练速度快，训练效果好。

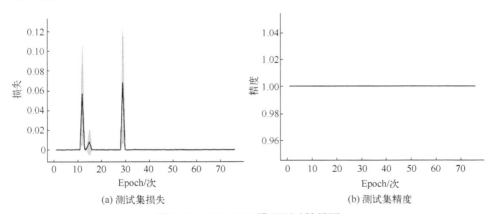

(a) 测试集损失　　　　　　　　　(b) 测试集精度

图 9-17　STDGCN 模型测试结果图

从测试结果图中可以看出，STDGCN 模型在传感器的故障诊断任务上表现优秀，在测试集上的准确率为 100%，且损失较低。测试集精度曲线没有阴影面积，说明了 STDGCN 模型的稳定性。STDGCN 模型属于一种改进的 GCN 模型，基于无人机数学模型构建的传感器数据图结构利用了先验知识，这可以确保模型显式地挖掘空间相关性，门控卷积层提高了模型对时间序列信息的融合能力。这些特性保障了 STDGCN 模型在传感器故障诊断上的效果。

3. 模型对比分析

接下来，为了评估所提出的方法的优越性，引入了六种现有的故障诊断方法作为对比，包括循环神经网络(RNN)、长短期记忆(LSTM)网络、门控循环单元(GRU)、卷积神经网络(CNN)、LeNet 架构以及常规图卷积网络(GCN)，最终的测试准确率如表 9-3 所示。

表 9-3　各网络模型测试准确率

神经网络模型	测试准确率/%	神经网络模型	测试准确率/%
RNN	71.16	LeNet	90.78
LSTM	97.49	GCN	95.52
GRU	97.64	STDGCN	100.00
CNN	93.42		

由表 9-3 可以看到，RNN 的准确率为 71.16%，故障诊断效果较差。这是由于 RNN 结构简单，难以处理长时间序列，且存在梯度消失的问题，进而导致诊断性能较差。本试验所构造的 LSTM 网络和 GRU 具有两个隐含层，每个隐含层具有 100 个单元，时间步长和输入尺寸的维数分别为 100 和 20，并通过全连接层进行故障分类；LSTM 网络和 GRU 的准确率分别为 97.49% 和 97.64%。与 STDGCN 相比，LSTM 网络和 GRU 能够学习时间序列数据中的短期依赖关系，但对长期依赖关系的学习能力有限，难以捕捉到多时刻数据之间的复杂特征且无法获得各传感器的空间信息，导致诊断效果下降。

本试验所构造的 CNN 模型具有一个二维卷积层、一个最大池化层和三个全连接层。另外，本试验还加入了 LeNet 架构来进一步验证卷积神经网络在传感器故障诊断中的效果。LeNet 模型包含 2 个二维卷积层、2 个激活层、2 个最大池化层以及 3 个全连接层。对于试验中的传感器数据集，CNN 和 LeNet 的准确率分别为 93.42% 和 90.78%。诊断效果欠佳，这可以归因于基于 CNN 的模型不能很好地对传感器数据进行融合。传统的卷积核通过聚合所有通道的特征来生成新的特征图，而不管它们是否相关。而本试验中输入模型的 20 个传感器变量之间并不完全相关。由于 CNN 对空间信息依赖较强，某些通道中的重要故障信息会受到其他通道中无关冗余信息的影响，从而影响了模型的性能。

试验中构造的 GCN 有两个图卷积层和三个全连接层，其测试准确率为 95.52%。GCN 基于图结构的拉普拉斯矩阵聚合相邻节点特征，因此可以获得各传感器之间的空间信息。但相比于 STDGCN，常规的 GCN 没有差分层进行节点的特征增强，也没有门控卷积层对传感器数据的时间信息进行提取，从而无法充分获得传感器数据的空间信息和时间信息，导致诊断效果不如 STDGCN。

通过上述模型对比试验，可以得出 STDGCN 精度较高的原因有如下几点：首先，利用无人机数学模型来构建传感器变量的图结构，获得了传感器测量值之间较为准确的空间依赖关系；其次，在神经网络中加入了用于计算多阶后向特征的差分层，用于提取时间序列中相邻时间步之间的差异特征；最后，引入了时空图卷积模块，能够同时提取传感器数据的时间信息和空间信息。

小　　结

　　本章详细介绍了无人机关键部件的故障诊断技术，特别是基于深度学习的方法。首先，强调了无人机传感器在飞行控制中的关键作用及其故障对飞行安全的影响。接着，介绍了无人机故障诊断的意义，并对常见的故障诊断方法进行了分类和讨论。重点介绍了无人机传感器故障注入技术，通过模拟实际故障来获取相关数据，为故障诊断提供支持。同时，探讨了多传感器信息融合技术，利用图神经网络处理无人机传感器数据，以提高故障诊断的准确性和稳定性。最后，提出了一种改进的时空差分图卷积网络(STDGCN)模型，用于无人机传感器故障诊断，并通过试验验证了其优越性。通过本章的学习，读者应能够理解并应用这些先进的故障诊断技术，为无人机系统的安全运行提供保障。

习　　题

　　1. 简述无人机故障诊断的意义，并解释其在无人机系统中的作用。

　　2. 描述无人机传感器故障注入技术，并讨论其在故障诊断中的应用。

　　3. 解释多传感器信息融合技术，并讨论其在无人机故障诊断中的优势。

　　4. 讨论基于深度学习的无人机故障诊断方法，并说明其相对于传统方法的优势。

　　5. 描述 STDGCN 模型的工作原理，并解释其在无人机传感器故障诊断中的作用。

　　6. 设计一个试验，使用 STDGCN 模型对无人机传感器数据进行故障诊断，并分析其结果。

　　7. 比较不同神经网络模型(如 RNN、LSTM、GRU、CNN、LeNet、GCN)在无人机传感器故障诊断中的性能，并讨论其原因。

微课 10

第 10 章

航空液压柱塞泵故障诊断

本章导读

本章深入探讨航空液压柱塞泵的故障诊断，这是确保飞机安全性、可靠性与效率的关键环节。液压柱塞泵作为飞机液压系统的核心动力元件，其性能直接影响飞机的飞行安全。本章首先介绍航空液压柱塞泵的背景知识，包括液压柱塞泵的分类、功能和特点。随后，分析液压柱塞泵的常见故障及可能原因，并提供故障诊断的方法。然后，介绍液压柱塞泵组试验平台的组成和工作原理，以及如何通过数据采集系统对液压柱塞泵的故障特征进行提取和分析。最后，本章强调航空液压柱塞泵故障诊断的重要性，并展望智能化、自动化故障诊断技术的发展趋势。

学习目标

理解航空液压柱塞泵在飞机系统中的作用和重要性；掌握液压柱塞泵的工作原理和分类；学习液压柱塞泵的常见故障类型及其诊断方法；了解航空液压柱塞泵故障诊断技术的发展趋势；熟悉液压柱塞泵组试验平台的构成和功能；掌握故障特征提取的方法和数据分析技巧。

10.1 航空液压柱塞泵的背景介绍

10.1.1 液压柱塞泵的介绍与功能

飞机液压系统在飞机任务执行过程中起着非常重要的作用，飞机的舵面控制、前轮转向、起落架收放等关键功能都依靠它来完成。航空液压柱塞泵作为飞机液压系统的动力元件，也是最重要的液压元件，为系统提供高压液压油，对各执行机构进行驱动和控制，其性能的好坏直接影响飞机液压系统功能的实现和飞机的飞行安全。由于飞机液压系统对液压元件的特殊要求，航空上采用的液压柱塞泵绝大多数选用径向尺寸较小的轴向柱塞泵。航空轴向柱塞泵按照排量是否能够调节，分为定量泵和变量泵两种。定量泵以其结构紧凑、功率密度相对较高等优点，常应用在起落架、电液作动装置、机舱门等飞机部件的液压系统中。相对于定量泵，变量泵的使用更广泛，飞机液压系统中由发动机驱动的主液压柱塞泵、由空气驱动的液压柱塞泵以及电动泵组使用的均为变量泵。

　　航空轴向变量柱塞泵按结构形式差异，可分为直轴泵和弯轴泵两种。其中，直轴泵的应用更为广泛。直轴式轴向柱塞泵的变量机构采用的是斜盘变量结构，比弯轴泵的摆缸结构所需要的空间小、结构惯量小，可以得到较小的调节力矩和动态品质。直轴泵支撑传动轴的轴承工作条件较好，轴承力比弯轴泵布置得要合理，因而，其工作寿命也较长。另外，直轴泵加工工艺性好，加工成本低。目前，飞机上的航空主泵大部分采用的是斜盘式恒压变量柱塞泵。斜盘式恒压变量柱塞泵的出口流量由负载决定，因此其效率相对较高。飞机液压系统具有动作速度高、反应灵敏、压力大、温度范围宽、体积小等特点，因此航空液压柱塞泵作为其动力元件，通常工作在高压、高转速、宽温域、高振动的复杂工况下。与工业柱塞泵相比，航空液压柱塞泵在体积、重量、转速、性能稳定、可靠性以及寿命等方面要求更高。

　　体积小、重量轻是飞机部件的一项重要指标。为满足飞机总体对液压系统提出的严格要求：既要重量轻、体积小，又要功率大、工作可靠，与工业柱塞泵相比，航空液压柱塞泵具有更大的功率密度和更高的可靠性，其主要特点如下。

　　(1) 转速高。一般工业柱塞泵的额定转速为 1500r/min，其中闭式泵的转速可提高至 3000r/min。而为减小航空液压柱塞泵的体积和重量、提高功率密度，一般转速都较高 (3000r/min 以上)。高转速下，不但给航空液压柱塞泵带来了振动频率及油液温度的提高，而且增大了吸油口产生气穴的概率，因此航空液压柱塞泵在结构强度、散热性能以及吸油口压力等方面有更高的要求。

　　(2) 低脉动。由于安装空间限制，飞机液压系统各元件之间常采用硬管相连，因此高频的压力脉动容易导致液压管路产生流固耦合振动。管路振动会造成其连接的液压元件发生故障、失效，甚至会引起管路破裂，最终导致液压系统失效，给飞机带来灾难性后果。目前，国内各大飞机制造厂对航空液压柱塞泵的压力脉动和机械振动都提出了更高的要求，对于压力脉动，军机要求不超过 ±10%，民机要求不超过 ±7%。

　　(3) 良好的散热性能和耐热性。由于飞机液压柱塞泵转速较高，飞机液压系统在工作时，油温上升很快，而温度过高会影响航空液压柱塞泵的寿命及可靠性，因此对航空液压柱塞泵的结构和材料在高温适应性方面要求严格。

　　(4) 可靠性高。航空液压柱塞泵是飞机液压系统的核心元件，为系统提供高压液压油，一旦出现故障，将会对飞机造成致命的危害，因此飞机液压柱塞泵均应具有较高的可靠性。目前国内军用航空液压柱塞泵的寿命在 500h 左右，而波音 787 和空客 A380 使用的液压柱塞泵平均无故障时间已达到 25000h。

　　目前，在军用航空液压柱塞泵研制方面，国内仅有航空工业力源液压股份有限公司、金城南京机电液压工程研究中心等少数航空军工单位能够研制，但是其产品在可靠性、耐久性等方面还不能满足现代军用飞机的要求，且大多数是在测绘国外产品的基础上研制的。与国外同类产品相比，国内的航空液压柱塞泵在转速、脉动、可靠性、使用寿命等方面还存在一定的差距。"高速高压"是未来 20 年液压传动系统的主要发展趋势之一，随着飞机液压系统的更新换代，这种趋势更为明显。同时，"高速高压"也给航空液压柱塞泵带来了较大的振动和噪声，对其性能产生了较大的影响，不但降低了产品的可靠性和使用寿命，也严重影响了飞机液压系统的整体性能。此外，在民用液压柱塞泵领域，国内产品与国外相比，无论在动态响应、稳定性还是在可靠性、使用寿命等方面，也有一定差距。由于我国在原材料、涂覆工艺、制造工艺及控制机构设计上的差距，我国柱塞泵产品相对落后，其转速、动态响应、稳定性、可靠性、使用寿命等达不到系统要求。斜盘式恒压变量柱塞泵的动态特性是非常复杂的，其不但包括流量脉动、压力脉动、响应时间等外部动态特性，还包括缸体、柱塞、斜盘、调压阀芯、变量活塞等内部零件的动态特性，而且影响这些特性的因素也比较多，如转速、泄漏、油液的性能、产品内部结构以及变量机构的参数等。因此，对液压柱塞泵动态特性的研究将是一个长期的、精益求精的过程。

10.1.2 液压柱塞泵的常见故障及可能原因分析

1. 不起压故障

液压柱塞泵不起压故障是液压系统中常见的问题之一，这种情况会严重影响液压系统的正常工作和效率。该故障的表现为液压系统无法建立起所需的压力，导致系统驱动的机械部件无法正常工作或动作缓慢。不起压的原因可能多种多样，涵盖了从液压柱塞泵本身的故障到系统级别的问题。其中常见的原因如下所示。

(1) 液压柱塞泵的进油口存在堵塞或吸油不足。液压柱塞泵压力输出低由油箱油位过低、吸油滤清器堵塞或者吸油管路出现泄漏等原因引起。当泵体无法吸入足够的油液时，就无法形成有效的压力输出。

(2) 柱塞泵本身的磨损或损坏。随着使用时间的增长，泵内部的柱塞、配流盘、滑靴等部件可能会因磨损或损坏而导致密封性能下降，影响泵的压力建立能力。特别是柱塞与泵体间的密封不良，将直接影响到泵的压力输出。

(3) 液压系统中的溢流阀错误设置或损坏。溢流阀的主要功能是调节系统压力，保护系统不受过高压力的损害。如果溢流阀设置过低或损坏，可能会导致系统压力不断溢流，无法建立起足够的工作压力。

(4) 液压油的问题。液压油的问题包括液压油黏度不符合要求、油中含有空气或油质变质等。油液的质量直接影响到液压柱塞泵的正常工作，不合规的油液会降低泵的效率甚至损坏泵体。

对于液压柱塞泵的不起压故障，进行系统的诊断是至关重要的。这包括检查油箱油位、清洁或更换吸油滤清器、检查并修复任何泄漏、检查柱塞泵及其相关部件的磨损情况以及调整或更换溢流阀等。此外，确保使用恰当的液压油并定期更换，也是预防该故障的重要措施之一。正确的故障诊断和维护不仅可以修复不起压的问题，更能提高整个液压系统的稳定性和可靠性。

2. 压力波动故障

液压柱塞泵压力波动故障是液压系统中常见且影响系统性能的问题之一。这种故障会导致液压系统输出的压力不稳定，进而影响到整个系统的动力传递和控制精度，甚至可能引起系统的非正常振动和噪声。处理这类故障对于确保液压系统的高效和安全运行具有重要意义。其中常见的原因如下所示。

(1) 液压油中的空气。当液压油因吸入空气或空气未能从系统中有效排出时，液压油的压缩性增加，导致系统在压力传递过程中出现波动。此外，油中混入的空气还可能引起空穴现象，造成泵的损伤和进一步的性能下降。

(2) 泵的磨损或内部泄漏。柱塞泵的柱塞、配流盘、活塞等部件如果磨损或损坏，会导致泵内部的泄漏，从而使得压力无法稳定。随着泵内部间隙的增加，液压油在高压下容易发生局部流动失稳，进而引起压力波动。

(3) 液压系统的控制元件调整不当或功能失效。液压系统控制元件的主要功能是维持系统所需的压力水平，任何设置错误或损坏都可能导致系统压力难以保持在设定的稳定状态。

(4) 液压系统的管路设计不合理和连接松动。不合理的管路设计或管道连接松动等都可能引致压力波动。例如，过长或过细的管道会增加液压油的流动阻力，导致压力损失和波动。

对于液压柱塞泵的压力波动故障，需要从系统全局进行诊断与分析，包括检查液压油的状态和质量，检查泵和系统中所有关键部件的磨损状况，检查并调整系统的控制阀门，评估和优化液压管路的设计。通过综合的检查和精确的调整，可以有效地解决压力波动问题，保证液压系统的稳定运行。

3. 液压柱塞泵短时间使用就出现轴头漏油的问题

液压柱塞泵在短时间使用后出现轴头漏油是一种比较常见的问题，这种情况通常指的是泵的轴封部位发生泄漏。轴封泄漏不仅会导致液压油的损失，还可能引起系统污染，降低泵的效率和寿命，因此及时诊断和解决这一问题非常重要。其中常见的原因如下所示。

(1) 轴封的磨损或损坏。随着使用时间的增加，轴封可能由于老化或机械磨损而失效。即使是新泵，如果轴封安装不当或选择了不合适的轴封材料，同样可能导致早期的泄漏问题。

(2) 泵轴的对中问题。如果泵和驱动电机之间的轴没有正确对中，或者安装时产生了较大的机械应力，都会加速轴封的磨损，造成泄漏。确保设备安装时的精度是防止此类问题的关键。

(3) 液压系统中的压力过高。当系统压力超过轴封的设计承压能力时，轴封可能因承受不住压力而发生变形或破裂，从而引起漏油。

对于液压柱塞泵轴头漏油的问题，需要首先检查轴封的类型和状态，确保使用的是符合规格的轴封并且安装正确。如果轴封损坏，应及时更换。同时，检查液压系统的压力设置，确保不超出泵的最大工作压力。另外，检查泵和电机的对中情况，必要时进行调整，以减少由对中问题导致的额外机械磨损。

4. 液压柱塞泵短时间出现轴承烧坏故障

液压柱塞泵在短时间内出现轴承烧坏的情况属于严重的机械故障，这会严重影响泵的正常运行和整个液压系统的效能。轴承烧坏不仅会导致设备停机，还可能引起更大范围的机械损害。其中常见的原因如下所示。

(1) 润滑不足。轴承的润滑不足会导致摩擦力增大，从而产生过热，最终可能导致轴承材料的热退化和力学性能下降。确保轴承得到充分且适当的润滑是防止烧坏的关键。

(2) 轴承过载。如果液压柱塞泵的负载超出了设计规格，或者由于系统故障而导致泵承受不合理的负载，轴承可能因此过热和烧坏。这种情况下，检查并优化系统的工作条件和负载分配至关重要。

(3) 轴承安装不当。轴承如果没有按照正确的方法安装或者对准不精确，可能会产生不均匀的负荷分布，加速轴承磨损甚至导致轴承烧坏。因此，维护时必须确保轴承按照制造商的规定正确安装。

针对液压柱塞泵轴承烧坏的问题，维护工作应包括定期检查润滑系统，确保轴承润滑充足且使用适当的润滑剂；监控和调整液压系统的工作负荷，避免过载；确保轴承的正确安装和调整；使用高质量的轴承和更换易损件。通过这些措施可以大幅度减少轴承烧坏的风险，保障液压柱塞泵和整个系统的稳定运行。

10.1.3 航空液压柱塞泵故障诊断的意义

在现代航空工业中，飞机的安全性、可靠性与效率至关重要。其中，航空液压系统作为飞机上至关重要的系统之一，其性能直接关系到飞机的正常运行。航空液压柱塞泵作为该系统的核心部件，负责提供动力，驱动飞机的多种机械动作，如控制飞机的襟翼、起落架、方向舵等。液压柱塞泵的故障可能导致整个液压系统的失效，进而影响飞机的正常操作和飞行安全。例如，如果液压柱塞泵无法提供足够的压力，飞机的重要组件如起落架可能无法正常工作，这在起飞和着陆阶段极为危险。此外，液压柱塞泵的异常也可能引发液压油温度上升、油液污染等问题，这些都可能进一步损坏液压系统或影响飞机其他系统的运行。然而，及时准确的故障诊断可以显著降低维护成本。如果能在问题初期就通过诊断发现问题并进行修复，可以避免问题的扩大，减少对其他部件的影响，从而减少更大规模的维修或更换成本。此外，高效的故障诊断机制能够缩短飞机的停机时间，提高飞机的使用效率和经济效益。随着信息技术、人工智能等领域的快速发展，故障诊断技术日趋智能化和自动化，使得故障检测更为高效和精准。例如，通过传感器收集液压柱塞泵的运行数据，借助大数据分析和机器学习技术，可以预测故障发生的可能性和时机，这样不仅可以预防故障的发生，也可以优化维护计划，减少不必要的维护活动。

因此，航空液压柱塞泵的故障诊断工作是确保飞机安全、提高运行效率、控制维护成本及促进技术进步的关键活动。随着航空科技及相关技术的发展，航空液压柱塞泵的故障诊断将更加智能化、精准化，对飞机的安全运行和经济效益的提高将起到越来越重要的作用。

10.2　液压柱塞泵组试验平台

10.2.1　多功能泵组试验台简介

　　泵组试验台主要包括驱动系统、油液温控及过滤系统、液压控制系统和管路系统等，泵组试验台如图 10-1 所示，图中显示了泵组试验台的主要构成。

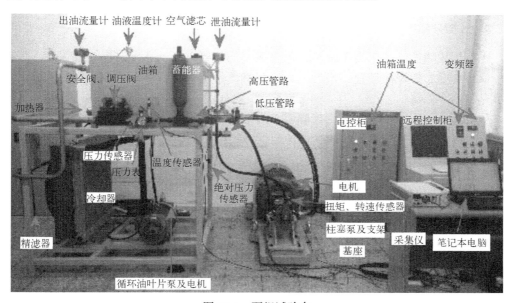

图 10-1　泵组试验台

　　试验台驱动系统主要由电机和变频器组成，电机功率为 55kW；电机最高转速为 3000r/min，测试不同泵时可通过变频器调节不同转速。

　　油液温控及过滤系统主要由风冷式油冷却器、护套式加热器及立式精密过滤器等组成。其中立式精密过滤器安装在回油管路尾部回油流量计上游位置，并且当过滤器杂质达到临界值时能发出蜂鸣声自动报警。低压管路最大规格离心泵的额定流量为 105L/min，高压管路最大规格柱塞泵的额定流量为 96.5L/min，油箱容积为高压管路最大流量的 3 倍。泵组试验台液压油选用 L-HM32 低凝、高压、抗磨液压油。密度为 817.3kg/m^3，40℃时运动黏度为 30.69mm^2/s。通过油液循环泵来实现温度调节，其中油液循环泵为排量为 100mL/r 的定量叶片泵，由功率为 3kW、转速为 960r/min 的三相异步电机驱动。

　　液压控制系统是通过液压阀调节的。高压管路串联两个先导式溢流阀，上游溢流阀压力最高可调节至 31.5MPa，下游溢流阀压力最高也可调节至 31.5MPa。当调压阀压力比安全阀压力低时，调压阀起到压力控制作用；当调压阀压力不小于安全阀压力时，安全阀起到压力控制作用，将管路压力调节至安全阀设定值。高压管路安装了 2.5L 标准皮囊式蓄能器，蓄能器作为能量储备装置可以降低液压系统的压力冲击和脉动，其工作原理是将氮气作为可压缩介质，通过皮囊将氮气与油液隔离，当系统压力升高时，油液进入蓄能器，氮气被压缩，缓解系统高压；当系统压力降低时，氮气膨胀，将蓄能器内的油液排入液压系统，维持系统压力。

管路系统分为低压管路和高压管路，柱塞泵故障试验使用高压管路。柱塞泵由于其特殊结构，运行过程中必须连接泄油管路。柱塞泵出口高压油液依次经过高压球阀、蓄能器、温度传感器、压力表、压力传感器、安全阀、调压阀、立式精密过滤器、流量计后进入油箱。

10.2.2 数据采集系统

柱塞泵故障试验使用高压管路，需要采集的信号有振动速度、振动加速度、管路压力、管路温度、扭矩、转速、出油流量、泄油流量等信号，下面为高压管路试验过程中使用的各类传感器。

振动测量采用速度、加速度传感器，这两类传感器都为电压输出型，每个传感器都有各自的编号和参考灵敏度。速度、加速度两类传感器的参数信息如表 10-1 所示。

表 10-1　振动传感器参数

传感器类型	型号	灵敏度	量程
速度传感器	CV-YD-012	$4 \pm 5\%$mV/(mm/s)	± 1000mm/s
加速度传感器	CA-YD-185	50mV/g	1000m/s^2

除了振动传感器为电压输出型，其余传感器全部为电流输出型，电流传感器参数如表 10-2 所示。

表 10-2　液压系统电流传感器参数

传感器类型	型号	输出电流	量程范围
压力	HDA4745-A-400-Y00	4~20mA	0~400bar(1bar=10^5Pa)
温度	ETS4144-A-Y00	4~20mA	-25~100℃
扭矩	AKC-215	4~20mA	-300~300N·m
转速	AKC-215	4~20mA	0~5000r/min
出油流量	LWGYA-25AA	4~20mA	0.5~10m^3/h
泄油流量	LWGYA-10BA	4~20mA	0.15~1.5m^3/h

10.3　液压柱塞泵故障试验

斜盘式恒压变量柱塞泵磨损或故障一般发生在配合面的位置，例如，滑靴和斜盘之间的配合面、滑靴和柱塞球头之间铆合的滑靴副、柱塞和缸体孔组成的柱塞副、配油盘和缸体底部组成的配流副以及轴承等是比较容易发生故障的位置，特别是由于长期使用磨合，液压油中杂质较多，出现故障的概率明显增大。

10.3.1 斜盘式恒压变量柱塞泵结构及常见故障模式

斜盘式恒压变量柱塞泵由传动轴、缸体、柱塞、滑靴、回程盘、斜盘、配油盘、轴承及变量机构等主要部件组成。斜盘式恒压变量柱塞泵的失效形式主要为滑靴副、柱塞副、配流副之间的磨损及轴承损伤,其常见故障模式及原因见表 10-3。

表 10-3　斜盘式恒压变量柱塞泵的故障模式及原因

序号	部件	故障模式	故障原因
1	滑靴	与斜盘配合面磨损	油液含杂质;阻尼孔堵塞,静压支撑结构破坏
		与柱塞配合面磨损	柱塞球头与滑靴间有杂质;滑靴球头铆合松动
2	缸体	与配油盘配合面磨损	油液含杂质;泵起动前泵壳未注满液压油导致干摩擦
		与柱塞配合面磨损	油液含杂质
3	配油盘	与缸体配合面磨损	油液含杂质;泵起动前泵壳未注满液压油导致干摩擦
4	柱塞	与滑靴配合面磨损	柱塞球头与滑靴间有杂质;滑靴球头铆合松动
		与缸体配合面磨损	油液含杂质
5	斜盘	与滑靴配合面磨损	油液含杂质;阻尼孔堵塞,静压支撑结构破坏
6	轴承	磨损	疲劳损伤;异物进入;轴弯曲;安装不当
		塑性变形	载荷过大
		烧蚀	润滑不良
7	传动轴	轴弯曲	制造过程导致;泵运行过程中产热不均匀
		轴不平衡	制造过程导致;磨损导致

10.3.2　模拟故障类型及故障件的加工

斜盘式恒压变量柱塞泵运行过程中,最容易出现故障的部位为配油盘和缸体之间的配合面、柱塞和缸体之间的配合面、柱塞和滑靴铆合部位、滑靴和斜盘之间的配合面、高速运转的轴承等,这些部位通常因油液中含杂质而导致磨损故障。

试验模拟柱塞和缸体之间磨损、轴承外圈断裂故障。如图 10-2 所示,通过柱塞外表面径向磨损 150μm 来模拟柱塞副磨损故障,其中外表面较亮的柱塞为磨损柱塞。如图 10-3 所示,采用外圈断裂 6205 深沟球轴承模拟轴承外圈断裂故障。

图 10-2　磨损柱塞与正常柱塞对比

图 10-3　外圈断裂 6205 深沟球轴承

10.3.3　测点布置

考虑到振动能量损失,测点的布置遵循距离故障或激励最近的原则。针对柱塞泵振动测点布置,首先要考虑振动的激励来源,主要为高压油液的压力脉动、运动副间的相互作用以及转子系统不平衡等。其振动传递路径主要为四部分:振动从传动轴经小轴承传递到泵壳;振动从缸体经大轴承传递到泵壳;配流副处振动经配油盘传递到泵壳;轴向振动从缸体经柱塞、滑靴、斜盘传递到变量机构。四枚紧固螺钉将柱塞泵驱动端固定在泵架上，相当于悬臂安装。因此振动的主要监测部位为法兰位置、配油盘处泵壳、大轴承处泵壳以及变量机构轴向位置。

综合考虑柱塞泵振动的激励来源、振动传递路径、主要监测部位、泵的安装方式及测点适装性等因素，7 柱塞泵振动测点布置如图 10-4 所示。

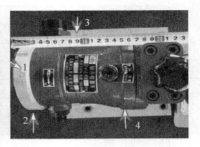

(a) 柱塞泵主视图　　　　　　　　(b) 柱塞泵俯视图

图 10-4　7 柱塞泵振动测点布置

7 柱塞泵布置的 6 个测点分别为：

①法兰径向垂直方向，从驱动端看 12 点钟方向，磁座安装；

②法兰径向水平方向，从驱动端看 3 点钟方向，磁座安装；

③配油盘处泵壳水平方向，从驱动端看 9 点钟方向，磁座安装，胶粘加固磁座；

④大轴承处泵壳水平方向，从驱动端看 3 点钟方向，磁座安装，胶粘加固磁座；

⑤变量机构轴向，磁座安装；

⑥基座垂直方向，磁座安装。

9 柱塞泵的测点④为大轴承处泵壳垂直方向，从驱动端看 12 点钟方向，磁座安装。其余 5 个测点与 7 柱塞泵完全相同。

10.4　液压柱塞泵故障特征提取

10.4.1　单柱塞磨损故障特征提取

通过对比正常、单柱塞磨损故障 7 柱塞 16 排量柱塞泵故障监测信号，对管路压力信号、扭矩信号、出油流量信号、泄油流量信号进行处理，提取单柱塞磨损故障时域、频域特征。其中，"正常"指正常泵测试情况，"故障"指单柱塞磨损故障泵测试情况。

1. 管路压力信号故障特征提取

由于试验设备的操作要求严禁带载起机，测试正常泵和单柱塞磨损故障泵时需要空载起动电机，然后通过手动调节调压阀，仅凭感觉难以保证两次试验的调压阀开度相同。故障试验时，参考管路压力表指针示数，将管路压力手动调至 10MPa 左右，得到压力波动信号的平均幅值和有效值，如图 10-5 和图 10-6 所示。

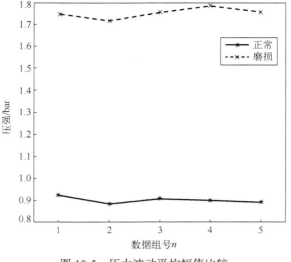

图 10-5　压力波动平均幅值比较

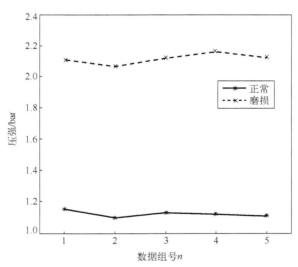

图 10-6　压力波动有效值比较

对 5 组正常、故障压力波动信号进行时域分析，平均幅值和有效值特征明显且稳定，图 10-5 为平均幅值对比，正常压力波动信号平均幅值范围为 0.88～0.93bar，故障压力波动信号平均幅值范围为 1.71～1.79bar，故障发生时压力波动信号平均幅值明显增大；图 10-6 为 5 组正常、故障压力波动信号有效值对比，正常压力波动信号有效值范围为 1.094～1.125bar，故障压力波动信号有效值范围为 2.064～2.154bar，在液压柱塞泵故障情况下，压力波动信号有效值有明显的增大。

图 10-7 对正常、故障压力信号进行了频谱分析，正常泵压力信号在轴频 25.02Hz 处的幅值为 0.06302bar，故障泵压力信号在轴频 25.02Hz 处的幅值为 1.757bar，在液压柱塞泵故障情况下，信号能量出现集中，并主要集中在轴频处。

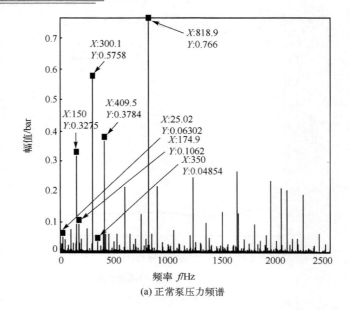

(a) 正常泵压力频谱

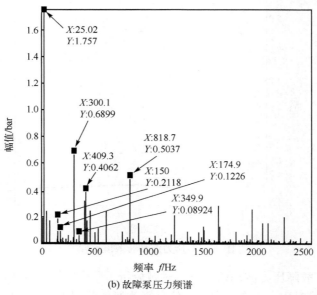

(b) 故障泵压力频谱

图 10-7　压力信号频谱

　　图 10-8 为 5 组正常、故障压力信号频谱轴频处幅值比较，正常信号轴频处幅值范围为 0.044～0.064bar，故障信号轴频处幅值范围为 1.729～1.849bar，因此，当单柱塞磨损时，压力信号轴频处幅值明显增大。

　　图 10-9 为 5 组正常、故障压力信号包络谱轴频处幅值比较。正常信号轴频处幅值范围为 0.045～0.062bar，故障信号轴频处幅值范围为 1.723～1.831bar。对比图 10-8、图 10-9 可知，在单柱塞磨损的故障模式下，频谱、包络谱轴频处幅值区别不大。

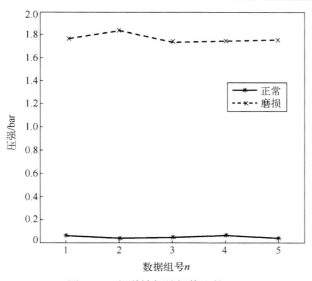

图 10-8 频谱轴频处幅值比较(一)

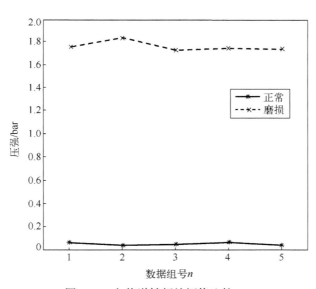

图 10-9 包络谱轴频处幅值比较(一)

对正常、故障压力信号进行功率谱分析，以10×log10(PSD) 为纵轴画图，PSD 表示功率谱，如图 10-10 所示，正常泵压力信号功率谱在轴频 25.02Hz 处的幅值为−21.71dB，故障泵压力信号功率谱在轴频 25.02Hz 处的幅值为 5.299dB，当单柱塞磨损故障发生时，压力信号功率谱在轴频处的幅值增大较明显。

2. 扭矩信号故障特征提取

对 5 组正常、故障扭矩信号进行时域特征提取，平均幅值对比如图 10-11 所示，正常扭矩信号平均幅值范围为 24.78～24.85N·m，故障扭矩信号平均幅值范围为 23.35～

23.66N·m，单柱塞磨损故障发生时，扭矩平均幅值呈减小趋势。有效值对比如图 10-12 所示，正常扭矩信号有效值范围为 24.78～24.84N·m，故障扭矩信号有效值范围为 23.35～23.68N·m，单柱塞磨损故障发生时，扭矩有效值呈减小趋势。因此，当故障发生时，扭矩信号平均幅值、有效值均会出现减小的趋势。

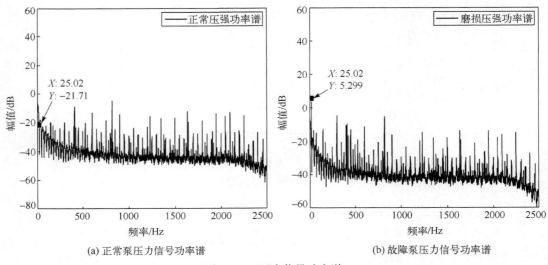

(a) 正常泵压力信号功率谱　　　　　　　　(b) 故障泵压力信号功率谱

图 10-10　压力信号功率谱

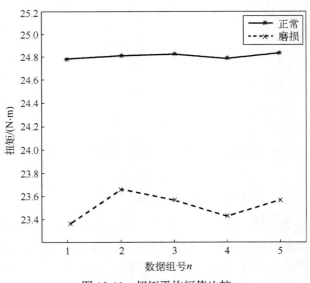

图 10-11　扭矩平均幅值比较

对扭矩信号进行频谱分析，正常扭矩信号在轴频 25.02Hz 处的幅值为 0.005468N·m，如图 10-13(a)所示；故障扭矩信号在轴频 25.02Hz 处的幅值为 0.01517N·m，如图 10-13(b) 所示。

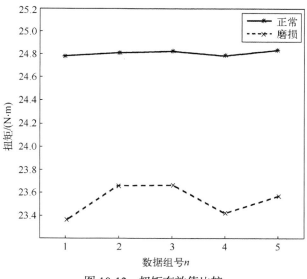

图 10-12 扭矩有效值比较

分别对 5 组正常、故障扭矩信号进行频谱分析,如图 10-14 所示,正常扭矩信号频谱轴频处幅值范围为 0.0054～0.0078N·m,故障扭矩信号频谱轴频处幅值范围为 0.0149～0.0169N·m,可知单柱塞磨损故障发生时,扭矩信号频谱轴频处幅值增长比例较明显,但幅值不大。

分别对 5 组正常、故障扭矩信号进行包络谱分析,如图 10-15 所示,正常扭矩信号包络谱轴频处幅值范围为 0.0059～0.0071N·m,故障扭矩信号包络谱轴频处幅值范围为 0.0150～0.0170N·m。

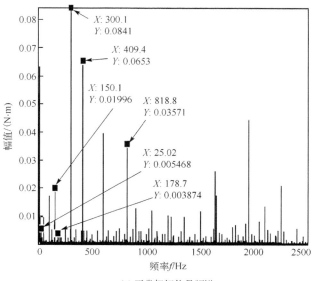

(a) 正常扭矩信号频谱

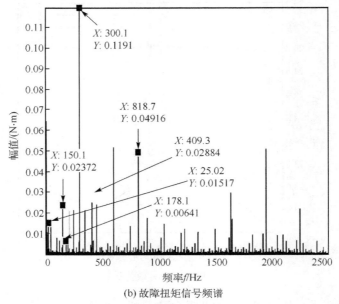

(b) 故障扭矩信号频谱

图 10-13　扭矩信号频谱

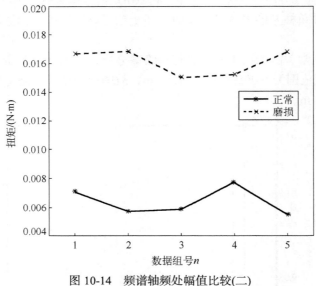

图 10-14　频谱轴频处幅值比较(二)

3. 出油流量信号故障特征提取

对 5 组正常、故障出油流量信号提取平均幅值，如图 10-16 所示，正常出油流量平均幅值范围为 21.92～21.97L/min，故障出油流量平均幅值范围为 14.19～14.39L/min，可知单柱塞磨损故障发生时，出油流量平均幅值明显降低，且出油流量平均幅值非常稳定。

对 5 组正常、故障出油流量信号提取有效值，如图 10-17 所示，正常出油流量有效值范围为 21.9～22.0L/min，故障出油流量有效值范围为 14.20～14.41L/min，可知出油流量有效值与平均幅值非常相似，当单柱塞磨损故障发生时，出油流量有效值明显降低，且出油流量有效值非常稳定。

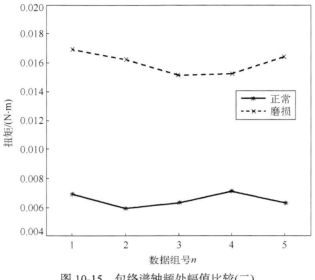

图 10-15　包络谱轴频处幅值比较(二)

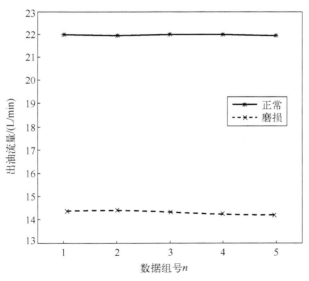

图 10-16　出油流量平均幅值比较

对出油流量信号进行频谱分析，如图 10-18 所示，正常出油流量频谱在轴频 25.02Hz 处的幅值为 0.008288L/min；故障出油流量频谱在轴频 24.34Hz 处的幅值为 0.0629L/min，可知单柱塞磨损故障发生时，故障出油流量频谱在轴频处的幅值增长比例较大，但幅值较小。

对 5 组正常、故障出油流量信号进行频谱分析，提取轴频处幅值，如图 10-19 所示，正常出油流量轴频处幅值范围为 0.0050～0.0085L/min，故障出油流量轴频处幅值范围为 0.044～0.063L/min，出油流量特征频率误差较大，在 22.5～24.5Hz。

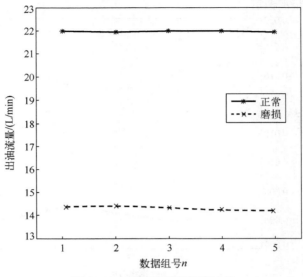

图 10-17　出油流量有效值比较

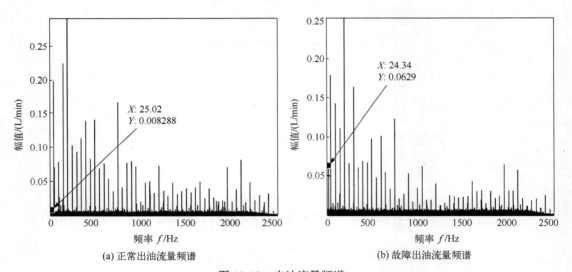

(a) 正常出油流量频谱　　　　　　　　　　(b) 故障出油流量频谱

图 10-18　出油流量频谱

对 5 组正常、故障出油流量信号进行包络谱分析，轴频处幅值如图 10-20 所示，正常出油流量包络谱轴频处幅值范围为 0.008～0.015L/min，故障出油流量包络谱轴频处幅值范围为 0.044～0.065L/min，出油流量特征频率误差较大，在 22.5～24.5Hz。

4. 泄油流量信号故障特征提取

柱塞泵滑靴副、配流副均为静压支撑结构，导致柱塞运行时必须安装泄油管路。对

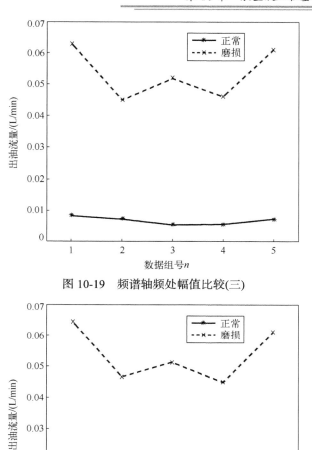

图 10-19　频谱轴频处幅值比较(三)

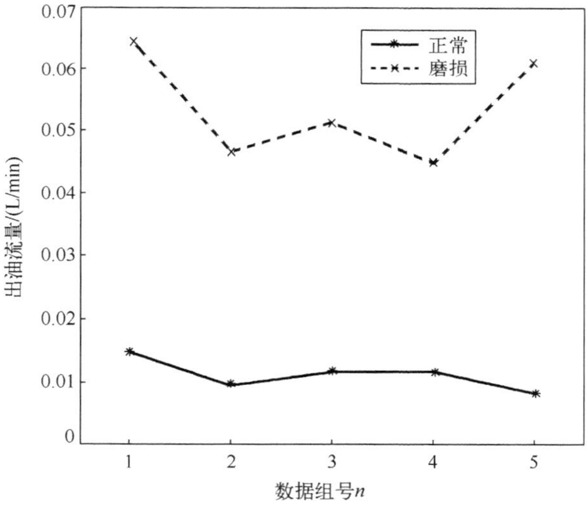

图 10-20　包络谱轴频处幅值比较(三)

5 组正常、故障泄油流量信号提取平均幅值，如图 10-21 所示，正常泄油流量平均幅值范围为 2.800～2.930L/min，故障泄油流量平均幅值范围为 9.980～10.180L/min，可知单柱塞磨损故障发生时，故障泄油流量平均幅值增大特别明显，且泄油流量平均幅值非常稳定。

　　对 5 组正常、故障泄油流量信号提取有效值，如图 10-22 所示，正常泄油流量有效值范围为 2.800～2.935L/min，故障泄油流量有效值范围为 9.981～10.179L/min，可知泄油流量有效值、平均幅值趋势非常相似，当单柱塞磨损故障发生时，故障泄油流量有效值明显增大，且泄油流量有效值非常稳定。

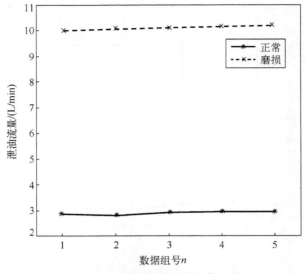

图 10-21 泄油流量平均幅值比较

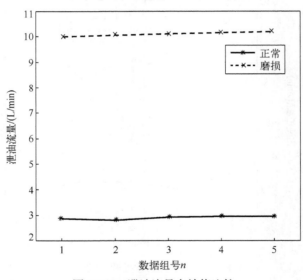

图 10-22 泄油流量有效值比较

对泄油流量信号进行频谱分析，如图 10-23 所示，正常泄油流量频谱在轴频 24.95Hz 处 的 幅 值 为 0.0006446L/min， 故 障 泄 油 流 量 频 谱 在 轴 频 25.02Hz 处 的 幅 值 为 0.01463L/min，可知单柱塞磨损故障发生时，故障泄油流量频谱在轴频处的幅值增长比例 较明显。

对 5 组正常、故障泄油流量信号进行频谱分析，提取轴频处幅值，如图 10-24 所示， 正常泄油流量频谱轴频处幅值范围为 0.0006～0.0011L/min，故障泄油流量频谱轴频处幅 值范围为 0.0143～0.0150L/min，可知单柱塞磨损故障发生时，故障泄油流量频谱轴频处 幅值增幅较大且稳定。

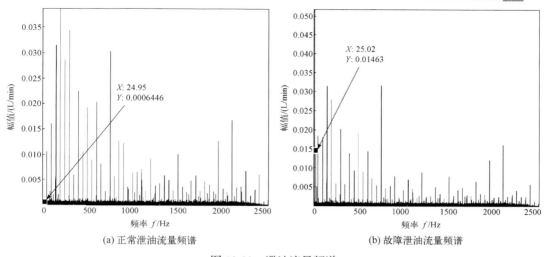

(a) 正常泄油流量频谱　　　　　　　　　　(b) 故障泄油流量频谱

图 10-23　泄油流量频谱

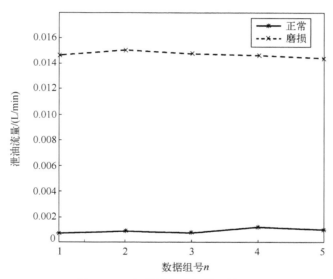

图 10-24　频谱轴频处幅值比较(四)

对 5 组正常、故障泄油流量信号进行包络谱分析,提取包络谱轴频处幅值,如图 10-25 所示,正常泄油流量包络谱轴频处幅值范围为 0.0013~0.0020L/min,故障泄油流量包络谱轴频处幅值范围为 0.0142~0.0149L/min。

对 5 组正常、故障出油流量均值以及 5 组正常、故障泄油流量均值进行容积效率分析,将出油流量均值与泄油流量均值之和定义为总流量,出油流量均值与总流量之比定义为容积效率,如表 10-4 所示,5 个正常泵样本容积效率范围为 88%~89%;5 个故障泵样本容积效率范围为 58%~59%。可知单柱塞磨损故障发生时,柱塞泵容积效率明显降低。

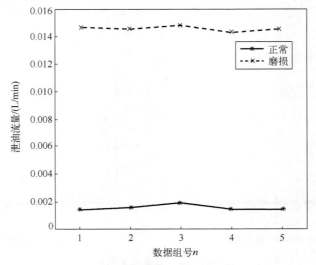

图 10-25　包络谱轴频处幅值比较(五)

表 10-4　容积效率分析

样本号	正常泵				单柱塞磨损故障泵			
	出油/(L/min)	泄油/(L/min)	总流量/(L/min)	容积效率	出油/(L/min)	泄油/(L/min)	总流量/(L/min)	容积效率
1	21.95	2.86	24.81	89%	14.38	9.98	24.36	59%
2	21.92	2.80	24.72	89%	14.39	10.02	24.41	59%
3	21.97	2.92	24.89	88%	14.32	10.08	24.40	59%
4	21.97	2.92	24.89	88%	14.24	10.12	24.36	58%
5	21.95	2.93	24.88	88%	14.19	10.18	24.37	58%

10.4.2　轴承外圈断裂故障特征提取

通过对比分析正常、轴承外圈断裂故障 9 柱塞 16 排量柱塞泵振动信号,提取轴承外圈断裂故障特征。其中 6205 深沟球轴承外圈断裂故障频率为 89.657Hz。由于柱塞泵运行中自身振动较强烈,故障轴承产生的故障特征很容易被淹没,因此如何把微弱的轴承外圈故障特征频率提取出来是其中的关键。其中"正常"指正常泵测试情况,"故障"指故障泵测试情况。

1. 振动速度信号故障特征提取

首先对各测点的振动速度信号进行频谱分析,提取频谱故障频率处幅值并进行对比。然后选取一个测点的振动速度信号进行详细分析。

法兰径向垂直方向(测点①)振动速度信号频谱故障频率处幅值比较如图 10-26 所示,正常幅值范围为 0.0008~0.0018mm/s,故障幅值范围为 0.0062~0.0072mm/s。

法兰径向水平方向(测点②)振动速度信号频谱故障频率处幅值比较如图 10-26 所示,正常幅值范围为 0.0035~0.0053mm/s,故障幅值范围为 0.0168~0.0223mm/s。

配油盘处泵壳水平方向(测点③)振动速度信号频谱故障频率处幅值比较如图 10-26 所示，正常幅值范围为 0.0039～0.0050mm/s，故障幅值范围为 0.0065～0.0079mm/s。

大轴承处泵壳垂直方向(测点④)振动速度信号频谱故障频率处幅值比较如图 10-26 所示，正常幅值范围为 0.0452～0.0693mm/s，故障幅值范围为 0.3080～0.3785mm/s。

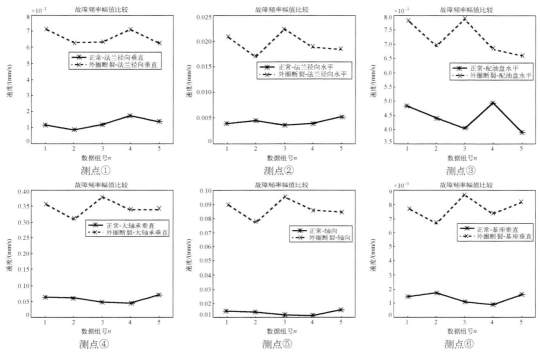

图 10-26　不同测点下频谱故障频率处幅值

变量机构轴向(测点⑤)振动速度信号频谱故障频率处幅值比较如图 10-26 所示，正常幅值范围为 0.0109～0.0151mm/s，故障幅值范围为 0.0772～0.0951mm/s。

基座垂直方向(测点⑥)振动速度信号频谱故障频率处幅值比较如图 10-26 所示，正常幅值范围为 0.0008～0.0018mm/s，故障幅值范围为 0.0066～0.0088mm/s。

综合以上 6 个测点振动速度信号频谱故障频率处幅值比较情况，发现单柱塞磨损故障发生时，大轴承外泵壳垂直方向振动速度频谱故障频率处幅值增长比例、幅值较大，对该测点速度信号进行进一步分析。

大轴承外泵壳垂直方向振动速度信号频谱如图 10-27 所示，正常信号频谱在故障频率 89.87Hz 处的幅值为 0.06393mm/s，故障信号频谱在故障频率 89.8Hz 处的幅值为 0.3579mm/s，可知轴承外圈断裂故障特征微弱，很容易淹没在柱塞泵运行所导致的振动当中。

对大轴承外泵壳垂直方向振动速度信号进行经验模式分解(EMD)，并对各层本征模态函数(intrinsic mode function，IMF)进行频谱分析，包含故障频率的本征模态函数频谱如图 10-28 所示，正常信号第 4 层本征模态函数频谱在故障频率 89.8Hz 处的幅值为 0.09429mm/s，故障信号第 4 层本征模态函数频谱在故障频率 89.76Hz 处的幅值为 0.2797mm/s。可知经验模式分解方法可以提取柱塞泵轴承外圈断裂的微弱故障特征。

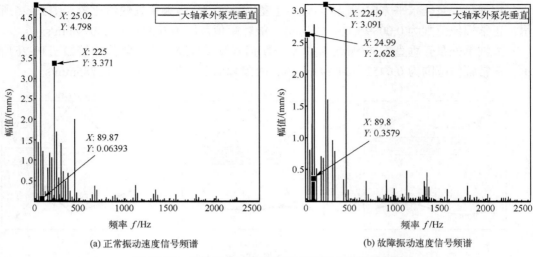

(a) 正常振动速度信号频谱　　　　　(b) 故障振动速度信号频谱

图 10-27　大轴承外泵壳垂直方向振动速度信号频谱

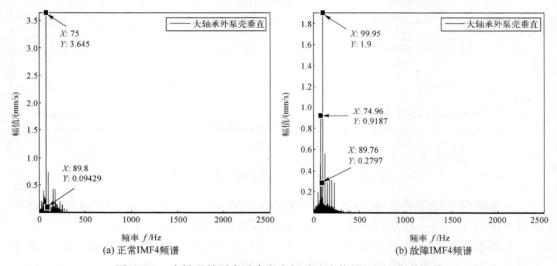

(a) 正常IMF4频谱　　　　　　(b) 故障IMF4频谱

图 10-28　大轴承外泵壳垂直方向振动速度信号 EMD IMF 频谱

2. 振动加速度信号故障特征提取

对正常、故障状态振动加速度信号进行频谱分析，提取故障频率处幅值进行比较，能够反映故障状态但幅值特别小；对振动加速度信号直接进行经验模式分解、小波分析等，不能有效提取故障特征。对振动加速度信号进行包络分析，然后对包络进行经验模式分解、小波分析，故障特征较明显。

对各测点的振动加速度信号进行包络分析，提取包络谱故障频率处幅值并进行对比。之后选择一个测点进行详细分析。

法兰径向垂直方向(测点①)振动加速度信号包络谱故障频率处幅值比较如图 10-29 所示，正常幅值范围为 $0.0101\sim0.0144\text{m/s}^2$，故障幅值范围为 $0.0511\sim0.0578\text{m/s}^2$。

　　法兰径向水平方向(测点②)振动加速度信号包络谱故障频率处幅值比较如图 10-29 所示，正常幅值范围为 0.0181～0.0205m/s²，故障幅值范围为 0.3181～0.3450m/s²。

　　配油盘处泵壳水平方向(测点③)振动加速度信号包络谱故障频率处幅值比较如图 10-29 所示，正常幅值范围为 0.0163～0.0209m/s²，故障幅值范围为 0.1731～0.1948m/s²。

　　大轴承处泵壳垂直方向(测点④)振动加速度信号包络谱故障频率处幅值比较如图 10-29 所示，正常幅值范围为 0.0223～0.0311m/s²，故障幅值范围为 0.0327～0.0403m/s²。

　　变量机构轴向(测点⑤)振动加速度信号包络谱故障频率处幅值比较如图 10-29 所示，正常幅值范围为 0.0183～0.0289m/s²，故障幅值范围为 0.0317～0.0483m/s²。

　　基座垂直方向(测点⑥)振动加速度信号包络谱故障频率处幅值比较如图 10-29 所示，正常幅值范围为 0.0122～0.0176m/s²，故障幅值范围为 0.0604～0.0869m/s²。

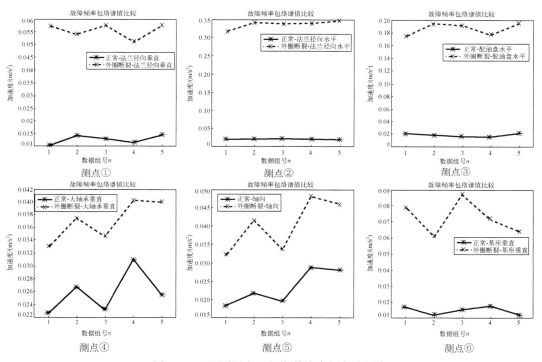

图 10-29　不同测点下包络谱故障频率处幅值

　　对法兰径向水平方向振动加速度信号包络进行经验模式分解，并对各层 IMF 进行频谱分析，包含故障频率成分的本征模态函数频谱如图 10-30 所示，正常信号包络第 5 层本征模态函数频段包含故障频率成分，故障频率 89.65Hz 处的幅值为 0.01466m/s²；故障信号包络第 4 层本征模态函数频段包含故障频率成分，故障频率 89.8Hz 处的幅值为 0.2758m/s²，当故障发生时，轴承故障频率处幅值增长比例较大，幅值增长明显。对法兰径向水平方向振动加速度信号包络进行经验模式分解，可以提取柱塞泵轴承外圈断裂的微弱故障特征。直接对振动加速度信号进行经验模式分解无法有效提取故障特征。

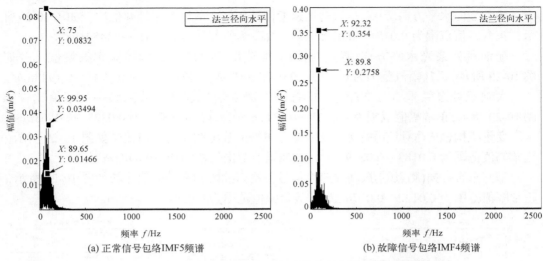

(a) 正常信号包络IMF5频谱   (b) 故障信号包络IMF4频谱

图 10-30　法兰径向水平方向振动加速度信号包络 EMD IMF 频谱

小　结

　　本章全面介绍了航空液压柱塞泵的故障诊断技术，从液压柱塞泵的基础知识到故障诊断的实际操作，再到试验平台的应用，为读者提供了系统的学习路径。通过对液压柱塞泵的工作原理、常见故障及其原因的分析，读者可以更好地理解液压柱塞泵的运行机制和潜在问题。通过液压柱塞泵组试验平台和数据采集系统的介绍，展示了如何通过科学的方法对故障进行模拟和诊断。此外，本章还强调了故障诊断技术在航空领域的应用前景，指出了智能化和自动化是未来发展的重要方向。通过本章的学习，读者应能够对航空液压柱塞泵的故障进行有效的诊断和分析，为飞机的安全运行提供保障。

习　题

1. 简述航空液压柱塞泵在飞机系统中的主要作用。
2. 液压柱塞泵分为哪两种类型？它们各自有什么特点？
3. 列举液压柱塞泵常见的故障类型，并简述可能的原因。
4. 描述液压柱塞泵组试验平台的主要组成部分及其功能。
5. 解释数据采集系统在液压柱塞泵故障诊断中的作用。
6. 如何通过故障特征提取来诊断液压柱塞泵的故障？
7. 讨论航空液压柱塞泵故障诊断技术未来的发展趋势，并提出可能的研究方向。

第 11 章

控制力矩陀螺的健康状态评估及异常检测

微课 11

本章导读

控制力矩陀螺(control moment gyroscopes，CMGs)是航天器姿态控制领域的关键技术之一。本章详细介绍 CMGs 的工作原理、功能、主要故障形式，以及健康状态评估和异常检测的关键技术。通过深入探讨 CMGs 的背景知识、功能和故障类型，读者可以全面了解其在航天器姿态控制中的重要性。此外，本章还重点介绍健康状态评估方法、运维策略和异常检测技术，旨在提高 CMGs 的可靠性和航天器的整体性能。

学习目标

理解控制力矩陀螺的工作原理及其在航天器姿态控制中的作用；掌握 CMGs 的主要功能；学习 CMGs 的主要故障形式及其预防措施；掌握 CMGs 健康状态评估的关键技术和方法；了解基于 CMGs 健康状态的运维策略；学习控制力矩陀螺的异常检测方法及其应用效果。

11.1 控制力矩陀螺的背景介绍

11.1.1 控制力矩陀螺的介绍

控制力矩陀螺(CMGs)是应用在航天器上的一种先进的姿态控制系统。它们利用快速旋转的轮子和陀螺效应将控制力矩施加于飞行器，从而进行精确的姿态调整或稳定。随着航天技术的发展，对卫星和空间站等航天器的姿态控制需求日益增长。许多空间任务需要精确的姿态控制，如对地观察、太空望远镜观测、空间对接以及太空实验室内的精细操作等。最初的航天器依赖推进剂推进器进行姿态控制，但这样消耗的燃料较多，且难以实现微小和精确的姿态调整。随后，动量轮开始被使用，增加了无需燃料的姿态调整能力，但其调整角动量的能力相对有限。CMGs 则进一步提高了姿态调整的能力，可以在航天器上施加更大的力矩，以实现更加快速和精确的姿态变化。CMGs 是基于陀螺稳定原理工作的。一旦一个快速旋转的重物(如陀螺轮)设定在一个轴上，它会倾向于抵抗任何尝试改变其旋转轴方向的力量，这种抵抗性可用于稳定或调整姿态。当控制力矩陀螺工作时，框架轴机械装置为框架轴供电，框架轴开始以某一角速度带动恒定转速的飞轮旋转，飞轮的角动量发生变化，在陀螺框架基座上产生比驱动力矩大的陀螺力矩。控制力矩陀螺框架坐标系和工作原理如图 11-1 所示。

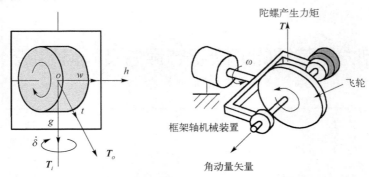

图 11-1　控制力矩陀螺框架坐标系及工作原理图

对于一个单框架控制力矩陀螺，框架轴与飞轮轴一直处于垂直状态。飞轮的角动量也只能在单平面内变化，且此平面一直与框架轴垂直，输出力矩也在与框架轴及飞轮角动量正交的平面内变化，其输出力矩也仅限于与框架轴垂直的平面内，且与框架轴方向、飞轮角动量方向正交。

11.1.2　控制力矩陀螺的功能

控制力矩陀螺的主要功能是在航天器上进行高效精确的姿态控制和稳定。它们利用高速旋转陀螺来生成力矩(扭矩)，以改变或维持航天器在空间中的方向。以下是控制力矩陀螺的几个关键功能。

1) 姿态控制

CMGs 可以精确地调整航天器的姿态，包括其俯仰(pitch)、滚转(roll)和偏航(yaw)角度。这对于确保航天器的正确指向，如对准地球、太阳或其他天体至关重要。

2) 姿态稳定

在轨道环境中，各种外部扰动如重力梯度和太阳辐射压力可能会导致航天器的姿态发生变化。CMGs 通过施加反向力矩来对抗这些影响，使得航天器保持稳定。

3) 无须消耗推进剂

CMGs 提供了一种使用机械能，而不是推进剂的方法来控制姿态。这意味着它可以为长期空间任务提供更为经济的姿态控制方式。

4) 力矩放大

单个 CMGs 通过改变陀螺旋转轴的方向来产生力矩，这样可以产生比它本身的物理尺寸和重量更大的力矩，使其在有限的空间和重量限制下有效工作。

5) 避免推进剂枯竭造成的任务结束

传统的推进剂式姿态控制系统存在推进剂耗尽的问题，而 CMGs 可以在缺乏补给的深空任务中继续发挥作用。

6) 高动态操作

CMGs 可以响应快速指令以实现高动态操作，非常适合需要灵敏和迅速改变姿态的任务，例如，捕获运动中的目标或执行复杂的机动避障。

在组合使用时，多个 CMGs 可以提供更加丰富的控制选项，通过集体配合产生连续且综合的力矩矢量，用以控制航天器在三维空间的姿态。它们通常用于大型航天器，如国际空间站(ISS)、航天飞机以及其他需要高精度姿态控制的飞行器。

11.1.3　控制力矩陀螺的主要故障形式

控制力矩陀螺是先进的机械系统，尽管它们被设计得非常可靠，但也可能会发生故障。故障的原因多样，可能包括长期运行造成的磨损、设计缺陷、材料疲劳、操作错误或外部因素等。以下是 CMGs 的主要故障形式。

1) 轴承损坏

CMGs 中的高速旋转陀螺是依靠精密轴承来支撑的。这些轴承会受到持续的高速旋转及其造成的应力影响，可能导致磨损甚至发生故障。

2) 电机故障

控制 CMGs 陀螺旋转速度的电机也可能发生故障，由于过热、短路或其他电气问题而造成性能下降或彻底停止工作。

3) 润滑系统失效

润滑系统对于 CMGs 的正常工作是至关重要的，以减少摩擦和磨损。如果润滑系统失效，可能会导致温度升高，磨损增加，最终可能导致系统故障。

4) 控制系统故障

负责控制 CMGs 运行和响应姿态控制命令的电子控制系统可能发生故障，这可能是由软件错误、硬件故障或通信问题造成的。

5) 结构疲劳

CMGs 在长期操作中，特别是在执行复杂的姿态调整任务时，其结构部件会受到重复负载的影响，可能引起疲劳裂纹或结构失效。

6) 传感器故障

CMGs 依赖各种传感器来监测其性能和姿态。这些传感器如果发生故障，可能导致误导信息，进而影响 CMGs 的性能和姿态控制准确性。

7) 振动问题

异常的振动可能表明有部件不平衡或松动，如果没有及时检查和维修，可能会恶化成严重的机械问题。

8) 热管理问题

若 CMGs 系统的热管理(散热)设计不足或失效，可能会导致系统的部分元件过热，降低性能或造成故障。

9) 总线-动作器接口问题

动作器(实现陀螺旋转轴方向变化的机械部件)与总线(提供能量和数据交流的系统)之间的接口问题可能影响 CMGs 的响应性和可靠性。

10) 外部碰撞或空间环境因素

飞行器可能会与太空碎片碰撞，或受到更极端的空间环境因素(如辐射)的影响，这些事件都可能对 CMGs 及其功能造成损害。

为了预防和减少这些故障，航天器的 CMGs 系统通常会设计有冗余，即会装备比实际所需的 CMGs 更多的单元，这样即使一个或多个单元失效，航天器仍可以继续进行姿态控制操作。故障检测、隔离和恢复策略也是避免 CMGs 故障对航天器任务产生重大影响的关键措施。

11.2 控制力矩陀螺的健康状态评估关键技术与应用

11.2.1 控制力矩陀螺的健康状态评估方法

对控制力矩陀螺的健康状态进行评估通常涉及一系列的监测和诊断技术，用于确保控制力矩陀螺可以可靠地完成姿态控制的职责。以下是一些常见的健康状态评估方法。

(1) 实时监测：持续监控 CMGs 的运行参数，如电机电流、电压、温度、振动、旋转速度和输出力矩等，以便实时跟踪其性能。异常读数可能提示存在潜在问题。

(2) 趋势分析：长期收集数据并对其进行分析，以识别设备磨损或性能下降的趋势。这些趋势可以揭示不正常状况，并且在故障发生之前就进行预防性维护。

(3) 数据融合：结合多个传感器的数据来提高故障检测的准确性。通过数据融合可以对冗余测量进行综合分析，以降低误报和漏报的风险。

(4) 振动分析：分析 CMGs 的振动特征，这可以帮助识别轴承损坏等故障。通常，通过频谱分析，可以发现特定频率的异常，这可能是由特定组件的问题引起的。

(5) 故障模式和影响分析(FMEA)：使用 FMEA 方法来评估可能的故障模式及其对系统的影响，这有助于设计冗余系统和开发故障响应策略。

(6) 特征提取与机器学习：利用高级算法和机器学习技术来分析收集到的数据，提取健康状态的特征指标，并对系统进行更复杂的健康预测和故障诊断。

(7) 运行测试：在预定维护期间进行实际的功能测试，以评估 CMGs 的性能，并确认其是否匹配规格参数。这些测试可能包括起动暂停循环、反应灵敏度测试或推力测试。

(8) 热成像：使用热摄影设备监控 CMGs 运转时的热分布情况，不正常的热点可能表明内部摩擦增加或存在润滑问题。

(9) 自检测和自诊断程序：许多现代的 CMGs 系统都集成了自检测和自诊断程序，这些程序能在内部运行，自动检测并上报问题。

(10) 适应性和学习控制系统：使用适应性和学习控制系统可以识别和补偿设备性能的细微变化，同时为健康监测提供辅助数据。

通过这些方法的组合使用，可以对 CMGs 的健康状态进行综合评估，并采取相应措施来维护空间飞行器的姿态控制系统。这同时有助于延长 CMGs 以及整个航天器的操作寿命，并减少由故障导致的意外和成本。

11.2.2 基于控制力矩陀螺健康状态的运维策略

控制力矩陀螺是用于航天器姿态控制和稳定的关键技术，它们在航天任务中的重要性不容小觑。因此，维护 CMGs 的健康状态是确保航天器正确、可靠执行其任务的关键因素。可以通过预防性维护、实时健康监控和及时干预来构建一个系统的运维策略，从而最大限度地提高 CMGs 的可靠性和性能。以下是通过预防性维护、实时健康监控和及时干预构建控制力矩陀螺运维策略的详细描述。

1. 预防性维护

预防性维护是保证 CMGs 系统长期健康的基石。定期进行系统的检查和维护，是保持 CMGs 性能的前提条件。在实际的维护过程中，技术人员需要检查 CMGs 系统的所有关键部件，包括陀螺轮、电机、轴承和控制电路。通过针对这些部分的定期检查，可以及早发现磨损或潜在故障，从而防止这些小问题发展成大问题。此外，实施老化测试和摩擦磨损分析也极为重要，周期性的性能测试能确保每个 CMGs 设备都在其预期寿命内维持最佳工作状态。

2. 实时健康监控

实时健康监控扮演着风险管理和故障预防的核心角色。利用传感器和现代数据采集系统可以实时监控 CMGs 的关键性能指标，如速度、温度、振动和电流。通过设立工作基准和健康阈值，对任何偏离正常运行的迹象进行早期警告。此外，通过应用机器学习和数据分析技术，不仅可以实时诊断数据，还能预测可能的故障并评估 CMGs 的剩余使用寿命。这种预测性维护策略能有效减少非计划性停机的风险，提前做好准备应对可能的系统故障。

3. 及时干预与故障诊断

及时干预与故障诊断是运维过程中最为关键的一环。当监控系统检测到任何性能衰减或异常行为时，应立即进行干预。这包括进行详细的故障诊断并在必要时调整航天器的姿态控制策略，以减轻受损 CMGs 单元的负担。故障诊断后，根据问题的性质和严重程度，进行适当的修复或更换。对于系统中不可修复的故障，应激活备用系统或采取其他应对措施以维持任务继续进行。

4. 培训和知识管理

培训和知识管理对保持长期操作效率至关重要。建立并维护一个包含 CMGs 维护历史、故障案例和故障排除策略的知识库，可以提升对 CMGs 问题的处理和快速响应能力。

通过上述策略，可以有效维护并提升 CMGs 系统的健康状态，使航天器能够成功完成既定任务，同时降低系统发生故障的可能性和维护成本。这种全方位的运维策略有助于提高任务的整体成功率，确保系统的长期可靠性，是现代航天任务中不可或缺的一部分。在航天领域，预防性维护和预测性维护的结合使用，将是未来航天器管理和操作的关键趋势，意在通过提前识别和解决问题，最大化任务效率和设备使用寿命。

11.3 控制力矩陀螺的异常检测关键技术与应用效果

11.3.1 控制力矩陀螺的异常检测方法

1. 基于 PCA 的异常检测方法

现在是一个数据爆炸式增长的时代，海量数据的背后隐藏着许多有价值的信息，如何高效地提取其中有用的信息显得尤为重要。随着机器学习、人工智能等的高速发展，数据处理领域诞生了许多新的方法，对于高维数据的降维分析思想越来越受到人们的重视。数据降维是保留数据中最重要的一些特征，把一些次要的特征或噪声去掉，可以增大数据处理速度。数据降维指计算每个数据对于整体的贡献度，通过对贡献度的分析计算得出主成分变量，由于整体数据的主成分包含了数据的大部分信息，所以在数据分析时可以利用主成分近似代替整体数据进行分析。

主成分分析(principal component analysis，PCA)的主要思想是将 n 维的数据特征映射到 k 维空间上，这个 k 维的数据就称为主成分，这个在原有 n 维数据基础上得到的 $k(k<n)$ 维特征是不包含原有信息的物理意义的。PCA 的工作流程就是从原始的 n 维空间按照一定顺序寻找一组相互正交的坐标系，新的坐标系是通过数据本身计算得出的，与数据的排布方式有着密切的关系。

选取坐标系的过程中，第一个坐标系的选取方法为选择原始 n 维数据中方差最大的一个方向，第二个坐标系的选取方法是选择与第一个坐标系正交的平面中方差最大的坐标系，第三个坐标系的选取方法是选择与第一、第二坐标系都正交的平面中方差最大的坐标系，以此类推。通过这样的操作可以得到 n 个坐标系，分析发现大部分的方差都体现在前 k 个坐标系中，这样就完成了对原始数据的降维，将 n 维数据转化为 $k(k<n)$ 维数据。这样的数据降维操作保留了大部分方差较大的数据特征，忽略了方差近乎为 0 的数据特征。

对于一个数据矩阵，可以先计算矩阵的协方差矩阵，再计算出协方差矩阵的特征向量和特征值，选择其中前 k $(k<n)$ 个最大的特征值对应的特征向量组成新的矩阵，此矩阵就是数据降维之后的数据矩阵，通过这样的操作就把原始数据转化到新的空间当中，实现了对数据的降维。

PCA 为一种基于正交线性变换的数据降维方法，其目标是使得样本点在新的低维空间内的投影尽可能分开，设中心化后的数据样本为 $X = \{x_i\}_{i=1}^m$，$x_i \in \mathbb{R}^{d \times 1}$。令变换矩阵为 $W = \{w_j\}_{j=1}^d$，$w_j \in \mathbb{R}^{d \times 1}$，其优化目标为

$$\max \text{tr}(W^T X X^T W)，\quad \text{s.t. } W^T W = I$$

利用拉格朗日乘子法，令拉格朗日函数为

$$L = \mathrm{tr}(\boldsymbol{W}^{\mathrm{T}}\boldsymbol{X}\boldsymbol{X}^{\mathrm{T}}\boldsymbol{W}) - \mathrm{tr}((\boldsymbol{W}^{\mathrm{T}}\boldsymbol{W} - \boldsymbol{I})\boldsymbol{\Lambda})$$

$\boldsymbol{\Lambda} = \mathrm{diag}(\lambda_1,\cdots,\lambda_d)$ 为拉格朗日乘子。令 $\dfrac{\partial L}{\partial \boldsymbol{W}} = 0$，得 $\boldsymbol{X}\boldsymbol{X}^{\mathrm{T}}\boldsymbol{W} - \boldsymbol{W}\boldsymbol{\Lambda} = 0$，代入上式得 $\max L = \max \mathrm{tr}(\boldsymbol{\Lambda})$。于是该问题转化为求协方差矩阵 $\boldsymbol{X}\boldsymbol{X}^{\mathrm{T}}$ 的特征值。将特征值按降序排序：$\lambda_1 \geqslant \lambda_2 \geqslant \cdots \geqslant \lambda_d$，取前 d' 个特征值对应的特征向量构成 $\boldsymbol{W}^* = \{\boldsymbol{w}_j\}_{j=1}^{d'}$，即主成分分析的解。$\boldsymbol{X}$ 在低维空间中的投影为 $\boldsymbol{Z} = \boldsymbol{W}^{\mathrm{T}}\boldsymbol{X}$。

求解 $\boldsymbol{Z} = \boldsymbol{W}^{\mathrm{T}}\boldsymbol{X}$ 时，通常使用特征值分解方法和奇异值分解(singular value decomposition，SVD)方法。其中特征值分解方法的原理如下所示。

设向量 $\boldsymbol{x}$ 为矩阵 $\boldsymbol{X}$ 的特征向量，则一定存在 a 使得 $\boldsymbol{X}\boldsymbol{x} = a\boldsymbol{x}$，其中 a 为矩阵 $\boldsymbol{X}$ 的特征值，矩阵 $\boldsymbol{X}$ 的特征向量之间是相互正交的，对矩阵 $\boldsymbol{X}$ 进行单位正交化，得到单位正交向量，即特征值分解的过程，公式表示如下：

$$\boldsymbol{X} = \boldsymbol{Q}\boldsymbol{\Sigma}\boldsymbol{Q}^{-1}$$

式中，$\boldsymbol{Q}$ 为矩阵 $\boldsymbol{X}$ 的特征向量组成的矩阵；$\boldsymbol{\Sigma}$ 为一个对角矩阵，其对角线上的元素为矩阵 $\boldsymbol{X}$ 的特征值，按照特征值大小排列即选择贡献度较高的主成分。

而奇异值分解方法的原理如下所示。

对于任意矩阵 $\boldsymbol{X}$，可以分解为

$$\boldsymbol{X} = \boldsymbol{U}\boldsymbol{\Sigma}\boldsymbol{V}^{\mathrm{T}}$$

设 $\boldsymbol{X}$ 为 $m \times n$ 的矩阵，那么 $\boldsymbol{U}$ 为 $m \times n$ 的矩阵，矩阵 $\boldsymbol{U}$ 的正交向量称为左奇异向量，$\boldsymbol{\Sigma}$ 为一个 $n \times m$ 的矩阵，其特点为除了对角线外其他元素均为 0，对角线上的元素称为矩阵 $\boldsymbol{X}$ 的奇异值。

求矩阵 $\boldsymbol{X}$ 的奇异值分为以下步骤：

(1) 求 $\boldsymbol{X}\boldsymbol{X}^{\mathrm{T}}$ 的特征值和特征向量，然后将特征向量单位化后构成 $\boldsymbol{U}$；

(2) 求 $\boldsymbol{X}^{\mathrm{T}}\boldsymbol{X}$ 的特征值和特征向量，然后将特征向量单位化后构成 $\boldsymbol{V}$；

(3) 将 $\boldsymbol{X}^{\mathrm{T}}\boldsymbol{X}$ 或者 $\boldsymbol{X}\boldsymbol{X}^{\mathrm{T}}$ 的特征值求平方根，构成 $\boldsymbol{\Sigma}$。

由于特征值分解方法对矩阵的形式要求更高，而奇异值分解方法具有更广的适用范围，因此，后面采用 SVD 方法分解协方差矩阵。

1) PCA 在异常检测领域的应用

在早期的航天器异常检测领域比较常见的方法为人工判定方法和阈值判定方法。人工判定方法依赖领域内的专家，对不同系统之间的移植性很差。常规阈值判定方法通过对测试数据进行检测，超过阈值即判定为异常，这样的方法对数据异常的描述过于简单，无法对设备的异常进行准确的判断。

通过 PCA 方法对测试数据进行处理后再进行判断融合了数据之前的相关性，并且通过统计量阈值判定的方法进行判定，不是简单的数据阈值判定，增加了数据信息的有效性和准确性，为设备的异常检测提供了很大的帮助。

PCA 方法可以将原来的数据空间分为主元空间和残差空间，这两个子空间是正交的，其中主元空间是保留的 k 个最大特征值对应的特征向量组成的空间。主元空间保留了原

始数据中的大部分有用信息，同时也减少了数据噪声和冗余数据带来的影响。

通过对测试信号数据降维处理后的数据进行进一步的分析可以判断设备是否异常，判断异常需要引入统计量的方法。统计量是数据样本整体的指标，可以很好地对整体的数据样本进行描述。

统计量可以描述残差空间和主元空间的变化，通过将统计量和阈值进行比较得出结论，根据方差贡献度大小找出异常数据，下面主要介绍两种常用统计量，本章以下面两种统计量来判断数据是否异常。

2) 模型建立及超参数设定

(1) SPE 统计量。

均方预报误差(square prediction error，SPE)是异常检测、提前预警最常用的统计量，其为样本经过降维、重构后的重构误差，衡量样本在残差空间内的投影变化，SPE 统计量描述了残差向量在残差空间的欧氏距离的平方。SPE 统计量可以将多维数据转化为一维数据进行判断。

对于 PCA 方法：

$$\text{SPE}_x = \left\| (\boldsymbol{I} - \boldsymbol{W}^*(\boldsymbol{W}^*)^{\text{T}})\boldsymbol{x} \right\|^2$$

SPE 近似服从如下 χ^2 分布：

$$\text{SPE} \sim g\chi_h^2$$

式中，$g = b/2a$，$h = 2a^2/b$，$a = \text{mean(SPE)}$，$b = \text{var(SPE)}$；SPE 的阈值为 $\text{SPE}_{\text{lim}} \sim g\chi_{h,\alpha}^2$，$\alpha$ 为显著性水平。

(2) T^2 统计量。

T^2 统计量衡量样本在主元空间内的投影变化。对于 PCA 方法：

$$T^2 = \boldsymbol{W}^{\text{T}}\boldsymbol{x}\boldsymbol{\Lambda}^{-1}(\boldsymbol{W}^{\text{T}}\boldsymbol{x})^{\text{T}}$$

T^2 近似服从如下 F 分布：

$$T^2 \sim \frac{d'(m-1)}{m-d'}F_{d',m-d'}$$

式中，m 为样本数；d' 为主成分数。T^2 的阈值为 $T_{\text{lim}}^2 \sim \frac{d'(m-1)}{m-d'}F_{d',m-d',\alpha}$，$\alpha$ 为显著性水平。

由试验得知，若采用 T^2 统计量和 SPE 统计量综合判定方法进行异常检测，效果较差，当设定数据的 T^2 统计量和 SPE 统计量都超过阈值被判定为异常时，检测效果不明显，异常被漏报的现象较多。当设定为 T^2 统计量和 SPE 统计量其中一个统计量超过阈值即判定为异常时，虚警现象比较明显，也不是很好的判定方法。综上，后面采用 T^2 统计量和 SPE 统计量分开计算、单独判定的方法，在本章末尾也会呈现出两种统计量的差异。

(3) 超参数设定。

基于 PCA 的方法为无监督方法，训练数据均为正常数据。超参数设定方式如下。

对于 PCA 方法，超参数为主成分的个数，即降维后低维空间的维数 d'；设定主成分个数为满足下式的最小 d' 值：

$$\frac{\sum\limits_{i=1}^{d'} \lambda_i}{\sum\limits_{i=1}^{d} \lambda_i} \geq t$$

式中，$t \in (0,1)$ 为主成分的累积分布方差，当 t 取 100%时表示所有信息都被保留，由试验得知当取 $t = 95\%$ 时效果最佳并且减少了数据维数，因此后面选 $t = 95\%$ 进行异常检测。

(4) 早期异常检测流程。

基于主成分分析的早期异常检测流程如图 11-2 所示，首先对所积累的大量健康状态数据样本进行主成分分析，计算每个样本的相应 SPE 与 T^2 统计量，并计算统计量阈值。

对于测试样本，先将其映射到由健康状态数据构建的主元空间中，计算测试数据的 SPE 与 T^2 统计量值。若超过阈值，则测试数据异常；若未超过，则正常。

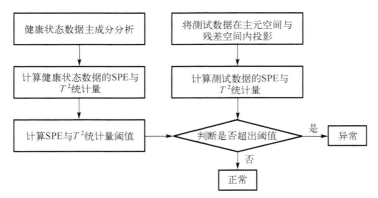

图 11-2　基于主成分分析的早期异常检测流程

2. 基于 SVDD 的早期异常检测方法

1) SVDD 基本原理

由于 PCA 方法是一种线性的数据降维方法，但是航天器设备中存在大量非线性的数据之间的相关关系，此时线性的数据降维方法就无法准确描述数据样本的特点，进而无法做到准确的早期异常检测。

支持向量机(SVM)是一种基于机器学习的分类模型，SVM 可以通过核方法(kernel method，KM)进行非线性的数据分类，相对于 PCA 方法对于非线性的数据有着更广泛的应用。

SVM 的基本思想是划分边界，对于一维数据，所有正常数据和异常数据都分布在坐标轴上，可以通过一个点来划分出正常数据和异常数据的边界；对于二维数据，可以通过平面中的一条直线划分出边界；对于三维数据，可以通过一个球面来划分出边界；对于超过三维的数据，可以通过在超空间内计算得出的一个超球面来区分正常数据和异常数据。

　　SVM 在超平面划分时并不只是划分出一个平面作为边界，而是要求这个平面的分割性做到最好，即当正常数据有一定程度的偏离时，此超平面依然可以进行数据划分，也就是要求模型有最好的泛化能力。

　　想要获得较好的泛化能力，需要计算出样本之间的最大间隔距离，通过计算出最大间隔距离确定最优分割界面，才能保证 SVM 的准确率最高。

　　由于 SVM 是一种有监督学习方法，需要的训练数据是划分好的，但是本章使用的训练数据全部为正常样本，没有异常数据，更适合无监督学习方法。SVM 是一种二分类模型，此类模型的特点就是通过两类样本的输入来训练得到样本点的边界，由于控制力矩陀螺异常样本采集较为困难，异常样本极为稀少，后面采用控制力矩陀螺的正常样本作为训练样本，所以要引入一种新的方法来进行数据分类。

　　随着机器学习技术的发展，异常检测领域中的方法、模型越来越多，针对只有正常数据的样本，人们提出了一分类模型。传统的异常检测分类方法将数据划分为正常数据和异常数据两类，然后通过两类数据之间的边界划分来进行判断，最后得出数据属于哪个类。一分类则是只划分一个类，通过这个类的边界描述来判定数据是否属于这个类，这个类中全部为正常数据。

　　支持向量数据描述是一种典型的一分类模型，其主要思想是通过将原始样本映射到高维空间，再找到空间中的最小边界即一个超平面来包含所有的正常数据样本，通过训练样本尽可能地优化边界，让边界在包含正常数据的前提下尽可能小。

　　要解决复杂的非线性问题就需要引入核函数(kernel function)映射。核函数是一种将数据输入通过映射变化到不同维度空间中的函数，核函数可以分为线性核函数和非线性核函数，对于非线性问题，非线性核函数具有更好的效果，非线性核函数中高斯核函数有着最广泛的应用，所以本章采用高斯核函数进行映射。

　　高斯核函数的特点是对噪声有着很强的抗干扰能力，可以把原始数据通过非线性变换映射到高维空间。在异常检测领域支持向量数据描述(support vector data description, SVDD)方法把原始的训练数据通过核函数映射到高维空间，把非线性问题转化为线性问题，在高维空间中构建超球面，通过训练超球面来判断训练测试数据是否在超球面内以得到是否异常的结果。超球面的优化问题是 SVDD 方法的关键问题，如何找到最优超球面是一项比较困难的工作，因为会有少部分离群的数据导致如果完全按照数据边界划分超球面可能出现超球面的过拟合现象，即为了包含所有数据导致超球面过大，无法对数据进行良好的判断，为此需要引入一个权衡参数来约束超球面，防止产生过拟合现象。

　　SVDD 的基本思想是找到一个描述正常数据的紧致边界(即一个超球面)。设超球面的半径为 R ，中心为 $\boldsymbol{a}$ ，SVDD 的优化目标为

$$F(R,\boldsymbol{a}) = R^2 , \quad \text{s.t.} \|\boldsymbol{x}_i - \boldsymbol{a}\|^2 \leqslant R^2 , \quad \forall i$$

　　引入松弛变量 ξ_i ，最优化问题变为

$$F(R,\boldsymbol{a}) = R^2 + C\sum_i \xi_i , \quad \text{s.t.} \|\boldsymbol{x}_i - \boldsymbol{a}\|^2 \leqslant R^2 + \xi_i , \quad \xi_i \geqslant 0 , \quad \forall i$$

式中，C 为权衡参数。引入拉格朗日乘子 α_i，得拉格朗日函数：

$$L(R,\boldsymbol{a},\alpha_i,\gamma_i,\xi_i) = R^2 + C\sum_i \xi_i - \sum_i \alpha_i [R^2 + \xi_i - (\|\boldsymbol{x}_i\|^2 - 2\boldsymbol{a}\boldsymbol{x}_i + \|\boldsymbol{a}\|^2)] - \sum_i \gamma_i \xi_i$$

式中，γ_i 为系数。

KKT 条件为

$$\begin{cases} \|\boldsymbol{x}_i - \boldsymbol{a}\|^2 - R^2 - \xi_i \leqslant 0 \\ \xi_i \geqslant 0 \\ \alpha_i \geqslant 0, \gamma_i \geqslant 0 \\ \alpha_i (\|\boldsymbol{x}_i - \boldsymbol{a}\|^2 - R^2 - \xi_i) = 0 \\ \gamma_i \xi_i = 0 \end{cases}$$

令 $\dfrac{\partial L}{\partial R} = 0$，$\dfrac{\partial L}{\partial \boldsymbol{a}} = 0$，$\dfrac{\partial L}{\partial \xi_i} = 0$，分别得

$$\sum_i \alpha_i = 1$$

$$\boldsymbol{a} = \frac{\sum_i \alpha_i \boldsymbol{x}_i}{\sum_i \alpha_i} = \sum_i \alpha_i \boldsymbol{x}_i$$

$$C - \alpha_i - \gamma_i = 0$$

令 $0 \leqslant \alpha_i \leqslant C$，联立上式，得

$$L = \sum_i \alpha_i (\boldsymbol{x}_i \cdot \boldsymbol{x}_i) - \sum_{i,j} \alpha_i \alpha_j (\boldsymbol{x}_i \cdot \boldsymbol{x}_j)$$

若 $\|\boldsymbol{x}_i - \boldsymbol{a}\|^2 - R^2 - \xi_i < 0$，则为满足 KKT 条件，$\alpha_i = 0$，此时 $\boldsymbol{x}_i$ 对 $F(R,\boldsymbol{a})$ 无影响。

若 $\|\boldsymbol{x}_i - \boldsymbol{a}\|^2 - R^2 - \xi_i = 0$ 且 $0 \leqslant \alpha_i < C$，则 $\gamma_i > 0$，$\xi_i = 0$。若 $\alpha_i = 0$，则 $\boldsymbol{x}_i$ 在边界上，为支持向量。

若 $\|\boldsymbol{x}_i - \boldsymbol{a}\|^2 - R^2 - \xi_i = 0$ 且 $\alpha_i = C$，则 $\gamma_i = 0$。若 $\xi_i = 0$，则 $\boldsymbol{x}_i$ 在边界上，为支持向量；若 $\xi_i > 0$，则 $\boldsymbol{x}_i$ 在边界外。

边界 R^2 由支持向量计算：

$$R^2 = \left\| \boldsymbol{x}_k - \sum_i \alpha_i \boldsymbol{x}_i \right\|^2 = (\boldsymbol{x}_k \cdot \boldsymbol{x}_k) - 2\sum_i \alpha_i (\boldsymbol{x}_i \cdot \boldsymbol{x}_k) + \sum_{i,j} \alpha_i \alpha_j (\boldsymbol{x}_i \cdot \boldsymbol{x}_j)$$

式中，$\boldsymbol{x}_k$ 为任意支持向量；$\alpha_k < C$（α_k 是指第 k 个 α_i）。

对于测试数据 $\boldsymbol{x}_{\text{test}}$，计算 $\boldsymbol{x}_{\text{test}}$ 与中心 $\boldsymbol{a}$ 的距离：

$$D^2 = \|\boldsymbol{x}_{\text{test}} - \boldsymbol{a}\|^2 = (\boldsymbol{x}_{\text{test}} \cdot \boldsymbol{x}_{\text{test}}) - 2\sum_i \alpha_i (\boldsymbol{x}_{\text{test}} \cdot \boldsymbol{x}_k) + \sum_{i,j} \alpha_i \alpha_j (\boldsymbol{x}_i \cdot \boldsymbol{x}_j)$$

若 $D^2 > R^2$，则测试数据异常，若 $D^2 \leqslant R^2$，则测试数据正常。

为了增强描述数据的灵活性，进一步引入核函数 $K(\boldsymbol{x}_i \cdot \boldsymbol{x}_j) = (\phi(\boldsymbol{x}_i) \cdot \phi(\boldsymbol{x}_j))$ 代替内积计算，其中，ϕ 为一个映射，它将数据映射到一个特征空间。一个理想的核函数应该将正常数据映射到一个具有类似曲面边界的特征空间，而将异常点映射到边界之外。

2) 模型建立及超参数设定

(1) 超参数设定。

机器学习的优化算法主要包括梯度下降法和网格搜索法。梯度下降法的主要思想是通过找到梯度下降最大的方向，再进行迭代，最终确定优化的参数值，该方法适用于在大量数据情况下找到最优解。网格搜索法是一种穷举的参数调整算法，通过遍历每个参数的可能取值，寻找模型的最优值。

得到参数后还需再通过交叉验证的方法找到最优解，交叉验证方法是把样本数据拆分成 n 等份，每次训练把 1 份作为测试样本，剩余 $n-1$ 份作为训练样本，进行 n 次训练和验证，最后得到的平均值即该参数的准确率。

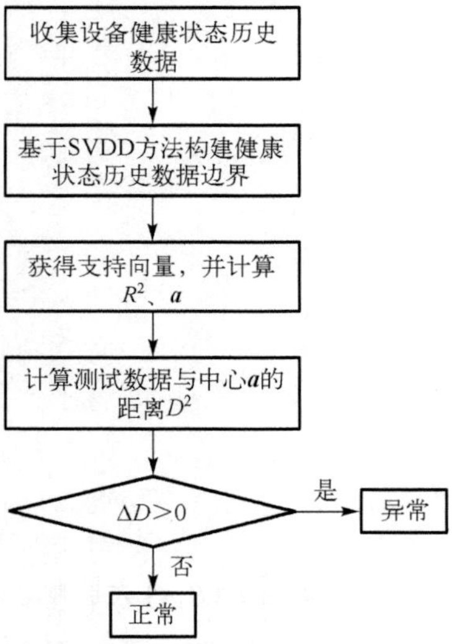

图 11-3　SVDD 方法流程

对 SVDD 方法，采用广泛使用的高斯核函数，超参数为权衡参数 C 及高斯核带宽 σ。超参数的选择采用网格搜索法，其中，C 的搜索范围为 $[2^{-3}, 1]$，σ 的搜索范围为 $[2^{-8}, 2^8]$，在训练数据上进行 3 次交叉验证。

(2) 检测指标。

基于 SVDD 方法的早期故障预警检测指标为测试数据到中心 $\boldsymbol{a}$ 的距离 D^2 与 R^2 的差 $\Delta D = D^2 - R^2$，若 $\Delta D > 0$，则为异常；若 $\Delta D \leqslant 0$，则为正常。

(3) 早期故障预警流程。

基于 SVDD 方法的早期故障预警流程如图 11-3 所示。

① 收集设备健康状态下的历史数据，给定权衡参数 C 及核函数，基于健康状态历史数据利用 SVDD 方法构建数据边界。

② 获取边界上的支持向量，并计算超球面的半径及中心。

③ 计算测试数据到中心的距离，若距离大于半径，说明测试数据在正常边界外，测试数据异常；反之为正常。

11.3.2　控制力矩陀螺异常状态识别案例

在试验中考虑的测试量包含高速转速 R_H、高速电流 I_H、高速轴承温度 T_H、框架电流 I_L、框架温度 T_L 共 5 个测试量。

每个测试量以 480s 为监测周期构成一个时间序列 $\boldsymbol{x}_j = (x_j(1), x_j(2), \cdots, x_j(L))$，$L = 480, j \in \{R_H, I_H, T_H, I_L, T_L\}$，5 个测试量的时间戳对齐。为了在一定程度上消除各个测试量不同信号形态的影响，将原始信号以 10s 为单位无重叠地取均值，即每个测试量样本的数据长度为 48。在此基础上，将各测试量排列成列向量 $\boldsymbol{x} = [\boldsymbol{x}_{R_H}, \boldsymbol{x}_{I_H}, \boldsymbol{x}_{T_H}, \boldsymbol{x}_{I_L}, \boldsymbol{x}_{T_L}]^T$，作为各方法的输入，共 4803 个样本。第 500～1500 个正常样本作为训练数据，训练早期故障预警模型，第 1501～4803 个样本为测试数据。人工判定发生故障时对应第 1189 个样本，训练数据 3000 个、测试数据 1000 个。

根据上述超参数设定，按照给出的各方法的早期故障预警流程，得到各方法的早期故障预警结果，如图 11-4 所示，横轴为采集点。直观地看，传统机器学习方法的异常检测指标均能比人工判定故障时间提前预警故障，但不同方法的性能不同。图 11-4(a)、(b) 为基于 PCA 方法以 SPE 和 T^2 统计量为异常检测指标下的早期故障预警结果。

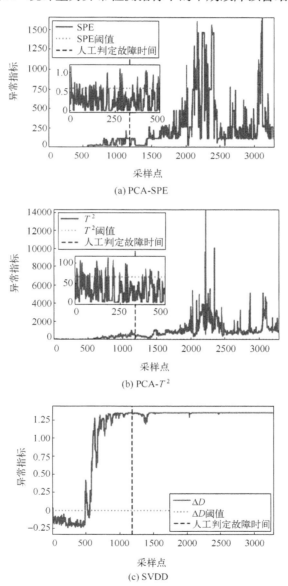

(a) PCA-SPE

(b) PCA-T^2

(c) SVDD

图 11-4　传统机器学习方法的早期故障预警结果

一种较好的故障预警方法应该具有以下特性：

(1) 虚警尽可能少；

(2) 尽可能提前预警；

(3) 具有较好的稳定性，即指标越限水平达到预警要求后，漏警尽可能少。

为了定量地评估不同故障预警方法的性能，从虚警、漏警及提前预警能力三方面定义了评估指标 E_a 来评价故障预警方法的性能：

$$
E_a = \frac{(N_{\text{manual}} - N_{\text{normal}})\exp\left(\dfrac{N_{\text{ahead}}}{N_{\text{manual}} - N_{\text{normal}}} - 1\right)}{N_{\text{fault\_alarm}} + N_{\text{miss\_alarm}} + 1}
$$

式中，N_{normal} 为故障预警方法提前预警的样本数；N_{manual} 为人工提前预警的样本数；N_{ahead} 为相比于人工判定故障，故障预警方法提前预警的样本数；$N_{\text{fault\_alarm}}$ 为虚警样本数；$N_{\text{miss\_alarm}}$ 为漏警样本数。E_a 的取值范围为 $(0, N_{\text{manual}} - N_{\text{normal}})$。$N_{\text{ahead}}$ 的值越大，$N_{\text{fault\_alarm}} + N_{\text{miss\_alarm}}$ 的值越小，E_a 的值越大，说明故障预警方法的性能相对越好。

第 2 年故障之前的报警为虚警；故障后连续 5 个样本点超限视为报警，在第一次预警后，未报警的样本视为漏警样本。不同故障预警方法的结果对比如表 11-1 所示。

表 11-1　不同故障预警方法的结果对比

故障预警方法	$N_{\text{fault\_alarm}}$	故障预警样本号	$N_{\text{miss\_alarm}}$	N_{ahead}	$N_{\text{fault\_alarm}} + N_{\text{miss\_alarm}}$	$E_a \times N$	E_a
PCA-SPE	53	569	0	621	53	145.65	0.044
PCA-T^2	57	601	0	589	57	129.68	0.039
SVDD	3	495	33	695	36	235.72	0.071

由表 11-1 可以看出，在该诊断实例中 SVDD 在提前预警的能力上性能最佳，提前 695 个样本点实现了早期故障预警；在避免虚警方面，SVDD 性能也较好，SVDD 产生了 3 个虚警样本，PCA-SPE 产生了 53 个虚警样本，PCA-T^2 产生了 57 个虚警样本；在避免预警后的漏警方面，PCA-SPE、PCA-T^2 性能较好，其中，PCA-SPE、PCA-T^2 无漏警产生，而 SVDD 则有 33 个漏警。

综合考量样本的漏警数、虚警数、提前预警能力等指标，根据 E_a 的值判断，SVDD 方法综合效果更好，PCA-SPE、PCA-T^2 方法在避免预警后的漏警方面效果更好。

小　　结

本章全面介绍了控制力矩陀螺(CMGs)在航天器姿态控制中的应用和重要性。首先，解释了 CMGs 的工作原理和主要功能，包括姿态控制、姿态稳定、无须消耗推进剂、力矩放大等。其次，分析了 CMGs 可能遇到的故障类型，如轴承损坏、电机故障、润滑系统失效等，并讨论了预防和减少这些故障的策略。接着，详细介绍了 CMGs 健康状态评估的方法，包括实时监测、趋势分析、数据融合、振动分析等。此外，探讨了基于 CMGs

健康状态的运维策略，强调了预防性维护、实时健康监控和及时干预的重要性。最后，介绍了控制力矩陀螺的异常检测方法，包括基于 PCA 和 SVDD 的异常检测方法，并通过对试验数据的分析，展示了这些方法的应用效果。通过本章的学习，读者应能够对 CMGs 的设计、运行和维护有一个全面的认识，并掌握相关的健康状态评估和异常检测技术。

习　　题

1. 简述控制力矩陀螺的工作原理及其在航天器姿态控制中的作用。

2. 列举控制力矩陀螺的主要功能，并解释其重要性。

3. 描述控制力矩陀螺可能遇到的几种主要故障形式，并说明如何预防这些故障。

4. 解释健康状态评估在 CMGs 运维中的重要性，并列举几种常用的健康状态评估方法。

5. 讨论基于 CMGs 健康状态的运维策略，并说明其对航天器成功完成任务的影响。

6. 比较基于 PCA 和 SVDD 的异常检测方法，并分析它们在实际应用中的优缺点。

7. 设计一个基于 CMGs 健康状态的运维策略，包括预防性维护、实时健康监控和及时干预的具体措施。

第 12 章

卫星电池状态监测和寿命预测

微课 12

本章导读

　　在航天领域，卫星电池的作用至关重要，它们不仅为卫星提供持续的电能支持，而且必须适应极端的环境条件，如低温、真空和辐射。本章深入探讨卫星电池的类型、设计考虑、在轨运行数据特点以及健康状态监测和寿命预测方法。从镍氢电池到锂离子电池，再到新兴的锂硫电池技术，本章对这些电池技术进行全面的分析，并讨论它们的应用前景和面临的挑战。此外，本章还介绍卫星电池管理系统的重要性以及如何通过改进的容量增量分析和粒子滤波技术来监测和预测电池的健康状况和寿命。

　　学习目标

　　理解卫星电池在航天领域的重要性和作用；掌握不同类型卫星电池(镍氢、锂离子、锂硫)的特点和应用；学习卫星电池设计时需考虑的因素，包括安全性、稳定性、温度适应性和抗辐射能力；了解在轨卫星电池运行数据的特点及其对电池状态监测的影响；掌握基于改进的容量增量分析的卫星电池健康状态评估方法；学习基于部分变异重采样粒子滤波的寿命预测方法。

12.1　卫星电池的背景介绍

　　卫星电池是航天领域至关重要的组成部分，它们为卫星的长期稳定运行提供电能支持。从通信卫星到地球观测卫星，无一不依赖于电池来维持其关键系统的连续运作。卫星电池必须能够在极端的环境条件下运行，包括极低的温度、真空的空间环境以及辐射水平的变化。这些苛刻的条件要求卫星电池不仅要有极高的可靠性，还需要具备长寿命和高能量密度的特点。目前，卫星电池的主要类型包括镍氢电池、锂离子电池和新兴的锂硫电池等。

　　镍氢($Ni-H_2$)电池曾是卫星应用中的主流选择，它们因为高的可靠性和良好的冷启动性能而受到青睐。然而，随着技术进步，锂离子(Li-ion)电池因其更高的能量密度、更小的重量以及更长的循环寿命，逐渐成为航天器电力系统的首选。锂硫(Li-S)电池作为一种新兴技术，尽管目前在商业航天应用中还较少见，但其超高的理论能量密度和潜在的成本效益，让它成为未来卫星电池技术的有力竞争者。

设计卫星电池时，除了考虑能量密度和重量外，还需考虑其安全性、稳定性、温度适应性以及抗辐射能力。安全性尤其关键，锂离子电池存在过充、过放和热失控的风险，这可能导致电池损坏甚至发生爆炸。因此，卫星电池系统通常配备有复杂的管理系统(电池管理系统(battery management system，BMS)，用以监控电池的状态，确保其在安全的工作范围内运行。

面对空间环境的极端挑战，卫星电池的开发和维护是一个持续的过程。研究人员和工程师不断地寻找改进现有电池技术和探索新型电池技术的可能性。这些努力包括提高能量密度、延长电池寿命、减轻重量以及增强安全性。例如，在极端温度下工作的能力对于深空探测任务尤为重要，这要求开发新型电池材料和设计方案来满足这一需求。

此外，随着对环境保护和可持续发展的关注增加，寻找更环保的卫星电池解决方案也成为研发的一大动向。未来的卫星电池将更加注重使用非有害材料，同时实现资源的高效循环利用。

12.2　在轨卫星电池运行数据的特点

卫星电源系统如图 12-1 所示，主要由太阳能电池、分流调节器、蓄电池、充电控制器、放电控制器等组成。图中+Y 表示充电，−Y 表示放电。太阳能电池负责收集太阳能并给卫星提供电能。分流调节器负责控制太阳能电池的输出。蓄电池为能源储存模块，它负责将太阳能电池提供的多余电能储存起来，并在光照不足或者没有光照的情况下给卫星提供能源。充电控制器和放电控制器根据卫星运行状态控制电池的充放电。太阳能电池和蓄电池均连接于卫星母线，并通过母线连接配电器向卫星各载荷提供电能。通常卫星设计有两套能源系统，通过各自的母线共同向卫星载荷供电。新一代卫星所使用的锂离子电池单体电压最高为 4.2V。多个单体电池通过串并联结构组成电池组向母线提供电能。

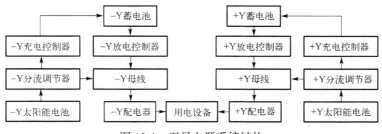

图 12-1　卫星电源系统结构

卫星围绕地球周期性飞行，其任务相对固定。因此卫星的载荷安排较为固定，且具有周期性。同时，轨道高度影响卫星的公转周期和进入地影区的时间，导致不同轨道的卫星电池工况有各自的特点。

12.2.1　中高轨道卫星电池工况

中高轨道卫星以导航卫星和通信卫星为主，其运行轨道在 2000km 以上。在该轨道上，卫星大部分时间拥有充足的太阳能。但由于地球和月球对太阳光的遮挡，中高轨道卫星的一个轨道周期内通常会发生数次星蚀。星蚀以地影为主,它是卫星、地球和太阳运行到几乎同一平面时,地球遮挡照射卫星的太阳光所产生的。以地球同步轨道的北斗卫星为例,地球静止轨道是倾角为0°、半径为42164km的圆轨道。取地球半径为6371km,太阳半径为696000km,日地平均距离为$1.496×10^8$km。两视盘相对运动速度约为地球自转速度,即1°的运行时间约为4min。从相互外切开始,2min后地球视盘吞没太阳视盘,前半段的半影区结束,开始本影区,17°需要约68min完成穿越,然后是另外半段的半影区。由此可以得到地球阴影,如图12-2(b)所示,图中O为地影中心,两圆半径的纬度分别为8.424°和8.9574°。在两圆之间为半影区,在小圆之内为本影区。假设太阳赤纬为δ_s,当$\delta_s < 8.424°$时,卫星每天穿过地影一次。

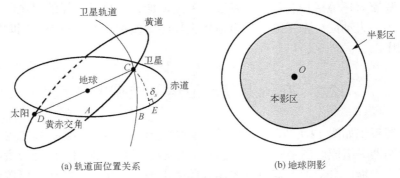

(a) 轨道面位置关系　　　　(b) 地球阴影

图 12-2　卫星轨道和地影区

综上所述,地球同步轨道(geosynchronous orbit,GEO)卫星的地影期具有以下特点。

(1) 太阳赤纬绝对值小于8.424°时将发生地影。一年中,发生地影的时间约为从2月27日到4月12日和8月31日到10月16日,全年约92天。

(2) 地影的最长持续时间发生在$\delta_s = 0$时,即出现在春分和秋分时。地影最长持续时间约为72min,其中半影时间分为两段,每段时间约为2min。

根据上述GEO卫星的运行规律,卫星在2月27日到4月12日和8月31日到10月16日处于地影期,其他时间处于光照期。卫星在光照期由太阳能电池供电,蓄电池在此期间保持静置。卫星在地影期每天都会经过一次地影区和光照区。因此处于地影期的GEO卫星的电池在光照区、半影区、地影区中分别处于三种不同的工作模式。接下来具体说明各模式电源系统的工作状态。

(1) 光照区:当卫星进入光照区时,太阳能电池开始发电。分流调节器控制太阳能电池连入电路的电流,并将多余的电能消耗掉。此时卫星电池放电控制器不工作,充电控制器工作,而蓄电池则处于充电状态。该工作模式中太阳能电池输出电流等于负载电流、充电控制器电流与分流调节器电流之和。

(2) 半影区(光照区转地影区):卫星从光照区开始进入阴影区时,随着光照的减弱,太阳能电池输出的电流逐渐减小,分流调节器消耗的电能也随之下降。当光照强度减弱到一定程度,太阳能电池不能维持母线电压时,放电控制器开始控制电池向母线供电。该工作模式中太阳能电池输出电流与放电控制器电流之和等于负载电流。

(3) 本影区：卫星全部能源供应都来自蓄电池。此时放电控制器控制电池对负载进行稳定供电，而电池的放电深度则受卫星在本影区运行的时间影响。该工作模式中放电控制器电流与负载电流相等。

(4) 半影区(地影区转光照区)：卫星从地影区开始进入光照区时，光照逐渐增强，但太阳能电池还不能完全满足负载需求，因此蓄电池仍向母线供电。当光照满足需求后，蓄电池由放电模式转为充电模式。当光照进一步加强时，充电调节器的输出电流达到最大值，变为对蓄电池恒流充电。该工作模式中负载电流为太阳能电池输出电流与放电控制器电流之和。

根据上述卫星轨道运行规律可知，卫星在光照期内始终由太阳能电池供电，卫星电池处于静置状态，该时期长达数月，此期间电池的衰退主要是储存衰退。卫星进入地影期后，电池将会在光照区、半影区、本影区之间循环。为了减小电池衰退，卫星电池在光照区将以尽可能小的电流充电，因此充电过程通常会持续整个光照区。在开始进入半影区后，光照逐渐减少，卫星的太阳能电池提供的电能不能满足需求。此时卫星电池开始介入供电，电池输出电流由 0 逐渐增大。卫星进入本影区后，卫星上负载完全由电池供电。电池在这一时期处于连续的充放电循环状态，因而此时电池的衰退主要是循环衰退。而在光照期与地影期相互转换的过程中，电池还存容量松弛效应。即在地影期转入光照期时，电池的容量还会因静置而逐渐发生一定程度的恢复，而这部分恢复的容量将在进入地影期后的数个连续充放电循环中快速被消耗。由于地球同步卫星的载荷一般较为稳定，因而电池单次放电的电流可近似为不变量。以图 12-3 (a)所示的某在轨卫星电池数据为例。放电电流在约 2min 的半影区中，从 0 迅速增加至额定值。在此半影期间电池释放了约 0.5%的电量，这部分电量的释放带来的电压变化将影响直流内阻的计算。随后卫星进入本影区，电流也随之进入平稳阶段。电池电压在半影区随着电流的增加而迅速下降，进入本影区后，电压随着放电的进行持续下降。由于测量分辨率的限制，电池电压的遥测值呈现出以 0.1V 为刻度的阶梯下降形态。电池的放电深度受到全影期持续时间的影响。以图 12-3(b)所示的某在轨卫星电池在各放电循环中的放电量为例，其放电量呈现出先上升后下降的趋势，但正常情况下卫星电池的最大放电深度不会超过 65%。

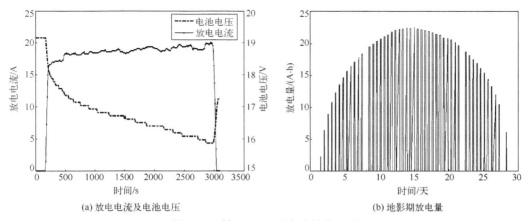

(a) 放电电流及电池电压　　　　　(b) 地影期放电量

图 12-3　某 GEO 卫星电池放电工况

卫星通常会将两组电池对称放置，而卫星的光照区随着姿态周期性变化。在光照区温度会上升，而背光区温度下降。因此两组电池的温度呈周期性交替变化。在温控装置的作用下，电池的环境温度一般保持在一个较小的范围内波动。而在电池进行充放电工作时，电池表面温度将会出现增高的现象。以图 12-4 所示的某在轨卫星的电池为例，在电池未工作时，电池表面温度在–6～–2℃上下波动，且南北两组电池的温度交替变化。而在电池放电过程中，电池表面温度快速上升，直至放电结束，继而温度逐渐回落至温控区间。

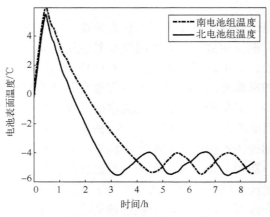

图 12-4　卫星电池表面温度

电池健康状态评估过程中涉及的遥测量有电池单体电压、单体电流、单体温度，以及电池组电压、电池组电流等。锂离子电池单体工作电压一般在 2.2～4.2V。电池的开路电压是连续值，对应端电压在电流稳定时也就是连续变量。电池放电电流在正常状态下是受控的瞬变量。电池温度通常是指电池表面温度，它是连续变化的值，其测量分辨率通常为 0.1℃。另外，卫星的通信带宽有限，而所需要传输的数据较多。为了节约通信带宽，遥测数据的采样精度和采样间隔都有一定的限制。如日本的 MEIMEI 卫星，其电池遥测数据的采样间隔时间约为 4s，卫星电池电压的分辨率约为 0.1V，电流分辨率约为 0.02A；我国的卫星采样间隔时间则一般在 10～60s。这种低精度的数据使得应用传统方法分析电池健康状态时会产生较大误差。在与电池相关的三类遥测数据中，电流是控制量，它可以发生瞬变，而且它的测量精度相对较高。温度的采样精度最低，但它对电池健康状态评估的影响较小。因此一般不需要对电流和温度遥测数据进行进一步处理。电压的采样精度相对较低，但它对评估结果有较大影响，因此在电池健康状态评估过程中需要对电压数据进行处理。

12.2.2　低轨道卫星电池工况

低轨道卫星的运行轨道在 1000km 以下，因此绕地飞行的轨道周期较短，通常轨道周期为 95min 左右。在绕地球飞行过程中，每个周期都存在地影区。因此，低轨道卫星的电池工作频率非常高，可达 90min 一次，而每次电池供电的时间也较短，约 10min。由于卫星电池频繁进行充放电工作，使得电池寿命相对较短。我国过去的低轨道卫星电池的设计寿命一般约为 3 年，经过不断发展，我国最新的卫星电池的设计寿命已经达到 8～10 年甚至更长。

低轨道卫星在轨运行时一般属于地影期。此时，卫星处于连续的充放电状态，因而其电池主要发生循环衰退。由于卫星的进影速度快，其半影区持续时间一般在数秒内，因而可以忽略。低轨道卫星在地影区的载荷较为复杂，从目前掌握的数据来看，它以恒流放电和阶梯形放电两种工况为主。图 12-5(a)为某低轨道卫星电池阶梯形放电的典型工况，可以看到电池放电电流分为 2 个阶段，第一阶段电流较为平稳，可视为恒流放电，第二阶段载荷加大，电流迅速下降。另外，从电池端电压曲线可以看到，低轨道卫星电池放电深度较大，但第一阶段放电过程通常保持在 70%以内。

低轨道卫星电池同样具备温控系统，电池的环境温度也保持在一定范围内。某低轨道卫星电池温度和端电压如图 12-5(b)所示，电池表面温度在放电过程中显著上升，随着放电过程的结束，温度也回落至最低温度控制线附近。

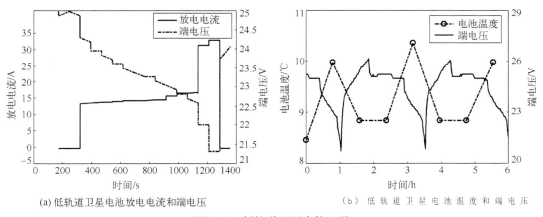

(a) 低轨道卫星电池放电电流和端电压　　　　（b）低轨道卫星电池温度和端电压

图 12-5　低轨道卫星在轨工况

12.3　基于改进的容量增量分析的卫星电池健康状态评估方法

容量增量分析(incremental capacity analysis，ICA)是通过电池单位电压对应的放电量来分析电池衰退情况的方法。ICA 将电池单位电压对应的放电量作为 IC 值，电池在各电压对应的 IC 值构成 IC 曲线。IC 曲线的极大值(第一兴趣特征点)反映了电池内部材料衰退的本质特征，而且与容量之间存在稳定关系，因而基于 ICA 的容量估计方法具有很高的准确性，也常用于实验室分析电池特性。另外，IC 曲线的第一兴趣特征点的计算只需要其出现位置附近的恒流放电数据，因而该方法所需要的数据长度很小。上述优势使得基于 ICA 的健康状态评估方法非常适用于在轨卫星电池的健康状态评估。但 ICA 要求使用电池处于平衡状态的开路电压数据，而卫星在轨运行时的放电电流较大，因此不符合 ICA 对微小电流放电数据的要求。另外，遥测数据分辨率较低，直接将 ICA 应用于在轨卫星电池的健康状态评估将会产生较大的误差。针对工况和数据精度方面的限制，建立基于带平滑处理的有负载的容量增量分析(smooth and discharge incremental capacity analysis, SD-ICA)的健康状态评估方法。

12.3.1　基于 SD-ICA 的 SOH 计算

在诸多研究和试验中，FOI1 均表现出与电池容量近似线性相关：

$$Q = a \cdot \text{FOI1} + b$$

式中，FOI1 是从微小电流放电数据计算得到的特征值；Q 是电池容量；a 和 b 是方程系数，这些系数可通过最小二乘法估计而得。整理后即可得到电池的健康状态：

$$\text{SOH} = \frac{Q_t}{Q_0} = \frac{a_1 \cdot e^{b_{\text{FOI}} \cdot I} + c_1 \cdot \text{FOI1}_t' + c_2}{Q_0}$$

式中，a_1、b_{FOI}、c_1 和 c_2 是方程系数；Q_0 是电池初始容量；Q_t 是电池当前容量；$\text{FOI1}_t'$ 表示求导。

综上所述，基于 SD-ICA 的在轨卫星电池 SOH 计算步骤可归纳如下。

(1) 根据地面试验数据获得计算模型中的参数。

对与卫星同型号的电池模拟多种常见放电电流的有负载测试，通过测试结果计算电池的 FOI1，并计算参数 a_1、b_{FOI}、c_1 和 c_2。

(2) 提取基于 SD-ICA 的电池 SOH 评估方法所需要的遥测数据。

(3) 使用光滑样条函数对卫星电池的电压遥测数据进行平滑处理，然后按固定的电压间隔重采样。

(4) 从经过平滑处理后的遥测数据中计算电池在有负载下的 FOI1。

(5) 根据由地面试验数据计算得到的参数，计算电池 SOH。

12.3.2　基于 SD-ICA 的电池健康状态评估方法验证

下面将从两个方面对基于 SD-ICA 的电池健康状态评估方法进行验证。首先，对低分辨率数据的适应性是将基于 SD-ICA 的电池健康状态评估方法应用于在轨卫星状态评估的先决条件。因此，下面使用低分辨率的仿遥测数来验证 SD-ICA 对低分辨率数据的处理能力。其次，通过放电倍率为 1C(2A)的电池寿命测试数据来验证基于 SD-ICA 的电池健康状态评估方法的有效性。

1. 低分辨率数据适应性验证

为模拟在轨卫星的遥测数据，将 AA11 电池实测数据按照遥测数据的分辨率进行重采样，结果如图 12-6 所示。首先使用原始采样数据，分别以传统的 ICA、带移动平均平滑处理的 MA-ICA、带高斯滤波平滑处理的 Gau-ICA、模型驱动拟合的 Model-ICA 以及 SD-ICA 分别计算该放电过程的 IC 曲线，计算结果如图 12-7 所示，可以明显看到，使用传统的 ICA 直接计算的 IC 值存在剧烈的波动。Gau-ICA 的计算结果波动性稍小。MA-ICA 的计算结果更为平滑，但 IC 曲线的主要波峰削弱明显，导致 FOI1 的误差较大。Model-ICA 虽然整体最为平滑，但 IC 曲线已严重变形，因而失去了使用价值。

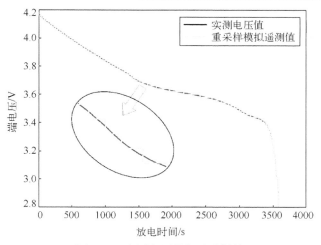

图 12-6　实测电压值与重采样值

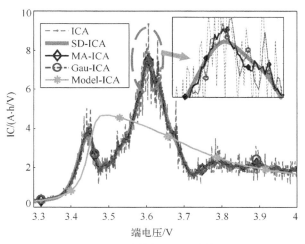

图 12-7　原始数据的 IC 计算结果

　　然后使用低精度的采样数据分别应用上述五种方法分别计算 IC 值，并与原始数据得到的 IC 曲线(作为模拟遥测数据的真实值(Real-ICA))进行对比，结果如图 12-8(a)和(b)所示。从图 12-8 (a)中可以看到，对于低分辨率数据，由传统的 ICA 计算的 IC 曲线跳动非常剧烈，已经没有使用价值。Gau-ICA 的结果波动性稍小，但同样严重偏离真实值。从图 12-8 (b)中可以看到，MA-ICA 的结果接近真实值，但仍存在明显抖动。Model-ICA 的计算结果相对平滑，但波峰明显偏离真实值。SD-ICA 的计算结果则与真实值基本重合，其 IC 曲线的光滑度较好，而且两个波峰的峰值也与真实值一致。因此，在处理低精度的遥测数据方面，SD-ICA 相对于其他方法更具优势。

　　将 ICA、MA-ICA、Gau-ICA 和 Model-ICA 的采样间隔从 1s 提高至 10s，并重新计算 IC 值，结果如图 12-9 所示。可以看到即使提高采样间隔，损失部分信息，传统的 ICA 方法仍不稳定。Gau-ICA 的结果有一定的改善，能反映出真实 IC 曲线。MA-ICA 虽然较为平滑，但波峰被明显削弱，其计算结果已经不能反映真实值。Model-ICA 在提高采样间隔后波峰下降，但仍与真实值相差较大。因此，即使通过提高采样间隔来改善 ICA、MA-ICA、Gau-ICA 和 Model-ICA 的性能，其计算结果的稳定性仍不如 SD-ICA。

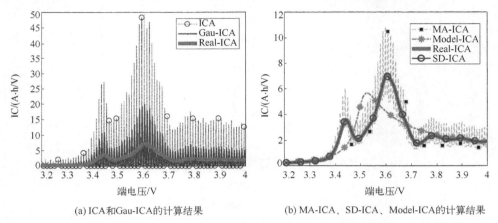

(a) ICA和Gau-ICA的计算结果　　　　(b) MA-ICA、SD-ICA、Model-ICA的计算结果

图 12-8　重采样后不同方法计算的 IC 结果

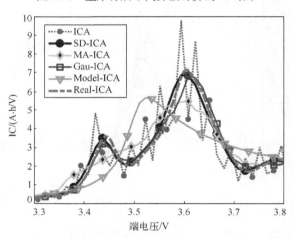

图 12-9　重采样数据增加采样间隔后的 IC 计算结果

进一步分析各 IC 值计算方法的计算精度，分别计算未增加采样间隔的 SD-ICA 以及增加采样间隔后的 ICA、MA-ICA、Gau-ICA 和 Model-ICA 的平均绝对误差(MAE)和均方根误差(RMSE)，计算结果如表 12-1 所示。

$$X_{error} = X_c - X_r$$

$$RMSE = \sqrt{\frac{1}{p}\sum_{i=1}^{p}(X_{error}^i - \bar{X}_{error})^2}$$

$$MAE = \frac{1}{p}\sum_{i=1}^{p}\left|X_{error}^i - \bar{X}_{error}\right|$$

式中，X_c 为计算值；X_r 为真实值；p 为采样点数量。从表 12-1 所列误差计算结果中可以看到，Model-ICA 的 MAE 和 RMSE 与 ICA 相近，其误差明显大于其他三种方法，说明模型驱动拟合的方法在 IC 计算中效果较差。虽然 Model-ICA 的平滑性最好，但其拟合精度严重依赖电压模型，而且通常会使电压偏离真实值，这将造成 IC 计算结果明显失真。MA-ICA 和 Gau-ICA 在处理低分辨率数据时的计算精度比 ICA 有一定提高。SD-ICA 的计算误差相比于 ICA 低一个数量级，相对于 MA-ICA 和 Gau-ICA 也有显著优势，而且 SD-ICA 的采样间隔更低，保留了更多 IC 曲线的细节。因此，SD-ICA 对低分辨率的数据适应性更强、计算精度更高。

表 12-1　IC 计算误差

统计量	SD-ICA	ICA	MA-ICA	Gau-ICA	Model-ICA
MAE	0.0097	0.1509	0.0711	0.0321	0.1295
RMSE	0.0177	0.1912	0.1117	0.0521	0.1945

2. 电池健康状态评估方法有效性验证

为验证基于 SD-ICA 的电池健康状态评估方法的有效性，首先使用 AA41 电池验证在轨卫星电池在不同放电循环之间的工况保持不变的条件下，基于 SD-ICA 的电池健康状态评估方法的有效性。方法的相关参数由 AA13 电池的试验数据中获得，然后根据经过低分辨率重采样处理后的 AA41 电池试验数据估计电池健康状态并与实际值对比，重采样分辨率设为 0.05V。以此来模拟利用地面同类型电池试验数据估计参数，并用于在轨卫星电池的健康状态评估的情景。

图 12-10 是从 AA13 电池的重复脉冲测试(repetitive pulse test, RPT)数据中计算得到的 IC 值，将它作为真实 IC 曲线来分析 FOI1 与 SOH 的关系。可以看到随着电池的退化，IC 曲线波峰逐渐降低，而且 IC 曲线中的 FOI1 的下降趋势与电池容量一致。从图 12-11 所示的 FOI1 与电池容量的关系可以看到，它们之间可近似为线性关系。进行拟合，得到所示模型，其拟合的误差 R^2 为 0.963，说明电池真实的 FOI1 与电池容量的关系与模型相符合。

$$Q = 0.210\text{FOI1} + 0.807$$

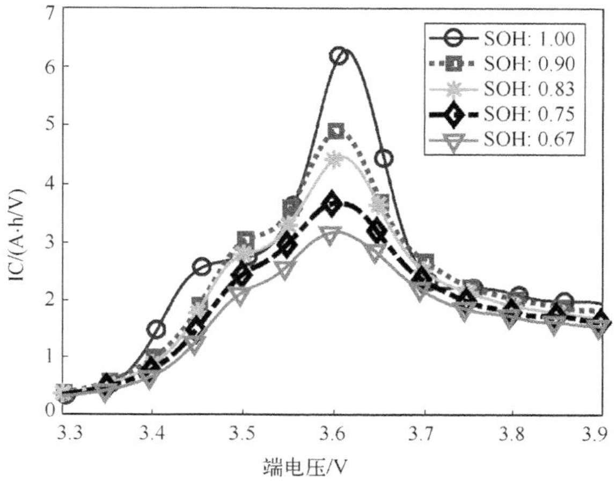

图 12-10　电池衰退对 IC 曲线的影响

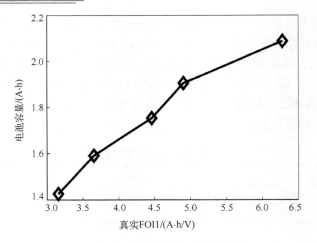

图 12-11　FOI1 与电池容量的关系

　　提取电池每一次 RPT 前一次的放电数据来仿真遥测数据，并从中计算有负载条件下的 IC 曲线。然后使用微小电流放电的 RPT 数据计算 IC，作为仿真遥测数据的真实值及无负载条件下的 IC 曲线。选取 SOH 为 0.99 的电池，从 RPT 数据中计算无负载的 IC，然后从 1A 放电数据中计算有负载 IC，并将计算结果绘制于图 12-12 中。可以看到有负载 IC 曲线和无负载 IC 曲线形状相似。其水平方向存在由内阻分压引起的偏移，但该偏移不影响对 SOH 的估计。另外，在有负载数据计算得到的 IC 曲线中，第二波峰被淹没于主波峰中，这也是选择 FOI1 来估计 SOH 的重要原因之一。

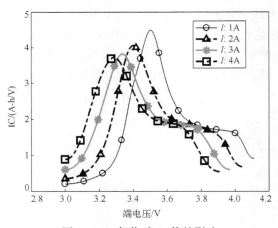

图 12-12　负载对 IC 值的影响

　　图 12-13 是由有负载的放电数据计算得到的 FOI1 与真实 FOI1 的关系。对其拟合，其拟合误差 R^2 为 0.994。因此，由电池端电压计算的 FOI1 可等效替代由电池平衡态的开路电压得到的实际 FOI1。

$$FOI1 = 1.192FOI' + 1.734 - 2.672\exp(-0.89 \cdot I)$$

　　根据上述由 AA13 电池得到的模型参数，以及基于 SD-ICA 的电池健康状态评估方法来估计以 1A 电流循环放电的 AA41 电池的 SOH，其估计结果绘制于图 12-14(a) 中，图

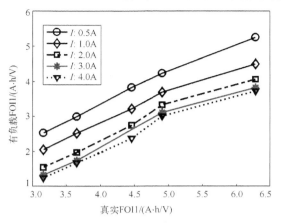

图 12-13　真实 FOI1 与有负载 FOI1 的关系

中纵坐标 1 表示健康。可以看到除第三个数据点与实际 SOH 偏差稍大外，其他采样点的估计值与实际 SOH 非常接近。其相对误差如图 12-14 (b)所示，可以看到最大相对误差为 4.6%，平均相对误差为 2.0%。这也证明了基于 SD-ICA 的电池 SOH 估计方法能准确地反映实际的 SOH。

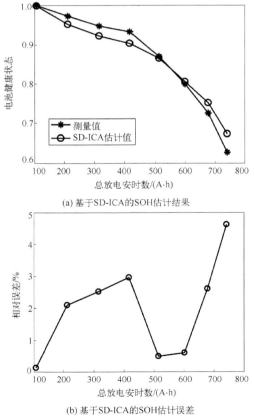

(a) 基于SD-ICA的SOH估计结果

(b) 基于SD-ICA的SOH估计误差

图 12-14　基于 SD-ICA 的估计结果(1)

然后使用 AA56 电池验证在轨卫星电池在不同放电循环之间的工况发生变化的条件下，基于 SD-ICA 的电池健康状态评估方法的有效性。方法的相关参数同样由 AA13 电池的试验数据中获得，然后根据经过低分辨率重采样处理后的 AA56 电池试验数据估计电池健康状态并与实际值对比，重采样分辨率设为 0.05V。以此来模拟由地面同类型电池试验数据估计方法参数，然后使用低分辨率遥测数据估计在轨卫星电池的健康状态的情景。AA56 电池在整个衰退过程中各次恒流放电循环的放电电流、健康状态衰退轨迹，以及基于 SD-ICA 的电池健康状态估计结果如图 12-15(a)所示。可以看到基于 SD-ICA 的电池健康状态评估方法使用在 0.5C(1A)电流和 1.5C(3A)电流作用下的放电数据计算电池健康状态均有较好的准确性。其相对误差如图 12-15 (b)所示，可以看到最大相对误差为 4.9%，平均相对误差为 2.6%。这说明了基于 SD-ICA 的电池 SOH 估计方法使用不同电流的放电数据均能准确地反映实际的 SOH，因此该方法适用于遥测数据分辨率低而且各放电过程工况不一致的在轨卫星电池的健康状态评估。

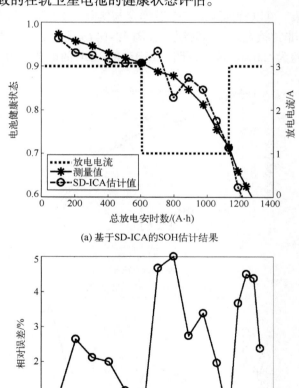

(a) 基于SD-ICA的SOH估计结果

(b) 基于SD-ICA的SOH估计误差

图 12-15　基于 SD-ICA 的估计结果(2)

12.4　基于部分变异重采样粒子滤波的寿命预测方法

锂离子电池的容量衰减过程中，储存衰退是长期影响因素，其影响在中高轨道卫星长达数月的光照期表现得较为明显，而在连续充放电工作的地影期中影响较小。因此，对于储存衰退的影响采用地面测试数据获得的模型直接计算即可。电池松弛效应对应的可逆容量在静置后的短时间内存在，在连续工作数次后便被完全消耗，因此只需要在中高轨道卫星由光照期转向地影期时单独计算并叠加在电池中，其计算模型可由地面测试数据获得。对电池容量影响最显著的循环衰退则需要根据在轨数据进行估计，以此获得用于寿命预测的准确模型。下面使用电压区间计算电池的健康状态，得到的是分布形式的健康状态，因此采用粒子滤波进行参数估计和寿命预测更为合理。

粒子滤波算法因在处理非线性问题中表现的优良性能和能直观地给出预测结果的概率分布而在寿命预测中有着广泛的应用，但粒子退化现象一直是有待研究的问题。另外，由于下面使用的锂离子电池模型是分段模型，因而粒子滤波过程中观测方程的转换也需要进行针对性研究。针对这两个方面的问题，基于部分变异重采样粒子滤波(partial mutated resample particle filter，PMR-PF)方法对锂离子电池容量中由循环放电引发的不可逆容量损失部分进行预测，进而获得电池的剩余使用寿命。

12.4.1　基于 PMR-PF 的卫星电池寿命预测流程

使用粒子滤波对卫星电池进行寿命预测的流程可总结如下。

(1) 确定系统状态量、观测方程、状态转移噪声和观测噪声。

系统的状态量为 $X = \{e_{I,1}, e_{I,2}, e_{D,1}, e, c_{I,1}, c_{I,2}, c_{D,1}, c_{D,2}, c\}$，状态转移方程为

$$X_k = X_{k-1} + \omega$$

式中，ω 为状态转移噪声，它通过对同一工况下的多个电池衰退试验的数据进行统计分析而得。系统的观测量为电池当前状态的容量。为了保留衰退过程中每个时间步的工况影响，将观测量设为各时间步容量损失量的累加，即观测方程为

$$Q_k = Q_0 + \sum_{k=2}^{n} \Delta Q_k$$

式中，Q_k 为 k 时刻的电池容量；Q_0 为初始状态的电池容量；ΔQ_k 是电池容量在 k 时刻相对于 $k-1$ 时刻的增量，即 $\Delta Q_k = Q_k - Q_{k-1}$，它的值可由下式计算：

$$\Delta Q_k = F(X_k) = \begin{cases} e_{ID} \cdot \Delta q_t(k) + \sigma, & \text{线性退化状态} \\ b \cdot (Q(q_t(k)) - c_{ID}) \cdot \Delta q_t(k) + \sigma, & \text{非线性退化状态} \end{cases}$$

$$\Delta q_t(k) = q_t(k) - q_t(k-1)$$

$$e_{ID} = e_{I,1}I_k^2 + e_{I,2}I_k + e_{D,1}\mathrm{DOD}_k + e$$

$$c_{ID} = c_{I,1}I_k^{c_{I,2}} + c_{D,1}\mathrm{DOD}_k^{c_{D,2}} + c$$

式中，$q_t(k)$ 为 k 时刻的总放电安时数；σ 为观测噪声；b 为方程系数。根据试验分析，对于同型号电池，将 b 设为固定值对拟合精度的影响可以忽略，而且还能提高拟合结果的鲁棒性。因此在估计卫星电池的剩余使用寿命时，可从地面同型号电池的寿命试验数据中获得。

(2) 设置滤波参数并将粒子初始化。

根据状态量和数据量设置粒子数 N，然后通过对同型号电池的寿命数据的分析，给出样本的先验分布，最后根据先验分布给每个粒子赋值，得到 N 个初始粒子 $X_0^i = \{x_0^1, x_0^2, \cdots, x_0^N\}$，以及粒子对应的初始权重 $w_0^i = 1/N$。

(3) 重要性采样。

① 获取电池当前时刻 k 的工况和电池状态，包括不可逆容量 Q_{ir}^k、总放电安时数 $q_t(k)$、放电深度 DOD_k、放电电流 I_k 等。

② 根据电池工况、状态选择观测方程。

③ 根据状态方程和观测方程计算每个粒子对应的容量 $\{Q_i^k\}$ 及权重 $\{\omega_i\}$。

(4) 重采样。

使用部分变异重采样方法，对粒子进行重采样，获得重采样后的粒子 $\{\tilde{X}_i\}$ 以及粒子权重 $\{\tilde{\omega}_i\}$。

(5) 更新 $k+1$ 时刻状态量，并计算不可逆容量的估计值 $\tilde{Q}_{ir}^{k+1}$。

$$\tilde{Q}_{ir}^{k+1} = \text{mean}(F(\tilde{X}_i))$$

(6) 跳转至步骤(1)，进行下一循环，直至到达预测点 p。当到达预测点后，则进行步骤(7)。

(7) 按照预定的工况设置，计算每个粒子对应的电池容量衰退轨迹，以及电池容量的估计值，并在电池容量估计值达到失效阈值时停止迭代计算。

(8) 输出最终的总放电安时数和各粒子对应的容量值。

(9) 计算 RUL 预测值和 RUL 的分布：

$$\text{RUL} = q_t(\text{end}) - q_t(p)$$

式中，$q_t(\text{end})$ 是电池容量衰退至失效阈值时累积释放的总电量；$q_t(p)$ 是电池在预测起始时刻对应的累积释放的总电量。

基于 PMR-PF 的电池 RUL 预测方法的流程图如图 12-16 所示。需要注意的是，使用

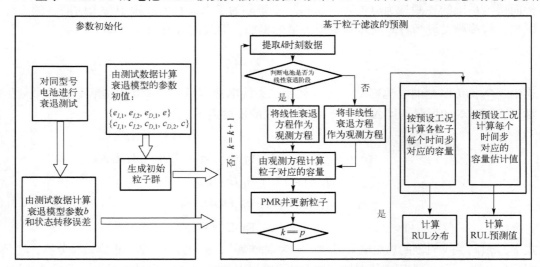

图 12-16　基于 PMR-PF 的电池 RUL 预测方法流程图

分段模型时，若当前状态的电池未进入退化的第二阶段，则缺少第二阶段的信息，故不能对第二阶段模型的参数进行估计。因此，使用分段模型的寿命预测的起点与终点不能处于不同的退化阶段。

12.4.2　基于 PMR-PF 的电池 RUL 预测方法验证

为了验证基于 PMR-PF 的电池 RUL 预测方法，首先采用 AA23 电池的恒流循环衰退试验的实测数据进行剩余使用寿命的预测，并与常用的基于最优重要性分布函数的序贯重要性采样粒子滤波(sequential importance sampling particle filter based on optimal importance distribution function，SIS-PF)方法对比，以检验方法对恒定工况循环衰退过程的预测能力。然后采用由实测电池衰退数据建立的衰退模型进行变工况循环衰退仿真，将仿真得到的电池容量在变工况循环放电下的衰退数据用于剩余使用寿命的预测，以验证基于 PMR-PF 的电池 RUL 预测方法对变工况循环衰退过程的预测能力。

1. 单工况衰退过程的 RUL 预测

AA23 电池衰退过程的放电电流恒定为 2A，放电截止电压为 3.2V(对应放电深度 89%)。每 50 次循环放电后进行一次 RPT 容量测试，容量测试结果如图 12-17 所示。由于 RPT 过程只有 10 次，而且间隔较大，不便于预测方法的验证。而循环放电过程中测量的放电量在放电电流与放电深度的影响下要小于电池的实际容量，因此需要利用相关方法从循环放电数据中估计电池容量并用于预测方法的验证。

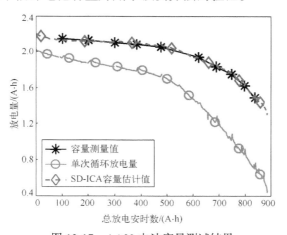

图 12-17　AA23 电池容量测试结果

实验室测量数据满足 SD-ICA 方法，因此使用基于 SD-ICA 的电池容量评估方法获得电池在每次循环放电过程中对应的电池容量。从图 12-17 中可以看到，菱形标记的容量估计结果与星号标记的容量测试结果的轨迹保持一致，因此可以认为基于 SD-ICA 的电池容量评估结果是电池容量的真实值，并将其用于基于 PMR-PF 的电池 RUL 预测方法的验证。

系统观测量为电池容量 Q，由于该电池衰退过程为单一工况，无法估计得到相关系数。因此系统观测方程简化为

$$Q_k = Q_0 + \sum_{k=2}^{n} \Delta Q_k$$

$$\Delta Q_k = F(X_k) = \begin{cases} e_{ID} \cdot \Delta q_t(k) + \sigma, & \text{线性退化状态} \\ b \cdot (Q(q_t(k)) - c_{ID}) \cdot \Delta q_t(k) + \sigma, & \text{非线性退化状态} \end{cases}$$

式中，Q_k 为 k 时刻的电池容量；$q_t(k)$ 为 k 时刻的总放电安时数，$k = 0$ 时为初始状态；ΔQ_k 是电池容量在时间步 k 的增量；$\Delta q_t(k)$ 是电池总放电安时数在时间步 k 的增量；σ 是容量的观测噪声，设为 0.001，最大测量误差为 ± 0.03。状态量简化为 $X = \{e_{ID}, c_{ID}\}$，状态转移方程为

$$X_k = X_{k-1} + \omega$$

式中，ω 是系统的状态转移噪声，设为 $\omega = \{2 \times 10^{-5}, 2 \times 10^{-3}\}$。

选择 SOH 分别为 0.9、0.85、0.8 的三个预测起点对电池进行 RUL 预测，电池的失效阈值设为 SOH = 0.7。选择预测起点前的数据用于模型参数估计，预测起点之后的数据用于验证预测结果。由于三种预测起点均在非线性段，其预测起点的选择对线性段参数估计结果没有影响，因此它们对参数 e_{ID} 的估计值相同。在各预测起点得到的非线性段衰退模型的参数估计值列于表 12-2 中。可以看到各模型参数在不同 SOH 下的估计值与实际值相近，其相对误差均小于 1%。

表 12-2　基于 PMR-PF 的衰退模型参数估计结果

参数名	实际值	预测起点 SOH = 0.9		预测起点 SOH = 0.85		预测起点 SOH = 0.8	
		估计值	相对误差	估计值	相对误差	估计值	相对误差
e_{ID}	-5.94×10^{-4}	-5.89×10^{-4}	0.84%	—	—	—	—
c_{ID}	2.284	2.305	0.92%	2.280	0.18%	2.274	0.44%

在后续预设的工况条件下，预测的电池容量衰退轨迹和 RUL 估计结果的分布如图 12-18 所示。从图中可以看到，基于 PMR-PF 的电池容量预测方法在不同预测起点都能很好地预测出电池容量衰退趋势，而且实际的衰退轨迹落入预测的容量衰退轨迹的上下限中。预测结果的 RUL 分布情况也与实际情况相符。从表 12-3 所列的基于 SIS-PF 和基于 PMR-PF 的 RUL 预测结果来看，预测起点为 SOH = 0.8 时，基于 PMR-PF 的预测误

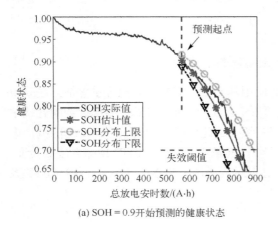

(a) SOH = 0.9 开始预测的健康状态

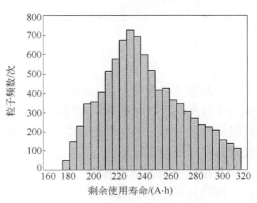

(b) SOH = 0.9 开始预测的 RUL 分布

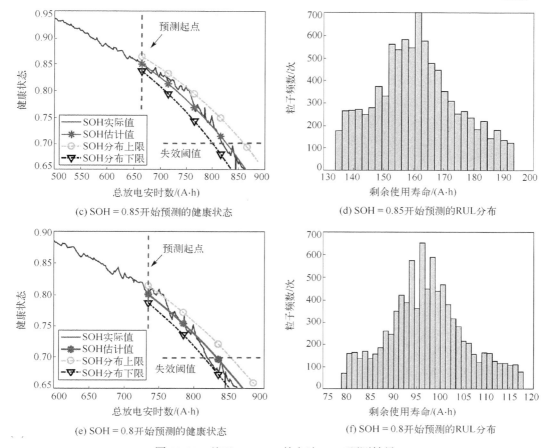

(c) SOH = 0.85 开始预测的健康状态　　　　(d) SOH = 0.85 开始预测的 RUL 分布

(e) SOH = 0.8 开始预测的健康状态　　　　(f) SOH = 0.8 开始预测的 RUL 分布

图 12-18　基于 PMR-PF 的电池 RUL 预测结果

差明显小于基于 SIS-PF 的预测误差。在其他预测起点中，基于 PMR-PF 的 RUL 预测误差与基于 SIS-PF 的预测误差相近。但从预测结果的区间来看，基于 PMR-PF 的 RUL 预测区间的长度均明显小于基于 SIS-PF 的预测区间。因此，基于 PMR-PF 的预测结果更精确。

表 12-3　基于 SIS-PF 和基于 PMR-PF 的 RUL 预测结果(失效阈值：SOH = 0.7)

预测起点 SOH	RUL 实际值 /(A·h)	SIS-PF 预测区间/(A·h)	SIS-PF 预测值 /(A·h)	SIS-PF 预测误差 /(A·h)	PMR-PF 预测区间 /(A·h)	PMR-PF 预测值 /(A·h)	PMR-PF 预测误差 /(A·h)
0.9	251.3	[135,497]	240.3	11	[179,314]	236.7	14.6
0.85	153.0	[64,398]	162.9	9.9	[134,193]	160.5	7.5
0.8	84.5	[13,153]	102.0	17.5	[79,118]	97.1	12.6

2. 多工况衰退过程的 RUL 预测

对遥测数据分析可知，在轨卫星电池的各次放电循环中的放电电流通常保持稳定不变，而放电深度会根据光照情况在 17%～50%周期性变化。因此，设置多种放电深度的变工况循环衰退仿真来模拟在轨卫星电池的衰退过程。首先根据 AA21、AA22、AA23、

AA24 以及 AA41、AA42、AA43、AA44 电池的试验数据建立衰退模型，即

$$Q_k = 2.12 + \sum_{k=2}^{n} \Delta Q_k$$

$$\Delta Q_k = F(X_k) = \begin{cases} e_{ID} \cdot \Delta q_t(k), & Q(k) \geqslant 1.956 \\ 0.0037 \cdot (Q(q_t(k)) - c_{ID}) \cdot \Delta q_t(k), & Q(k) < 1.956 \end{cases}$$

$$e_{ID} = (-0.2428I^2 + 2.172I - 0.0945DOD - 5.7848) \times 10^{-4}$$

$$c_{ID} = -0.01524I^{2.727} + 0.4109DOD^{3.283} + 2.0509$$

式中，$Q(k)$ 是电池在 k 时刻的容量；$q_t(k)$ 是电池在 k 时刻的总放电安时数。然后以 2A 放电电流和图 12-19 虚线所示的放电深度设置进行衰退仿真，得到电池的容量衰退过程，如图 12-19 实线所示。仿真的观测噪声为 $\sigma = 0.005$，电池失效阈值为 SOH = 0.7，对应的电池全寿命为 1097A·h。

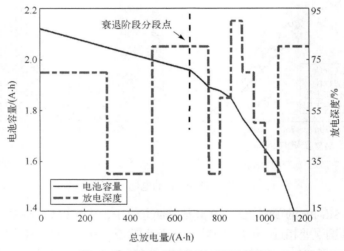

图 12-19 电池衰退仿真工况及结果

系统的观测量为电池容量 Q，由于该电池衰退仿真的电流保持不变，因此系统观测方程中与电流有关的系数简化为常数，进而得到系统观测方程：

$$Q_k = Q_0 + \sum_{k=2}^{n} \Delta Q_k$$

式中，Q_k 为 k 时刻的电池容量，$k = 0$ 时为初始状态；ΔQ_k 是电池容量在 k 时刻相对于 $k-1$ 时刻的增量，即 $\Delta Q_k = Q_k - Q_{k-1}$，它的值可由下式计算：

$$\Delta Q_k = F(X_k) = \begin{cases} e_{ID} \cdot \Delta q_t(k) + \sigma, & \text{线性退化状态} \\ b \cdot (Q(q_t(k)) - c_{ID}) \cdot \Delta q_t(k) + \sigma, & \text{非线性退化状态} \end{cases}$$

$$e_{ID} = 0.00033728 + e_{D,1}DOD_k + e$$

$$c_{ID} = -0.668 + c_{D,1}\text{DOD}_k^{c_{D,2}} + c$$

式中，b 为流程常数；$q_t(k)$ 为 k 时刻的总放电安时数；σ 为观测噪声，其值设为 0.005。而衰退过程的状态量为 $X = \{e_{D,1}, e, c_{D,1}, c_{D,2}, c\}$，状态转移方程为

$$X_k = X_{k-1} + \omega$$

式中，ω 为状态转移噪声，其值设为 $\{10^{-7}, 5\times10^{-6}, 3\times10^{-2}, 4\times10^{-3}, 2\times10^{-2}\}$。基于分段模型的 RUL 预测只能实现在相应的衰退阶段内的预测。因此设预测起点分别为 SOH = 0.85、SOH = 0.8 和 SOH = 0.75，其中 SOH = 0.85 对应的总放电安时数为 880A·h，对应的放电深度为 0.9；SOH = 0.8 对应的总放电安时数为 960A·h，对应的放电深度为 0.5；SOH = 0.75 对应的总放电安时数为 1046A·h，对应的放电深度为 0.3。三种预测起点均位于非线性衰退阶段，因此其线性衰退阶段的模型参数估计值相同。使用 PMR-PF 方法从预测起点之前的已知数据中估计电池衰退模型参数，得到的估计结果列于表 12-4 中。可以看到对线性衰退阶段的模型参数估计较为准确，而在非线性衰退阶段个别参数估计值的偏差较大，其中最大的偏差出现在 SOH = 0.75 时的参数 $c_{D,1}$，相对误差略超 10%，而参数 c 的估计较为准确，均小于 1%。

表 12-4　基于 PMR-PF 的衰退模型参数估计结果

参数名	实际值	预测起点 SOH = 0.85		预测起点 SOH = 0.8		预测起点 SOH = 0.75	
		估计值	相对误差	估计值	相对误差	估计值	相对误差
e_D	5.785×10^{-4}	5.773×10^{-4}	0.21%	—	—	—	—
e	0.945×10^{-5}	0.940×10^{-5}	0.53%	—	—	—	—
$c_{D,1}$	0.411	0.405	1.46%	0.413	0.49%	0.454	10.46%
$c_{D,2}$	3.283	3.024	7.89%	3.142	4.29%	3.374	2.77%
c	2.051	2.045	0.29%	2.046	0.24%	2.042	0.44%

预测起点之后的数据用于验证预测值。使用基于 PMR-PF 的电池 RUL 预测方法对后续预设工况下的电池衰退过程进行预测，预测得到的电池容量衰退轨迹和 RUL 预测的结果分布如图 12-20 所示。

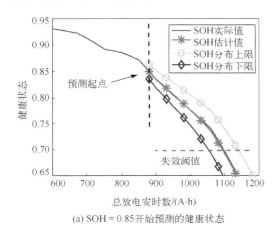

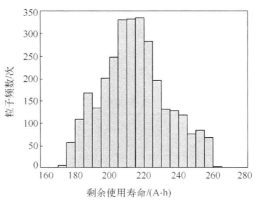

(a) SOH = 0.85 开始预测的健康状态　　　　　　(b) SOH = 0.85 开始预测的 RUL 分布

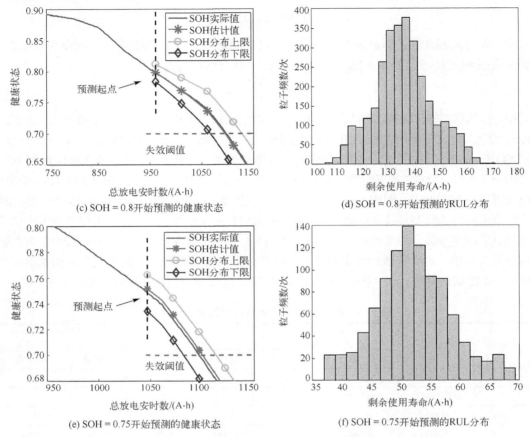

图 12-20　基于 PMR-PF 的 RUL 预测结果

从图 12-20 中可以看到在不同工况的预测起点获得的电池容量预测区间包含了实际容量，而且容量衰退轨迹的估计值与实际值一致。特别是预测起点为 SOH = 0.85 时，后续的预设放电深度依次经历了 0.9、0.5、0.3 和 0.8，可以看到实际容量衰退轨迹在不同放电深度下存在明显区别，但使用 PMR-PF 预测方法得到的容量衰退轨迹与实际容量相一致。说明该方法能够从多工况的循环衰退过程中估计模型参数，并能按照预设的工况给出衰退趋势并预测 RUL。

基于 PMR-PF 的 RUL 预测结果列于表 12-5 中，从三种预测起点的预测结果中可以看到，基于 PMR-PF 的预测结果好于基于 SIS-PF 的预测结果，预测的剩余使用寿命相对

表 12-5　基于 SIS-PF 和基于 PMR-PF 的 RUL 预测结果(失效阈值：SOH = 0.7)

预测起点 SOH	RUL 实际值 /(A·h)	SIS-PF 预测区间 /(A·h)	SIS-PF 预测值 /(A·h)	SIS-PF 预测误差 /(A·h)	PMR-PF 预测区间 /(A·h)	PMR-PF 预测值 /(A·h)	PMR-PF 预测误差 /(A·h)
0.85	218	[173,262]	226	8	[174,260]	214	4
0.8	138	[108,175]	145	7	[107,168]	135.7	2.3
0.75	52	[22,80]	58.7	6.7	[37,68]	55.4	3.4

于电池全寿命的误差均小于 1%。基于 PMR-PF 的预测结果的分布区间要明显小于基于 SIS-PF 的预测结果的分布区间。因此，基于 PMR-PF 的电池 RUL 预测方法能够适用于变工况的电池寿命预测。

小　　结

本章详细介绍了卫星电池的背景知识、类型、设计考虑，以及在轨运行数据特点。讨论了卫星电池在极端空间环境下的挑战，以及为应对这些挑战而开发的电池管理系统。重点介绍了健康状态评估和寿命预测技术，特别是改进的容量增量分析(SD-ICA)方法和部分变异重采样粒子滤波(PMR-PF)方法。这些方法的应用可以有效地监测电池的健康状况，并准确预测其剩余使用寿命。通过试验验证，这些方法显示出较高的精度和适应性，对于提高卫星电池的可靠性和安全性具有重要意义。本章内容对于航天工程师和研究人员在设计和维护卫星电池系统方面提供了宝贵的指导。

习　　题

1. 简述卫星电池的主要类型及各自的优缺点。

2. 描述卫星电池设计时需要考虑哪些关键因素，并解释为什么这些因素对电池性能至关重要。

3. 解释卫星电源系统的组成及其在卫星运行中的作用。

4. 阐述中高轨道卫星电池和低轨道卫星电池在工况上的主要差异。

5. 描述基于改进的容量增量分析(SD-ICA)的健康状态评估方法，并讨论其在处理低分辨率数据时的优势。

6. 说明基于部分变异重采样粒子滤波(PMR-PF)的寿命预测方法的工作原理及其在电池寿命预测中的应用。

7. 讨论卫星电池健康状态监测和寿命预测技术在航天领域的实际应用和潜在价值。

习题答案

下载习题答案

参 考 文 献

边肇祺, 张学工, 等, 2000. 模式识别[M]. 2 版. 北京: 清华大学出版社.

蔡利梅, 2022. 模式识别: 使用 MATLAB 分析与实现[M]. 北京: 清华大学出版社.

曹昊阳, 2021. 基于数据驱动的控制力矩陀螺早期异常检测方法研究[D]. 哈尔滨: 哈尔滨工业大学.

常应文, 2016. 斜盘式轴向柱塞泵故障特征分析[D]. 哈尔滨: 哈尔滨工业大学.

陈景龙, 王日新, 李玉庆, 等, 2021. 一种基于 SD-ICA 的卫星电池健康状态估计方法[J]. 北京航空航天大学学报, 47(10): 2058-2067.

聂建平, 2017. 基于支持向量机的离心泵故障诊断方法研究[D]. 哈尔滨: 哈尔滨工业大学.

姚磊, 2019. 卫星锂离子电池健康预测方法研究[D]. 长沙: 国防科技大学.

赵眸光, 2023. 深度学习与神经网络[M]. 北京: 电子工业出版社.

BAI R, LI Y B, NOMAN K, et al., 2023. Diversity entropy-based Bayesian deep learning method for uncertainty quantification of remaining useful life prediction in rolling bearings[J]. Journal of vibration and control, 29(21-22): 5053-5066.

LI Y B, WANG S, LI N, et al., 2022. Multiscale symbolic diversity entropy: a novel measurement approach for time-series analysis and its application in fault diagnosis of planetary gearboxes[J]. IEEE transactions on industrial informatics, 18(2): 1121-1131.

XIA J Z, SU T, AN X B, et al., 2013. Review of analysis methods of fault pattern recognition for rolling bearings[J]. Noise and vibration control, 33(4): 185-189.